目录

豆科 Fabaceae …………………………………… 295

胡颓子科 Elaeagnaceae ……………………… 317

千屈菜科 Lythraceae ………………………… 319

瑞香科 Thymelaeaceae ……………………… 320

柳叶菜科 Onagraceae ………………………… 321

八角枫科 Alangiaceae ………………………… 324

山茱萸科 Cornaceae …………………………… 325

檀香科 Santalaceae …………………………… 329

蛇菰科 Balanophoraceae ……………………… 330

卫矛科 Celastraceae …………………………… 331

冬青科 Aquifoliaceae ………………………… 338

黄杨科 Buxaceae ……………………………… 339

大戟科 Euphorbiaceae ………………………… 340

鼠李科 Rhamnaceae …………………………… 347

葡萄科 Vitaceae ……………………………… 353

远志科 Polygalaceae …………………………… 361

省沽油科 Staphyleaceae ……………………… 362

七叶树科 Hippocastanaceae ………………… 363

无患子科 Sapindaceae ………………………… 364

槭树科 Aceraceae ……………………………… 365

漆树科 Anacardiaceae ………………………… 372

苦木科 Simaroubaceae ………………………… 375

楝科 Meliaceae ………………………………… 376

芸香科 Rutaceae ……………………………… 377

酢浆草科 Oxalidaceae ………………………… 382

牻牛儿苗科 Geraniaceae ……………………… 383

凤仙花科 Balsaminaceae ……………………… 386

五加科 Araliaceae ……………………………… 387

伞形科 Apiaceae ……………………………… 393

马钱科 Loganiaceae …………………………… 403

龙胆科 Gentianaceae ………………………… 405

夹竹桃科 Apocynaceae ……………………… 407

萝藦科 Asclepiadaceae ……………………… 408

茄科 Solanaceae ………………………………………………… 412

旋花科 Convolvulaceae ………………………………………… 418

紫草科 Boraginaceae …………………………………………… 422

马鞭草科 Verbenaceae ………………………………………… 427

唇形科 Lamiaceae ……………………………………………… 430

车前科 Plantaginaceae ………………………………………… 443

玄参科 Scrophulariaceae ……………………………………… 444

苦苣苔科 Gesneriaceae ………………………………………… 451

爵床科 Acanthaceae …………………………………………… 453

透骨草科 Phrymaceae ………………………………………… 454

紫葳科 Bignoniaceae …………………………………………… 454

桔梗科 Campanulaceae ………………………………………… 455

茜草科 Rubiaceae ……………………………………………… 459

忍冬科 Caprifoliaceae ………………………………………… 463

败酱科 Valerianaceae ………………………………………… 474

川续断科 Dipsacaceae ………………………………………… 475

菊科 Asteraceae ………………………………………………… 476

泽泻科 Alismataceae …………………………………………… 510

水鳖科 Hydrocharitaceae ……………………………………… 511

天南星科 Araceae ……………………………………………… 511

鸭跖草科 Commelinaceae ……………………………………… 514

灯芯草科 Juncaceae …………………………………………… 515

莎草科 Cyperaceae ……………………………………………… 516

禾本科 Poaceae ………………………………………………… 520

菖蒲科 Acoraceae ……………………………………………… 538

百合科 Liliaceae ………………………………………………… 538

鸢尾科 Iridaceae ……………………………………………… 552

菝葜科 Smilacaceae …………………………………………… 553

薯蓣科 Dioscoreaceae ………………………………………… 554

兰科 Orchidaceae ……………………………………………… 556

索 引 ………………………………………………… 561

▶ 豆科 Fabaceae ||||||||||||||||||||||||||||||||||||||||||||||||||||||||||||||||||||||

合欢 *Albizia julibrissin* Durazz.   **合欢属** *Albizia* **Durazz.**

形态特征： 乔木，高达16m。小枝黄绿色。侧芽叠生。叶为二回羽状复叶，羽片4~20对；小叶10~30对，镰刀形或长方形，极偏斜，向上弯，长6~12mm，宽1~4mm，先端急尖；叶柄近基部有1~2个腺体；托叶线状披针形，早落。多数头状花序，伞房状排列，腋生或顶生；花淡粉红色；花丝长2.5~4cm，基部结合成单体，粉红色，光亮。荚果扁平，长9~15cm，宽12~15mm，幼时具毛。花期6—8月；果熟期8—10月。

分　　布： 河南伏牛山、太行山、大别山及桐柏山区均有分布；各城市均有栽培。

功用价值： 树皮及叶含单宁，纤维可制人造棉；种子含油量约10%；树皮及花可入药。

花序、荚果　　　　　　　　　　　　　　　　　花期　　　　　花序　　　枝、叶　　植株

山槐 *Albizia kalkora* (Roxb.) Prain   **合欢属** *Albizia* **Durazz.**

形态特征： 乔木，高4~15m。小枝褐色，侧芽叠生。叶为二回羽状复叶，羽片2~3对，小叶5~14对，长方形，先端圆有细尖，基部近圆形，偏斜，背面苍白色，中脉位于小叶片上侧，两面有短柔毛，叶柄基部有1~2腺体。头状花序2~3个，生于上部叶腋，或多个排列成伞房状；花白色，花萼、花冠密生短柔毛。荚果深棕色，疏生短柔毛。花期6—8月；果熟期8—9月。

分　　布： 河南太行山、伏牛山、桐柏山和大别山区均有分布；多见于山坡疏林中。

功用价值： 木材可作家具用材；根、茎皮及花可入药；种子可榨油；树皮含单宁，纤维可作人造棉、造纸的原料。

荚果　　　　　　　　　　　　　　植株　　　花序　　二回羽状复叶　　花期

湖北紫荆 Cercis glabra Pampan.　　　　　　紫荆属 *Cercis* Linn.

形态特征： 乔木，高6~16m，胸径达30cm；树皮和小枝灰黑色。叶较大，厚纸质或近革质，心脏形或三角状圆形，幼叶常呈紫红色，成长后绿色，正面光亮，背面无毛或基部脉腋间常有簇生柔毛；基脉5~7。总状花序短，总轴长0.5~1cm，有花10余朵；花淡紫红色或粉红色，先于叶或与叶同时开放，稍大，花梗细长。荚果狭长圆形，紫红色，先端渐尖，基部圆钝，二缝线不等长，背缝稍长，向外弯拱，少数基部渐尖而缝线等长；种子1~8枚，近圆形，扁。花期3—4月；果期9—11月。

分　　布： 河南伏牛山区均有分布；多见于山坡、山沟杂木林、路边及岩石上。

功用价值： 可供观赏。

保护类别： 中国特有种子植物。

枝、叶、花　　叶　　荚果　　枝、花　　花期　　植株

山皂荚 Gleditsia japonica Miq.　　　　　皂荚属 *Gleditsia* J. Clayton

形态特征： 乔木，高达25m。刺稍扁，有分枝。小枝淡紫褐色。羽状复叶，互生或于短枝上簇生；小叶16~22个，长椭圆形或卵状长椭圆形，长1.5~4cm，宽5~12mm，边缘有疏生圆齿或几全缘，表面中脉有短柔毛，背面无毛。花有短梗，成总状花序。荚果长25~30cm，扭曲，并有泡状隆起。花期5月；果熟期9—10月。

分　　布： 河南伏牛山南部、大别山和桐柏山区均有分布；多见于山坡、山沟、河边及路旁。

功用价值： 木材可作建筑和家具用材。

枝、叶、荚果　　荚果扭曲　　成熟果实　　植株　　刺

皂荚 *Gleditsia sinensis* Lam. ｜ 皂荚属 *Gleditsia* J. Clayton

形态特征： 落叶乔木，高达30m。刺圆柱形，常分枝，长达16cm。叶为一回羽状复叶，长10~26cm；小叶2~9对，卵状披针形或长圆形，先端急尖或渐尖，顶端圆钝，基部圆或楔形，中脉在基部稍歪斜，具细锯齿，正面网脉明显。花杂性，黄白色，组成5~14cm长的总状花序。雄花萼片4，两面被柔毛，花瓣4，被微柔毛；退化雌蕊长2.5mm；两性花径1~1.2cm，萼片长4~5mm，花瓣长5~6mm，子房缝线上及基部被柔毛。荚果带状，肥厚，长12~37cm，劲直，两面膨起；果瓣革质，褐棕或红褐色，常被白色粉霜，有多数种子；或荚果短小，稍弯呈新月形，俗称猪牙皂，内无种子。花期3—5月；果期5—12月。

分　　布： 河南各地均有分布；多见于山坡林下、谷地或路旁。

功用价值： 本种木材坚硬，可作车辆、家具用材；荚果煎汁可代肥皂用以洗涤丝毛织物；嫩芽及皂米可食；荚、子、刺均可入药。

保护类别： 中国特有种子植物。

果期　　叶　　雄花　　雌花序　　刺　　植株　　雄花序　　荚果

槐 *Sophora japonica* Linn. ｜ 槐属 *Sophora* Linn.

形态特征： 落叶乔木，高15~25m。小枝绿色，幼时具短毛，老时有白色皮孔。奇数羽状复叶；小叶7~17个，卵状长圆形，先端渐尖而具细突尖，基部宽楔形，背面灰白色，疏生短柔毛；小叶柄长2.5mm，有毛；叶柄基部膨大；托叶镰刀状，长约8mm，早落。顶生圆锥花序，长宽各约20cm；萼钟状，具5个小齿，被疏毛；花冠乳白色，旗瓣宽心形，具短爪，有紫脉；雄蕊10个，不等长。荚果肉质，长2.5~5cm，无毛，不开裂，种子间显著细缩；种子1~6枚，肾形。花期7—8月；果熟期9—10月。

分　　布： 河南各地均有栽培。

功用价值： 材质优良的用材树种，可供建筑、家具等用；可作行道树及庭院绿化树种；为优良的蜜源植物；花蕾称槐米，可食用；槐角（果实）、根皮、树皮及枝条均可入药；种子含油。

果实　　植株　　花序　　枝、叶背面　　花

农吉利（紫花野百合） *Crotalaria sessiliflora* Linn.　　　**猪屎豆属** *Crotalaria* Linn.

形态特征： 直立草本，高20~100cm。茎单一或上部分枝，被平伏长柔毛。叶线形或线状披针形，两端狭尖，表面略被毛或几无毛，背面有平伏柔毛，几无叶柄；托叶细小，刚毛状。总状花序顶生或腋生，有花2~20朵；苞片与小苞片相似，线形，小苞片着生于花梗上部，均被略粗糙长毛；花梗极短，结果时下垂；花萼长10~15mm，密被黄棕色长毛，萼齿先端尖；花冠紫色或淡蓝色，与萼近等长。荚果圆柱形，与萼等长，无毛。花期6—7月；果熟期8—9月。

分　　布： 河南伏牛山、大别山和桐柏山区均有分布；多见于山坡草地、路旁或灌丛中。

功用价值： 根及全草可入药；全草含有野百合碱等7种生物碱。

植株

花侧面

花、果序

荚果

花

天蓝苜蓿 *Medicago lupulina* Linn.　　　**苜蓿属** *Medicago* Linn.

形态特征： 一年生草本，高20~60cm。茎有疏毛。叶具3小叶；小叶宽倒卵形，先端钝圆，微凹，上部边缘有锯齿，基部楔形，两面均有白色柔毛；小叶柄长3~7mm，有毛；托叶斜卵形，长5~12mm，有柔毛。花10~15朵密集成头状花序；萼筒短，萼齿长；花冠黄色，稍长于萼。荚果弯曲成肾形，成熟时黑色，具纵纹，疏生柔毛；种子1枚，黄褐色。花期4—6月；果熟期5—6月。

分　　布： 河南各地均有分布；多见于田间、荒地、山坡、堤岸等地。

功用价值： 可作牧草及绿肥；全草可供药用。

植株

叶、花序

果期

枝、叶、果序

叶背面

花序

小苜蓿 Medicago minima (L.) Grufberg
苜蓿属 Medicago Linn.

形态特征： 一年生小草本。茎从基部分枝多而铺散，疏生白色柔毛。叶具3小叶；中间小叶较大，倒卵形，先端圆或凹下，边缘有锯齿，两面均有白色柔毛，两侧小叶略小；小叶柄细，长约5mm，有柔毛；托叶斜卵形，长约5mm，先端尖，基部具疏齿。花集成头状的总状花序，腋生；花萼钟状，深裂，密生柔毛；花冠淡黄色。荚果螺旋状，脊棱上有3列长钩状刺；种子数枚，肾形。花期4—5月；果熟期5—6月。

分　　布： 河南各地均有分布；多见于荒坡、沙地、田间及地埂。

功用价值： 可作家畜饲料，也可作绿肥；嫩苗可作野菜食用。

植株

花

叶背面

荚果

枝、叶、花序

南苜蓿 Medicago polymorpha Linn.
苜蓿属 Medicago Linn.

形态特征： 一年生或二年生草本。茎匍匐或稍直立，高约30cm，基部多分枝，无毛或有毛。叶具3小叶；小叶宽倒卵形，先端钝圆或凹缺，基部楔形，上部边缘有锯齿，表面无毛，背面疏生柔毛，两侧小叶略小；小叶柄长约5mm，有柔毛；托叶卵形，长约7mm，宽约3mm，边缘具细锯齿。花2~6朵，聚生成总状花序，腋生；萼钟形，深裂，萼齿披针形，尖锐，有疏柔毛；花冠黄色，略伸出萼外。荚果螺旋状，边缘有疏刺；种子3~7枚，肾形，黄褐色。花期4—6月；果熟期5—7月。

分　　布： 河南伏牛山南部、大别山和桐柏山区有少量野生；河南各地有栽培。

功用价值： 为主要的绿肥和优良的牲畜饲料植物；嫩叶可蔬食；根及全草可入药。

植株

花

果实

叶背面

茎、叶

两型豆 Amphicarpaea edgeworthii Benth.　　　两型豆属 Amphicarpaea Elliot

形态特征：一年生缠绕草本。茎纤细，被淡褐色柔毛。叶具羽状3小叶；托叶小，披针形或卵状披针形，具明显线纹；叶柄长2~5.5cm；小叶薄纸质或近膜质，两面常被贴伏的柔毛，基部三出脉，纤细，小叶柄短；小托叶极小，常早落，侧生小叶稍小，常偏斜。花二型；生在茎上部的为正常花，排成腋生的短总状花序，有花2~7朵，各部被淡褐色长柔毛；花萼管状，5裂，裂片不等；花冠淡紫色或白色。另生于下部为闭锁花，无花瓣，柱头弯至与花药接触，子房伸入地下结实。荚果二型；生于茎上部的完全花结的荚果为长圆形或倒卵状长圆形，扁平，微弯，被淡褐色柔毛，以背、腹缝线上的毛较密；种子2~3枚，肾状圆形，黑褐色，种脐小；由闭锁花伸入地下结的荚果呈椭圆形或近球形，不开裂，内含1枚种子。花果期8—11月。

分　　布：河南太行山、伏牛山、大别山和桐柏山区均有分布；多见于山沟草丛中及林缘。

功用价值：可作家畜饲料；可作农药；根可药用。

植株　　花　　荚果　　花序

山黑豆 Dumasia truncata Sieb. et Zucc.　　　山黑豆属 Dumasia DC.

形态特征：多年生缠绕草本。根粗长，黄白色。茎有时带紫黑色，无毛。叶有3小叶；小叶长卵形或菱状卵形，先端长渐尖，稍有钝头，基部截形或楔形，两面光滑无毛；托叶披针形，无毛。花黄色，呈总状花序，腋生，有长总梗，无毛；旗瓣有尖耳。荚果长3~4cm，成熟时带紫色。花期6—8月；果熟期8—9月。

分　　布：河南伏牛山、大别山和桐柏山区均有分布；多见于山坡灌丛、林缘、山谷溪旁或疏林中。

功用价值：幼苗可作野菜。

荚果　　叶背面

植株　　花序　　花

野大豆 *Glycine soja* Sieb. et Zucc. | **大豆属** *Glycine* Willd.

形态特征： 一年生缠绕草本。茎细长，有黄色长硬毛。小叶3个，顶生小叶卵状披针形，先端急尖，基部圆形，两面有白色短柔毛；侧生小叶斜卵状披针形；托叶卵状披针形，有黄色柔毛。总状花序腋生；花梗密生黄色长硬毛；萼钟状，有毛；花冠紫红色，长约4mm。荚果线状长圆形，长约2cm，密生黄色硬毛；种子黑色。花期6—7月；果熟期8—9月。

分　　布： 河南各地均有分布；多见于山野灌丛、草地或河岸草丛中。

功用价值： 种子富含蛋白质、油脂，除食用外，还可榨油，供工业用；种子可入药；茎叶可作饲料。

保护类别： 国家二级重点保护野生植物。

枝、叶

植株

荚果

花序

葛 *Pueraria montana* (Loureiro) Merrill | **葛属** *Pueraria* DC.

形态特征： 缠绕藤本。块根肥厚。全株被黄色长硬毛。叶具3小叶；顶生小叶菱状卵形，背面有粉霜，两面有毛，背面毛较密，侧生小叶宽卵形，有时有裂片，基部斜形；托叶盾状，小托叶针状。总状花序腋生，有时有分枝，密生多花，长20cm（不连总花梗）。苞片早落，小苞片卵形或披针形；萼钟形，萼齿5个，披针形，上面2齿合生，下面1齿较长，内外面均有黄色柔毛；花冠蝶形，紫红色，旗瓣圆形，先端微缺，基部有2个耳，近基部有2个或多少明显的胼胝体，翼瓣一般有1耳，有时每边各有1耳。荚果线形，长5~10cm，扁平，密生黄色长硬毛。花期6—8月；果熟期9月。

分　　布： 河南太行山、伏牛山、大别山和桐柏山区均有分布；多见于山坡、路边及疏林中。

功用价值： 茎皮纤维可作纺织及造纸原料；块根可制淀粉，供食用；根与花可供药用。

枝、叶

叶、果序

花

植株

茎、叶、花序

小巢菜 Vicia hirsuta (L.) Gray

野豌豆属 Vicia Linn.

形态特征： 一年生草本，高10~30cm，无毛。羽状复叶，有卷须；小叶8~16个，长圆状倒披针形，先端截形，微凹，有短尖，基部楔形，两面无毛。总状花序腋生，有2~5花，较叶短；花序轴及花梗均有短柔毛；萼钟状，萼齿5个，有短柔毛；花冠白色或淡紫色，长约5mm；旗瓣长圆形，长约3.5mm，先端截形，有细尖，翼瓣长（连爪）与旗瓣等长，无耳，有长约1mm的爪；子房无柄，密生长硬毛，花柱顶端周围有短毛。荚果长圆形，扁，长7~10mm，有柔毛；种子1~2枚，扁圆形，棕色。花期3—5月；果熟期5—6月。

分　　布： 河南伏牛山、大别山和桐柏山区均有分布；多见于田间、地埂、山坡草丛。

功用价值： 可作饲料；嫩茎叶可作野菜食用；全草可入药。

茎、叶

荚果

叶、卷须

花序

花

确山野豌豆 Vicia kioshanica Bailey

野豌豆属 Vicia Linn.

形态特征： 多年生草本，高30~70cm。茎有棱，多分枝，无毛。羽状复叶，有发达卷须；小叶6~14个，长圆形或线状长圆形，两端圆形或顶端微凹，具细尖，两面无毛；托叶半箭头状或线状披针形，有1~3个齿牙。总状花序多长于叶，有8~16花；萼钟状，外面有很少柔毛，花紫色；萼钟状，长（连齿）4mm；旗瓣倒卵形，长9.5mm，宽5mm，先端圆形，微凹，有细尖；子房无毛，有短柄，花柱顶部周围有短毛，荚果长圆形，无毛。花期6—9月；果熟期8—10月。

分　　布： 河南伏牛山、大别山和桐柏山区均有分布；多见于山沟路边、山坡草地、灌丛中。

功用价值： 根可入药，也可作饲料。

保护类别： 中国特有种子植物。

花序

茎、叶

花

茎、叶背面

牯岭野豌豆 *Vicia kulingana* L. H. Bailey
野豌豆属 *Vicia* Linn.

形态特征： 多年生草本，高70~80cm。茎直立，有棱，无毛。羽状复叶；托叶半箭头状或半卵形，全缘，或有锯齿；小叶4，卵状披针形、椭圆形或卵形，先端渐尖或长渐尖，基部楔形，无毛。花紫色至蓝色，10朵以上排成腋生总状花序，有不脱落的叶状苞片。荚果斜长椭圆形或斜长方形，长3.5~4.5cm，宽0.8cm，无毛；种子1~5，近圆形。花期4—6月；果期6—9月。

分　　布： 河南大别山区分布；多见于山谷疏林中、山麓林缘、路边和沟边草丛中。

功用价值： 全草可药用。

荚果　　花

叶

花序

救荒野豌豆 *Vicia sativa* Linn.
野豌豆属 *Vicia* Linn.

形态特征： 一年生或二年生草本，高20~50cm。羽状复叶，有卷须；小叶8~16个，长椭圆形或倒卵形，先端截形，凹入，有细尖，基部楔形，两面疏生黄色柔毛；托叶戟形。花1~2个腋生，无总梗；花梗有疏生黄色短毛；萼钟状，萼齿5个，有疏生白色短毛；花冠紫色或红色，旗瓣倒卵形，先端凹，有细尖，中部以下渐狭，长19mm，宽8.5mm；翼瓣长（连爪）13mm，爪长6mm，耳长2mm；子房无柄，无毛，花柱顶端背部有髯毛。荚果线形，扁平，成熟时棕色。花期3—4月；果熟期4—5月。

分　　布： 河南各地均有分布，以山区居多；多见于田间、地埂、荒地、山坡草地、灌丛、山沟河旁等地。

功用价值： 为优良饲料及绿肥植物；幼嫩茎叶可作野菜；全草可入药。

叶背面

花

植株

茎、叶、花

荚果

窄叶野豌豆 *Vicia sativa* subsp. *nigra* (L.) Ehrh.　　　　**野豌豆属** *Vicia* Linn.

形态特征： 一年生或二年生草本，高20~80cm。茎斜升，蔓生或攀缘，多分枝，被疏柔毛。偶数羽状复叶长2~6cm，叶轴顶端卷须发达；托叶半箭头形或披针形，长约0.15cm，有2~5齿，被微柔毛；小叶4~6对，线形或线状长圆形，先端平截或微凹，具短尖头，基部近楔形，叶脉不甚明显，两面被浅黄色疏柔毛。花腋生，有小苞叶；花萼钟形，萼齿5，三角形，外面被黄色疏柔毛；花冠红色或紫红色，旗瓣倒卵形，先端圆、微凹，有瓣柄，翼瓣与旗瓣近等长，龙骨瓣短于翼瓣。荚果长线形，微弯，种皮黑褐色，革质，种脐线形。花期3—6月；果期5—9月。

分　布： 河南各地均有分布；多见于田间、地边、山坡、荒地，为麦田常见杂草。

功用价值： 可作牧草及绿肥。

茎、叶、花

花序

荚果

花

四籽野豌豆 *Vicia tetrasperma* (L.) Schreb.　　　　**野豌豆属** *Vicia* Linn.

形态特征： 一年生草本。茎纤细，有棱，多分枝，全株疏生短柔毛。羽状复叶，有卷须；小叶6~12个，线状长圆形，先端钝或有小尖；托叶半戟形。花小，紫色或带蓝色，1~2花排成腋生总状花序；总花梗细弱，与叶近等长；萼斜钟状，萼齿三角状卵形，较萼筒短或等长；旗瓣长倒卵形，长6mm；翼瓣有爪，无耳，与旗瓣等长；子房无毛，有短柄。荚果线状椭圆形，扁，长约1cm，有种子3~4枚。花期5—9月；果熟期6—10月。

分　布： 河南伏牛山区分布；多见于田边、荒地、山坡灌丛、草地。

功用价值： 可作牧草及绿肥；全草可入药。

植株

叶、卷须

茎、叶

花序

荚果

歪头菜 *Vicia unijuga* A. Braun   野豌豆属 *Vicia* Linn.

形态特征： 多年生草本，高达1m。幼枝疏生淡黄色柔毛。小叶2个，卵形或菱形，先端急尖，基部斜楔形；卷须不发达，为针状；托叶戟形。总状花序腋生；萼斜钟状，疏生短毛，萼齿披针形，全长约6mm；花冠紫色或紫红色，旗瓣提琴形，先端微凹，长约15mm；子房具柄，无毛，花柱上部周围有白色短柔毛。荚果狭长圆形，扁，长3~4cm；种子扁圆形，棕褐色。花期4—5月；果熟期7—8月。

分　　布： 河南太行山、伏牛山、大别山和桐柏山山区均有分布；多见于山坡草地、灌丛或疏林中。

功用价值： 茎叶可晒干菜食用，并作牧草；全草可入药。

植株

茎、叶、花序

荚果

花序

花

长柔毛野豌豆 *Vicia villosa* Brot.   野豌豆属 *Vicia* Linn.

形态特征： 一年生草本。全株有淡黄色长柔毛。羽状复叶，有卷须；小叶10~16个，长圆形或披针形，先端钝，有细尖，基部圆形，两面均有长柔毛；托叶戟形，有长柔毛。总状花序腋生，花多而密，偏向一侧排列；花序轴及花梗均有淡黄色柔毛；萼斜圆筒状，萼齿5个，密生柔毛；花冠紫色或淡红色，长约17mm；子房具柄，无毛；花柱上部周围有短毛。荚果长圆形，长约3cm。花果期5—7月。

分　　布： 河南各地均有栽培，少量逸为野生。

功用价值： 为优良的饲料及绿肥植物；本种含有蛋白质。

花序

花

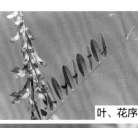

叶、花序

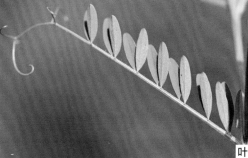

叶

植株

多花木蓝 Indigofera amblyantha Craib | 木蓝属 Indigofera Linn.

形态特征： 直立灌木，高80~200cm。小枝密生白色"丁"字毛，后变为无。羽状复叶，小叶7~11个，倒卵形或倒卵状长圆形，先端圆，有短尖，基部宽楔形，表面疏生"丁"字毛，背面毛较密；叶柄及小叶柄均密生"丁"字毛。总状花序腋生，较叶短，花密生；花冠淡红色，长约5mm。荚果长3.5~6cm，棕褐色，有短"丁"字毛；种子褐色，长圆形。花期5—6月；果熟期9—10月。

分　　布： 河南伏牛山、太行山、大别山和楠柏山区均有分布；多见于山坡灌丛或疏林中。

功用价值： 根可入药。

保护类别： 中国特有种子植物。

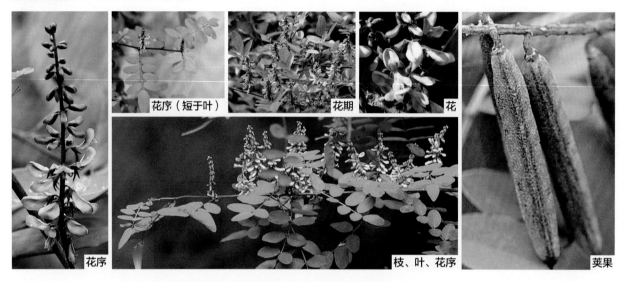

花序（短于叶）　花期　花　花序　枝、叶、花序　荚果

华东木蓝 Indigofera fortunei Craib | 木蓝属 Indigofera Linn.

形态特征： 小灌木，高约30cm。茎直立，无毛。羽状复叶长约20cm；小叶7~15个，对生，卵形、卵状椭圆形或披针形，先端急尖，钝或微凹，有长约2mm短尖，基部圆形或宽楔形，无毛；有针状小托叶。总状花序腋生，长10~13cm；萼筒状，有短柔毛；花冠紫色，长10~11mm，疏生短柔毛。荚果细长，长3~6cm，无毛，褐色。花期5~6月；果熟期7~8月。

分　　布： 河南伏牛山南部、大别山和桐柏山区均有分布；多见于山坡疏林中、灌丛及山沟溪旁。

功用价值： 根可入药。

保护类别： 中国特有种子植物。

植株　花序　荚果

花木蓝 *Indigofera kirilowii* Maxim. ex Palibin

木蓝属 *Indigofera* Linn.

形态特征： 小灌木，高30~100cm。枝有白色"丁"字毛。羽状复叶，小叶7~11个，宽卵形、菱状卵形或椭圆形，先端钝或圆形，有短尖头，基部宽楔形或圆形，两面疏生白色"丁"字毛；叶柄、叶轴和小叶柄有毛。总状花序腋生，与叶近等长；萼杯形，短，5裂，疏生短柔毛；花冠淡紫色，长1.5~1.8cm，无毛。荚果圆柱形，长3.5~7cm，棕褐色，无毛。花期5—6月；果熟期8—9月。

分　　布： 河南伏牛山和太行山区均有分布；多见于山坡灌丛、疏林或岩石缝中。

功用价值： 茎皮纤维可制人造棉、纤维板；枝条可编筐；种子可供酿酒；叶可提制栲胶；根可入药。

枝、叶

花序

紫藤 *Wisteria sinensis* (Sims) Sweet

紫藤属 *Wisteria* Nutt.

形态特征： 藤本。小枝幼时具短柔毛，小叶7~13个，卵形至卵状披针形，长4.5~11cm，宽2~5cm，先端渐尖，基部圆形或宽楔形，幼时两面疏生白色柔毛；叶轴疏生柔毛；小叶柄密生短柔毛。总状花序侧生，下垂；萼钟状，疏生柔毛；花冠紫色或深紫色，长达2cm；旗瓣内面近基部有2个胼胝体状附属物。荚果扁，长10~20cm，密生黄色茸毛；种子扁圆形。花期4—5月；果熟期9—10月。

分　　布： 河南各地均有栽培，伏牛山南部及大别山区均有分布；多生于低山区草地及灌丛。

功用价值： 花含芳香油；茎皮、花及种子均可入药；种子有防腐作用；花可蔬食，也可作庭院观赏植物。

果实

茎、叶、花

花

花序

叶

刺槐 Robinia pseudoacacia Linn.

刺槐属 Robinia Linn.

形态特征： 乔木，高10~20m。树皮褐色，纵裂。枝有托叶刺。奇数羽状复叶；小叶7~19个，稀达25个，椭圆形、长圆形或卵形，先端圆或微凹，基部圆形，无毛或幼时疏生柔毛。总状花序腋生；花序轴及花梗有柔毛；萼钟状，有柔毛；花冠白色，芳香，旗瓣有爪，基部有黄色斑点；子房无毛。荚果扁平，长圆形，长3~10cm，褐色；种子肾形，黑色。花期4—5月；果熟期7—8月。

分　　布： 河南各地有栽培，局部有逸为野生并形成群落。

功用价值： 为沙区、沟岸、道路及庭院绿化造林树种；木材坚硬耐水湿；种子可制肥皂及油漆原料，与嫩叶可作菜食；树皮可作造纸及人造棉的原料；茎皮、根及叶可入药；是一种优良的蜜源植物。

茎、叶、花　植株　花序　荚果　枝、叶、托叶刺　叶、花序

锦鸡儿 Caragana sinica (Buc' hoz) Rehd.

锦鸡儿属 Caragana Fabr.

形态特征： 灌木，高1~2m。小枝有棱角，无毛。小叶4个，羽状排列，上面2个小叶通常较大，倒卵形或长圆状倒卵形，先端圆或微凹，有刺尖，无毛；托叶三角形，渐尖头，常硬化成刺；叶轴脱落或变为刺状宿存。花单生；花梗长约1cm，中部有关节；萼钟状，长12~14mm，基部偏斜；花冠黄色带红色，凋落时褐红色，旗瓣狭倒卵形，基部带红色，翼瓣有短的圆耳，龙骨瓣宽而钝。荚果稍扁，无毛。花期4月；果熟期6月。

分　　布： 河南太行山、伏牛山、大别山和桐柏山区均有分布；多见于山坡、沟边。

功用价值： 为庭院观赏及固沙植物；花及根可入药。

枝、叶　花侧面　花期　刺　花

柄荚锦鸡儿 *Caragana stipitata* Kom.　　　锦鸡儿属 *Caragana* Fabr.

形态特征： 灌木，高达2m。老枝深灰褐或淡褐色，有光泽；幼枝被短柔毛。羽状复叶有小叶4~6对；托叶针刺状，脱落或宿存；叶轴长3~7cm，长枝与短枝上的均脱落；小叶长圆形、椭圆形或卵状披针形，两端锐尖或近圆，具刺尖，幼时密被绢毛。花单生，花梗长0.6~1.5cm，关节在上部，被毛；花萼钟状，密被绢毛，后渐脱落，萼齿三角形，先端钝；花冠黄色，旗瓣菱状宽卵形，瓣柄长为瓣片的1/3，龙骨瓣的瓣柄稍长于瓣片；子房密被绢毛，具柄。荚果披针形，扁，基部具柄，柄与宿萼近等长或稍长。花期4—5月；果期6—7月。

分　　布： 河南伏牛山区分布；多见于海拔1000m以上山坡、沟谷、灌丛或林缘。

保护类别： 中国特有种子植物。

托叶刺　植株　枝、叶、花　花期　荚果、果柄、子房柄　花

米口袋 *Gueldenstaedtia verna* (Georgi) Boriss.　　　米口袋属 *Gueldenstaedtia* Fisch.

形态特征： 多年生草本，根圆锥状。茎缩短，丛生于根颈处。奇数羽状复叶；小叶11~21个，椭圆形、卵形或长椭圆形，长6~22mm，宽3~8mm，先端圆或微凹，具细尖，两面有白色长柔毛；托叶三角形，有白色柔毛。伞形花序有4~6花；总花梗与叶等长或稍长；萼钟状，上2齿较大，有毛；花冠紫色，旗瓣卵形，长约13mm，先端微凹，基部渐狭成爪；翼瓣狭楔形，长10mm，具斜截头，爪长3mm，有耳；龙骨瓣长6mm，爪长2.5mm，有耳。荚果圆筒形；种子肾形，具凹点，有光泽。花期4月；果熟期5—6月。

分　　布： 河南各地均有分布；多见于山坡、丘陵、草地、路边、沟边、沙地等处。

功用价值： 根及全草可入药。

肉质根　植株　果实　花序

309

黄檀 *Dalbergia hupeana* Hance

黄檀属 *Dalbergia* Linn. f.

形态特征： 乔木，高10~17m。树皮灰色，鳞状剥裂。小叶9~11个，革质，长圆形或宽椭圆形，先端钝，微凹，基部圆形；叶轴及小叶柄有白色柔毛；托叶早落。圆锥花序顶生或腋生；花梗有锈色疏毛；萼钟状，有锈色柔毛；花冠淡紫色或白色，旗瓣圆形，先端微凹，有短爪，翼瓣、龙骨瓣略与旗瓣等长，均有爪。荚果长圆形，扁平，长3~7cm，种子1~3枚。花期7月；果熟期8—9月。

分　　布： 河南伏牛山、大别山和桐柏山区均有分布；多见于山坡灌丛或疏林中。

功用价值： 木材坚韧、致密，可作家具及建筑材料；可作庭院绿化树种；根可入药。

果实　植株　叶　花序　果期

长柄山蚂蟥（圆菱叶山蚂蟥）*Hylodesmum podocarpum* (Candolle) H. Ohashi et R. R. Mill

长柄山蚂蟥属 *Hylodesmum* H. Ohashi et R. R. Mill

形态特征： 半灌木，高0.5~1m。茎有棱角，疏生伸展短柔毛。小叶3个，顶生小叶圆状菱形，长4~7cm，宽3.6~6cm，先端急尖或钝，基部宽楔形，两面疏生短柔毛或几无毛，侧生小叶较小，斜卵形；托叶线状被针形，长约7mm。顶生圆锥花序，长达30cm，腋生者为总状花序；花梗长2.5mm，果时增长至5mm；萼钟状，萼齿短，疏生柔毛；花冠紫红色，长约4mm。荚果长约1.6cm，通常有2荚节，具钩状毛。花期7—9月；果熟期9—10月。

分　　布： 河南伏牛山、大别山和桐柏山区均有分布；多见于山坡灌丛或林下。

功用价值： 根及全草可入药。

叶　荚果　植株　花、果实　花序

宽卵叶长柄山蚂蟥 *Hylodesmum podocarpum* subsp. *fallax* (Schindler) H. Ohashi et R. R. Mill　　长柄山蚂蟥属 *Hylodesmum* H. Ohashi et R. R. Mill

形态特征: 半灌木, 高约1m。茎纤细, 有柔毛。叶4~7个聚生于茎中下部; 小叶3个, 顶生小叶宽卵形, 长8.5~12cm, 宽4.5~7.7cm, 先端渐尖, 基部圆形或宽楔形, 两面有短柔毛; 侧生小叶小, 略偏斜; 叶柄长6~13cm, 有毛; 托叶狭三角形, 先端尖。圆锥花序腋生, 长达90cm, 有疏毛; 花梗长3mm, 结果时增长至6mm; 萼宽钟状, 萼齿三角形, 有疏毛; 花冠紫红色, 长约5mm。荚果长达2cm, 荚节1~2个, 半三角状倒卵形, 有密生钩状毛。花期7~8月; 果熟期9—10月。

分　　布: 河南伏牛山南部、大别山和桐柏山区均有分布; 多见于山坡灌丛或山沟杂木林中。

功用价值: 全草可入药。

荚果　叶　植株　茎、叶、花序　花、荚果

长萼鸡眼草 *Kummerowia stipulacea* (Maxim.) Makino　　鸡眼草属 *Kummerowia* Schindl.

形态特征: 一年生草本, 高10~25cm。分枝多而开展, 幼枝具向上的硬毛。小叶3个, 倒卵形, 长7~20mm, 先端常凹缺, 表面无毛, 背面叶脉及边缘有白色长硬毛; 托叶卵圆形, 宿存, 具短缘毛。花1~2朵腋生, 花梗有白色硬毛, 具关节; 萼钟状, 萼齿5个, 卵形; 花冠上部暗紫色, 长至7mm, 荚果卵形, 长约4mm; 长为萼的2~3倍; 种子黑色, 平滑。花期8—9月; 果熟期10月。

分　　布: 河南各地均有分布; 多见于山坡、荒丘、沙地、灌丛。

功用价值: 全草可入药; 可作牧草、绿肥; 幼嫩茎叶可作野菜。

花、荚果　托叶　植株　花

鸡眼草 *Kummerowia striata* (Thunb.) Schindl.　　　鸡眼草属 *Kummerowia* Schindl.

形态特征： 一年生草本。茎平卧，多分枝，具有向下的白色长毛。小叶3个，长圆形或倒卵状长圆形，先端圆，中脉和边缘有白色毛；托叶长卵形，宿存，具短缘毛。花1~3朵腋生；小苞片4个，1个生于花梗的关节之下，另3个生于萼下；萼钟状，深紫色，长2.5~3mm；花冠淡红色，长5~7mm。荚果卵状长圆形，较萼稍长或不超过萼的1倍，外面有细毛。花期7—10月；果实8月渐次成熟。

分　　布： 河南各地均有分布；多见于山坡、荒丘、路旁、田间、地埂。

功用价值： 全草可入药；可作饲料及绿肥；幼苗可作野菜。

植株

花

绿叶胡枝子 *Lespedeza buergeri* Miq.　　　胡枝子属 *Lespedeza* Michx.

形态特征： 灌木，高达3m。幼枝具柔毛。小叶3个，卵状椭圆形，长3~7cm，宽1.5~3cm，先端急尖，有短尖头，基部圆钝，表面无毛，背面有柔毛。总状花序腋生，上部呈圆锥状；花萼钟状，萼齿披针形，有短柔毛；花冠黄色或白色，旗瓣倒卵形，长约10mm，旗瓣与翼瓣基部常带紫色，龙骨瓣长于旗瓣。荚果长圆状卵形，长约15mm，有网脉及柔毛。花期6—8月；果熟期8—9月。

分　　布： 河南伏牛山、大别山和桐柏山区均有分布；多见于山坡灌丛中或疏林下。

功用价值： 种子含油；根、叶可入药。

花序

枝、叶、花

叶　　花

荚果

长叶胡枝子（长叶铁扫帚）*Lespedeza caraganae* Bunge 　　胡枝子属 *Lespedeza* Michx.

形态特征：草本状灌木，高40~60cm。茎直立，有分枝，褐色，有短毛。小叶3个，线状长圆形，先端圆或微凹，有短尖，基部楔形，边缘反卷，表面光滑，背面有伏生柔毛；叶柄长1~3mm；托叶刺毛状，弯曲。花3~4个簇生；总花梗短或无；花梗长1~2mm，无毛；小苞片卵形，急尖；萼深裂过半，裂片披针形，渐尖。花冠黄白色，旗瓣基部有紫斑；无瓣花小，密生叶腋，几无柄。荚果卵圆形，长约2mm，有短毛。花期6—8月；果熟期9月。

分　　布：河南太行山和伏牛山北部均有分布；多见于山坡灌丛或疏林中。

功用价值：可作牧草。

保护类别：中国特有种子植物。

植株　　茎、叶、花序　　茎、叶

截叶铁扫帚 *Lespedeza cuneata* (Dum.-Cours.) G. Don 　　胡枝子属 *Lespedeza* Michx.

形态特征：直立灌木，高30~100cm。小枝有白色短柔毛。小叶3个，长圆形，先端截形，微凹，有短尖，基部楔形，表面无毛，背面密生白色短柔毛；侧生小叶较小；叶柄长约10mm，有柔毛；托叶线形。总状花序腋生；萼浅杯状，萼齿5个，披针形，有柔毛；花白色或淡红色，龙骨瓣稍长于旗瓣。荚果细小，有毛。花期7—9月；果熟期9—10月。

分　　布：河南太行山、伏牛山、大别山和桐柏山区均有分布；多见于山坡、丘陵、沟边。

功用价值：可作牧草及绿肥；根及全株可入药。

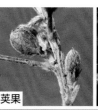

叶　　茎、叶　　荚果　　花　　花序

短梗胡枝子 *Lespedeza cyrtobotrya* Miq.　　　　　　**胡枝子属 *Lespedeza* Michx.**

形态特征： 灌木，高达2m。小叶3个，倒卵形或卵状披针形，侧生小叶较小，先端圆钝或急尖，基部圆形，表面无毛，背面有灰白色贴生柔毛。总状花序腋生，短于叶；总花梗短或近无；花梗短，长为萼的1/2；萼筒状，萼齿5个，上边2齿近合生，密生柔毛；花冠紫色。荚果斜卵形，扁，长约6mm，密生绢毛。花期7—8月；果熟期8 9月。

分　　布： 河南伏牛山和太行山区均有分布；多见于干旱山坡、灌丛或杂木林中。

功用价值： 茎皮纤维可制人造棉及造纸原料；枝条可供编织；叶可作饲料及绿肥。

枝、叶　　　　　　植株　　　　　　茎、叶、花序　　　　　花　　　花序

兴安胡枝子（达呼里胡枝子）*Lespedeza davurica* (Laxm.) Schindl.　**胡枝子属 *Lespedeza* Michx.**

形态特征： 小灌木或亚灌木。枝有短柔毛。小叶3个，顶生小叶披针状长圆形，先端圆钝，有短尖，基部圆形，表面无毛，背面密生短柔毛；托叶线形。总状花序腋生，短于叶；无瓣花生于下部枝条叶腋，萼浅杯状，萼齿5个，披针形，几与花瓣等长，有柔毛；花冠黄绿色，旗瓣长约1cm，翼瓣较短，龙骨瓣长于翼瓣；子房有毛。荚果倒卵状长圆形。花期7—9月；果熟期9—10月。

分　　布： 河南各地均有分布；多见于山坡、丘陵、荒地、沙丘、路旁、沟边。

功用价值： 可作牧草及绿肥。

植株　　　　　　茎、叶、花序　　　花　　　茎、叶背面、花序

多花胡枝子 *Lespedeza floribunda* Bunge　　　胡枝子属 *Lespedeza* Michx.

形态特征： 小灌木，高60~100cm。小枝有白色柔毛。小叶3个，倒卵形或倒卵状长圆形，先端微凹，有短尖，基部宽楔形，表面无毛，背面有白色柔毛，侧生小叶较小；叶柄长约7mm。总状花序腋生，较叶为长，花梗无关节，无瓣花簇生叶腋，无花梗；萼宽钟状，萼齿5个，披针形，疏生白色柔毛；花冠紫色，旗瓣长约8mm，较龙骨瓣短。荚果卵状菱形，长约5mm，有柔毛。花期8—9月；果熟期9—10月。

分　　布： 河南各山区均有分布；多见于干旱山坡、丘陵、灌丛或杂木林中。

功用价值： 可作饲料及绿肥。

植株

花

花侧面

茎、花序

尖叶铁扫帚 *Lespedeza juncea* (Linn. f.) Pers.　　　胡枝子属 *Lespedeza* Michx.

形态特征： 草本状半灌木。茎直立，有分枝，具短柔毛。小叶3个，长圆形或披针状长圆形，长1~2.5cm，宽3~5mm，先端急尖，基部楔形，表面无毛，背面有伏生绢毛；叶柄短，长2~3mm；托叶线形，弯曲。腋生总状花序；小苞片狭，与萼裂片等长；萼裂片披针形，长5~6mm；花白色，有紫斑。荚果宽椭圆形，长2mm，有毛。花期7—9月；果熟期9—10月。

分　　布： 河南太行山区及伏牛山区均有分布；多见于山坡灌丛及荒丘。

功用价值： 可作饲料及绿肥；根及茎叶可入药。

植株

花

叶

茎、叶、花

阴山胡枝子（白指甲花）*Lespedeza inschanica* (Maxim.) Schindl.　　　　胡枝子属 *Lespedeza* Michx.

形态特征： 灌木，高达1m。茎多分枝，无毛。小叶3个，长圆形，长12~25mm，宽3~7mm，先端圆钝或微凹，有短尖，基部宽楔形，表面无毛，背面有短柔毛；侧生小叶较小；叶柄短；托叶线状披针形。总状花序腋生，总花梗短；无瓣花密生叶腋；小苞片贴生于萼筒下，披针形；萼近钟状，萼齿披针形，有柔毛；花冠白色，有紫斑，龙骨瓣与旗瓣等长。荚果卵形，包于萼内，有柔毛。花期7~9月；果熟期9~10月。

分　　布： 河南太行山、伏牛山、大别山和桐柏山区均有分布；多见于向阳山坡、沟边。

功用价值： 民间可药用。

枝、叶、花　　花　　花序　　茎、叶

美丽胡枝子 *Lespedeza thunbergii* subsp. *formosa* (Vogel) H.　　　　胡枝子属 *Lespedeza* Michx.

形态特征： 灌木，高1~2m。幼枝有毛。小叶3个，卵形、卵状椭圆形或卵状披针形，先端急尖，圆钝或微凹，基部楔形，表面有疏毛，背面密生短柔毛。总状花序腋生，单生或数个排列成圆锥状，长6~15cm；总花梗密生短柔毛；萼钟状，萼齿与萼筒等长或较长，密生短柔毛；花冠紫红色，长1~1.2cm，龙骨瓣较旗瓣为长或近于等长。荚果卵形、长圆形、倒卵形或披针形，稍偏斜，长5~12cm，有锈色短柔毛。花期7—9月；果熟期9—10月。

分　　布： 河南各山区均有分布；多见于山坡灌丛或疏林中。

功用价值： 可作饲料，并为水土保持植物；根可入药。

花　　枝、叶　　花序　　枝、叶、花序

笼子梢 *Campylotropis macrocarpa* (Bge.) Rehd. 　　　**笼子梢属** *Campylotropis* **Bunge**

形态特征： 灌木，高达2.5m。幼枝棱角不明显，密生白色短柔毛。小叶3个，顶生小叶长圆形或椭圆形，先端圆或微凹，有短尖，基部圆形，表面无毛，网脉明显，背面有淡黄色柔毛，侧生小叶较小。总状花序腋生，或集生成顶生圆锥花序；萼上唇2齿三角形，疏生柔毛；花冠紫色，旗瓣和龙骨瓣各长约10mm，翼瓣稍长。荚果斜椭圆形，膜质，长约1.2cm，具明显网脉。花期7—9月；果熟期9—10月。
分　　布： 河南太行山、伏牛山、大别山和桐柏山区均有分布；多见于山坡、沟边、林缘或疏林中。
功用价值： 根及叶可入药。

枝、花序　荚果　枝、叶　花　花序　叶背面　花期

▶ 胡颓子科 Elaeagnaceae

蔓胡颓子 *Elaeagnus glabra* Thunb. 　　　**胡颓子属** *Elaeagnus* **L.**

形态特征： 常绿蔓生或攀缘灌木，长达5m，常无刺；小枝密被锈色鳞片。叶互生，革质或薄革质，卵状椭圆形，稀长椭圆形，顶端渐尖，基部圆形，表面深绿色，背面黄褐色或青铜色，有锈色鳞片，侧脉6~8对；叶柄长5~8mm。花下垂，淡白色，密被锈色鳞片，3~7朵生叶腋组成短总状花序；花梗长2~4mm；花被筒漏斗形，质厚，上部4裂，裂片宽三角形，内面被白色星状茸毛；雄蕊4；花柱直立，无毛；花盘杯状。果圆柱形，密被锈色鳞片。花期9—11月；果期翌年4—5月。
分　　布： 河南大别山、桐柏山和伏牛山区均有分布；多见于海拔1000m以下的向阳林中或林缘。
功用价值： 果可食或酿酒；根、叶可入药；茎皮可代麻、造纸、造人造纤维板。

枝、叶　核果状坚果　叶背面　花侧面　花　植株

木半夏 *Elaeagnus multiflora* Thunb.

胡颓子属 *Elaeagnus* L.

形态特征： 落叶灌木，高2~3m；枝密被褐锈色鳞片。叶膜质，椭圆形或卵形，顶端钝尖或骤尖，基部楔形，正面幼时被银色鳞片，后脱落，背面银灰色，被鳞片，侧脉5~7对。花白色，单生于叶腋；花梗细长，长4~8mm；花被筒管状，长5~6.5mm，4裂，裂片宽卵形，顶端圆形，内侧疏生柔毛；雄蕊4；花柱直立，无毛。果椭圆形，长12~14mm，密被锈色鳞片，成熟时红色；果梗长15~30mm，细瘦弯曲。花期5月；果期6—7月。

分　　布： 河南各山区均有分布；多见于海拔1000m以下的山坡、灌丛、林缘。

功用价值： 果实、根、叶可入药；食品工业上可作果酒和饴糖等。

叶背面　枝、叶　枝、叶、花　花序　花

胡颓子 *Elaeagnus pungens* Thunb.

胡颓子属 *Elaeagnus* L.

形态特征： 常绿直立灌木，高3~4m，具棘刺；小枝揭褐色，被鳞片。叶厚革质，椭圆形或矩圆形，两端钝形或基部圆形，边缘微波状，表面绿色，有光泽，背面银白色，被褐色鳞片，侧脉7~9对，与网脉在正面显著；叶柄粗壮，褐锈色。花银白色，下垂，被鳞片；花梗长3~5mm；花被筒圆筒形或漏斗形，长5.5~7mm，上部4裂，裂片矩圆状三角形，内面被短柔毛；雄蕊4；子房上位，花柱直立，无毛。果实椭圆形，被锈色鳞片，成熟时红色。花期9~12月；果期翌年4—6月。

分　　布： 河南大别山、桐柏山和伏牛山均有分布；多见于海拔1000m以下向阳山坡或路旁。

功用价值： 种子、叶和根可入药；果实可生食，也可酿酒和熬糖；茎皮纤维可造纸和人造纤维板。

刺　花序　核果状坚果　枝、叶　叶背面

牛奶子 *Elaeagnus umbellate* Thunb. — 胡颓子属 *Elaeagnus* L.

形态特征： 落叶灌木，高达4m，常具刺；幼枝密被银白色鳞片。叶纸质，椭圆形至倒卵状披针形，顶端钝尖，基部楔形或圆形，正面幼时具白色星状短柔毛或鳞片，成熟后全部或部分脱落，干燥后淡绿色或黑褐色，背面密被银白色和散生少数褐色鳞片，侧脉5~7对；叶柄银白色。花先叶开放，黄白色，芳香，2~7朵丛生新枝基部；花梗长3~6mm；花被筒漏斗形，长5~7mm，上部4裂，裂片卵状三角形；雄蕊4；花柱直立，疏生白色星状柔毛。核果球形，被银白色鳞片，成熟时红色。花期4—5月；果期7—8月。

分　　布： 河南各地均有分布，以山区较多；多见于海拔100~2000m的向阳林缘、灌丛、荒坡和沟边。

功用价值： 果实可生食，可制果酒、果酱等；叶可作土农药杀棉蚜虫；果实、根和叶亦可入药；可作观赏植物。

花　　成熟果实　　枝、花　　枝、叶、花　　花序　　果期　　叶背面

▶ 千屈菜科 Lythraceae ||||||||||||||||||||||||||||||||||||||||||||||||||

千屈菜 *Lythrum salicaria* L. — 千屈菜属 *Lythrum* L.

形态特征： 多年生草本，根状茎粗壮；茎直立，多分枝，高达1m，全株青绿色，稍被粗毛或密被茸毛，枝常4棱。叶对生或3片轮生，披针形或宽披针形，先端钝或短尖，基部圆形或心形，有时稍抱茎，无柄。聚伞花序，簇生，花梗及花序梗甚短，花枝似一大型穗状花序，苞片宽披针形或三角状卵形。萼筒有纵棱12条，稍被粗毛，裂片6，三角形，附属体针状；花瓣6，红紫色或淡紫色，有短爪，稍皱缩；雄蕊12，6长6短，伸出萼筒；蒴果扁圆形。花期7—9月；果期10月。

分　　布： 河南大别山、伏牛山、桐柏山区均有分布；多见于山区溪流中。

功用价值： 全草可入药；可栽培于水边或作盆栽，供观赏。

花序　　花　　果实　　茎、叶　　植株

瑞香科 Thymelaeaceae

芫花 Daphne genkwa Sieb. et Zucc.　　　　　瑞香属 Daphne L.

形态特征： 落叶灌木，高30~100cm；幼枝密被淡黄色绢状毛，老枝无毛。叶对生或偶为互生，纸质，椭圆状矩圆形至卵状披针形，幼叶背面密被淡黄色绢状毛，老叶除背面中脉微被绢状毛外其余部分无毛。花先叶开放，淡紫色或淡紫红色，3~6朵成簇腋生；花被筒状，外被绢状毛，裂片4，卵形，顶端圆形；雄蕊8，2轮，分别着生于花被筒中部及上部；花盘环状；密被淡黄色柔毛。核果白色。花期3—5月；果期6—7月。

分　　布： 河南各山区均有分布；多见于海拔300~2000m的山坡、山谷路旁。

功用价值： 观赏植物；花蕾可药用；根可毒鱼，全株可作农药；茎皮纤维柔韧，可作造纸和人造棉原料。

花1　花2　枝、叶　花序　枝、花序　果实

凹叶瑞香 Daphne retusa Hemsl.　　　　　瑞香属 Daphne L.

形态特征： 常绿灌木，高0.3~1m；幼枝密被灰黄色或灰褐色刚伏毛，老枝无毛。叶互生，革质，矩圆形至矩圆状倒披针形，边缘反卷，先端钝，通常有凹缺，基部楔形。头状花序顶生，具总苞，苞片常为矩圆形，边缘有睫毛，总花梗和花梗极短，被黄色刚伏毛；花被筒状，无毛，长约16mm，外面浅红紫色，内面白色，有芳香，裂片4，白色或微红色，矩圆状卵形，长约7mm，顶部锐尖，无毛；雄蕊8，2轮，分别着生花被筒的上部及中部；子房矩圆状。核果卵形，熟时鲜红色，无果柄。花期4—5月；果期6—7月。

分　　布： 河南伏牛山区分布；多见于海拔1400m以上的山坡、山沟林下。

功用价值： 可移植庭院作观赏植物；根可入药；茎皮纤维为优良的造纸原料。

枝、叶　叶尖　花　枝、叶、花序　叶、果实

柳叶菜科 Onagraceae ||||||||||||||||||||||||||||||||||||||

高山露珠草 *Circaea alpine* L.

露珠草属 *Circaea* L.

形态特征： 草本。植株高达30cm，茎多少肉质，无毛。根状茎顶端具块茎。叶半透明，卵形或宽卵形，稀圆形，具牙齿。顶生总状花序长10~15cm，无毛或密被短腺毛；花梗无毛，呈上升状或直立；花集生于花序轴顶端。萼片长圆状椭圆形或卵形，先端钝圆或微呈乳突状；花瓣白色，倒三角形或倒卵形，长0.5~2mm，裂片圆形；雄蕊与花柱等长；蜜腺藏于花筒内；子房被毛。果棒状，基部平滑渐窄向果柄，1室，具1种子，无纵沟，钩状毛不具色素。花期6—8月；果期7—9月。

分　　布： 河南太行山、伏牛山、大别山和桐柏山区均有分布；多见于海拔1200m以上的山坡林下、灌丛及草地。

功用价值： 全草可入药。

花、果实

果实

植株

花

花序

露珠草 *Circaea cordata* Royle

露珠草属 *Circaea* L.

形态特征： 多年生草本，高40~70cm；茎绿色，密被短柔毛。叶对生，卵形，基部浅心形，边缘疏生锯齿，两面都被短柔毛；叶柄长4~8cm，被毛。总状花序顶生，花序轴密被短柔毛；苞片小；花两性，白色；萼筒卵形，裂片2，长1.5~2mm；花瓣2，宽倒卵形，短于萼裂片，顶端凹缺；雄蕊2；子房下位，2室。果实坚果状，倒卵状球形，外被浅棕色钩状毛；果柄被毛，稍短于果实或近等长。花期6—8月；果期7—9月。

分　　布： 河南太行山、伏牛山、大别山及桐柏山区均有分布；多见于林缘、灌丛或山坡疏林中。

功用价值： 全草可入药。

花侧面

果实

植株

花序

花

南方露珠草 *Circaea mollis* Sieb. et Zucc.

形态特征： 多年生草本，高30~60cm；茎密被曲柔毛。叶对生，狭卵形至椭圆状披针形，被短柔毛，边缘有疏锯齿，具长1~2cm的柄。总状花序顶生与腋生，花序轴被曲柔毛或近无毛；苞片小；花两性；萼筒卵形，裂片2，绿白色，长1.5~2mm；花瓣2，倒卵形，长约为花萼裂片的1/2，顶端凹缺，雄蕊2；子房下位，2室。果实坚果状，倒卵状球形，长3~3.5mm，直径约3mm，具4纵沟，外被钩状毛；果柄被短柔毛或近无毛，稍长于果实或近等长。花期7~9月；果期8—10月。

分　　布： 河南太行山、伏牛山、大别山和桐柏山区均有分布；多见于山沟林下、灌丛及草地。

功用价值： 全草可入药。

果实

植株

花序

花

假柳叶菜 *Ludwigia epilobioides* Maxim.

形态特征： 一年生粗壮直立草本，茎高达1.5m，四棱形，带紫红色，多分枝。叶窄椭圆形或窄披针形，先端渐尖，基部窄楔形，侧脉8~13对，脉上疏被微柔毛；叶柄长0.4~1.3cm。萼片4~6，三角状卵形，4~5棱，表面瘤状隆起，熟时淡褐色，被微柔毛；花瓣黄色，倒卵形；雄蕊与萼片同数，花药具单体花粉；柱头球状，顶端微凹；花盘无毛。蒴果近无梗，初时具4~5棱，表面瘤状隆起，熟时淡褐色，内果皮增厚变硬成木栓质，果呈圆柱状，每室有1或2列，稀疏嵌埋于内果皮的种子；果皮薄，熟时不规则开裂。种子窄卵圆形，稍歪斜。花期8—10月；果期9—11月。

分　　布： 河南各地均有分布；多见于河滩、溪边等湿润处。

功用价值： 嫩枝、叶可作饲料；全草可入药。

叶、花

枝、花

植株

果实

花

月见草 *Oenothera biennis* L.

月见草属 *Oenothera* L.

形态特征： 二年生直立草本，基生莲座叶丛紧贴地面；茎高达2m，被曲柔毛与伸展长毛，在茎枝上端常混生有腺毛。基生叶倒披针形，边缘疏生不整齐浅钝齿，侧脉12~15对，两面被曲柔毛与长毛；茎生叶椭圆形或倒披针形，基部楔形，有稀疏钝齿，侧脉6~12对，两面被曲柔毛与长毛，茎上部的叶背面与叶缘常混生有腺毛。穗状花序，不分枝，或在主序下面具次级侧生花序；苞片叶状，宿存。萼片长圆状披针形，先端尾状，自基部反折，又在中部上翻；花瓣黄色；子房圆柱状，具4棱，密被伸展长毛与短腺毛。蒴果锥状圆柱形，直立，绿色，具棱。种子在果中呈水平排列，暗褐色，棱形，具棱角和不整齐洼点。花期7—10月；果期7—11月。

分　　布： 河南各地公园有栽培，并有少量逸为野生；多见于开旷荒坡路旁。

功用价值： 可栽植于公园供观赏；其种子含油。

植株　花果期　花　花期　基生叶　果期

柳叶菜 *Epilobium hirsutum* L.

柳叶菜属 *Epilobium* L.

形态特征： 多年生草本，高约1m；茎密生展开的白色长柔毛及短腺毛。下部叶对生，上部叶互生，矩圆形至长椭圆状披针形，边缘具细锯齿，基部无柄，略抱茎，两面被长柔毛。花两性，单生于上部叶腋，浅紫色；萼筒圆柱形，裂片4，外面被毛；花瓣4，顶端凹缺成2裂；雄蕊8，4长4短；子房下位，柱头4裂。蒴果圆柱形，室背开裂，被短腺毛；种子椭圆形，长1mm，密生小乳突，顶端具1簇白色种缨。花期6—8月；果期7—9月。

分　　布： 河南各山区均有分布；多见于沼泽、溪旁、湿地。

功用价值： 嫩苗嫩叶可食；根或全草可入药。

植株　花果期　花

小花柳叶菜 *Epilobium parviflorum* Schreber.

形态特征： 多年生草本，高50~100cm；茎密被曲柔毛。叶对生与上部互生，长椭圆状披针形，边缘具疏细齿，两面密被曲柔毛，基部无柄。花两性，单朵腋生，淡红色，长5~7mm；花萼裂片4，长3~4mm，外面散生短毛；花瓣4，宽倒卵形，顶端凹缺；雄蕊8，4长4短；子房下位，柱头4裂，裂片长约1.5mm。蒴果圆柱形，疏被短腺毛；种子倒卵状椭圆形，长约1mm，密生小乳突，顶端具1簇白色种缨。花期6—9月；果期7—10月。

分　　布： 河南太行山、伏牛山区均有分布；多见于沼泽地、溪旁、河滩。

功用价值： 全草可入药。

植株　　花果期　　花　　茎、叶、花

➤ 八角枫科 Alangiaceae |||||||||||||||||||||||||||||||||||||||||||||

八角枫 *Alangium chinense* (Lour.) Harms

形态特征： 落叶灌木或小乔木，高3~6m；树皮淡灰色，平滑；枝有黄色疏柔毛。叶互生，纸质，卵形或圆形，先端渐尖，基部心形，两侧偏斜，全缘或2~3裂，幼时两面均有疏柔毛，后仅脉腋有丛毛和沿叶脉有短柔毛；主脉4~6条。花8~30朵组成腋生2歧聚伞花序；花萼6~8裂，生疏柔毛；花瓣6~8，白色，条形，长11~14mm，常外卷；雄蕊6~8，花丝短而扁，有柔毛，花药长为花丝的2~4倍。核果卵圆形，熟时黑色。花期5—7月；果期7—11月。

分　　布： 河南大别山、桐柏山及伏牛山区均有分布；多见于海拔1800m以下的山谷杂木林中。

功用价值： 根、茎可入药；树皮纤维可编绳索；木材可作家具原材料。

枝、叶、果期

果实　　叶背面　　花序

瓜木 *Alangium platanifolium* (Sieb. et Zucc.) Harms ┃ **八角枫属** *Alangium* Lam.

形态特征： 落叶小乔木或灌木；树皮光滑，浅灰色；小枝绿色，有短柔毛。叶互生，纸质，近圆形，常3~5裂，稀7裂，先端渐尖，基部近心形或宽楔形，幼时两面均有柔毛，后仅背面叶脉及脉腋有柔毛；主脉常3~5条。花1~7朵组成腋生的聚伞花序，花萼6~7裂，花瓣白色或黄白色，芳香，条形；花丝微扁，密生短柔毛，花药黄色，长1.4cm。核果卵形，花萼宿存。花期3—7月；果期7—9月。

分　　布： 河南大别山、桐柏山、伏牛山及太行山均有分布；多见于海拔500~1400m的土质比较疏松且肥沃的向阳山坡或疏林中。

功用价值： 树皮含鞣质，纤维可作人造棉原材料；根、叶可药用。

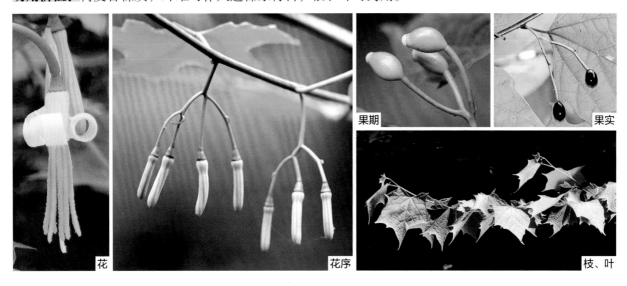

花　　花序　　果期　　果实　　枝、叶

▶ 山茱萸科 Cornaceae ||||||||||||||||||||||||||||||||||||||||||||||||||||||||||

灯台树 *Bothrocaryum controversum* (Hemsl.) Pojark. ┃ **灯台树属** *Bothrocaryum* (Koehne) Pojark.

形态特征： 落叶乔木，高6~15m；树皮暗灰色；枝条紫红色，无毛。叶互生，宽卵形或宽椭圆形，顶端渐尖，基部圆形，正面深绿色，背面灰绿色，疏生贴伏的柔毛，侧脉6~7对。伞房状聚伞花序顶生，稍被贴伏的短柔毛；花小，白色；萼齿三角形；花瓣4，长披针形；雄蕊伸出，长4~5mm，无毛；子房下位，倒卵圆形，密被灰色贴伏的短柔毛。核果球形，紫红色至蓝黑色。花期5—6月；果期7—8月。

分　　布： 河南各山区均有分布；多见于海拔400~1700m的山坡或山谷中。

功用价值： 果实可榨油；树冠形状美观，夏季花序明显，可作行道树。

枝、叶、花序　　花期　　花　　果实

325

梾木 *Swida alpina* (Fang et W. K. Hu) Fang et W. K. Hu

梾木属 *Swida* Opiz

形态特征： 乔木，高20（~25）m。幼枝具棱角，初被灰色伏生短柔毛，老枝皮孔及叶痕显著。叶纸质，对生，椭圆形或卵状长圆形，稀倒卵长圆形，边缘微波状，正面幼时被伏生小柔毛，背面具乳状突起及灰白色伏生短柔毛，沿叶脉毛为褐色，侧脉6~8对，弧状上升，网脉微横出。顶生伞房状聚伞花序长5~7cm，疏被短柔毛。花白色；萼片三角形；雄蕊与瓣近等长或外伸；花盘垫状；花柱圆柱头，被小柔毛，柱头扁平，微浅裂，花托倒卵形或倒圆锥形，密被淡灰色伏生短柔毛。核果近圆球形，成熟时黑色；核骨质，扁球形。花期6—7月；果期7—10月。

分　　布： 河南伏牛山、桐柏山和大别山区均有分布；多见于海拔700~2000m的山坡杂木林中。

功用价值： 树皮、种子可入药。

叶

枝、叶背面

植株

花序

花期

沙梾 *Swida bretschneideri* L. Henry

梾木属 *Swida* Opiz

形态特征： 落叶灌木，高2~4m；树皮红紫色，光滑。叶对生，卵形、椭圆状卵形或矩圆形，顶端渐尖，基部常近圆形或微心形，正面绿色，有短柔毛并杂有粗毛，背面灰绿色，密生平贴粗毛，侧脉5~7对；叶柄长0.8~1.5cm。伞房状聚伞花序较密，长4~8cm；花乳白色，直径7~9mm；萼齿三角形，长于花盘；花瓣卵状披针形，长3.5~4mm；雄蕊4，长于花瓣；子房近球形，密被灰白色贴伏的短柔毛，花柱短，圆柱形。核果近球形，蓝黑色，直径5~6mm。花期6—7月；果期8—9月。

分　　布： 河南伏牛山和太行山区均有分布；多见于海拔1000m以上的山坡或山谷杂木林中。

功用价值： 果实含油，可供制造肥皂、润滑油。

保护类别： 中国特有种子植物。

叶

果期

枝、叶

花序

叶背面

卷毛梾木 *Swida ulotricha* (Schneid. et Wanger.) Sojak　　　　梾木属 *Swida* Opiz

形态特征： 乔木，稀灌木，高15（~20）m。小枝伏生短柔毛，具环形叶痕。叶纸质，对生，宽椭圆形，稀宽卵形，微不对称，边缘微波状，正面散生平伏短柔毛，背面被白色短柔毛及黄色卷曲毛，侧脉6~7对，沿脉卷曲毛较密，并具疣状突起。顶生伞房状聚伞花序长5~8cm，疏被柔毛及微曲柔毛；花序梗初被毛。花白色；花萼裂片等于或长于花盘，外侧被灰白色短柔毛；花瓣长圆形，先端渐尖，外具灰白色短柔毛；雄蕊与花瓣等长；花盘垫状微裂，上面微被毛；花柱疏被伏毛；柱头近盘状；花梗较短，疏被短柔毛。核果扁圆球形，长3~4mm。花期5—6月；果期7—9月。
分　　布： 河南伏牛山区分布；多见于海拔1000m以上的山谷杂木林中。
功用价值： 树皮、种子可入药。
保护类别： 中国特有种子植物。

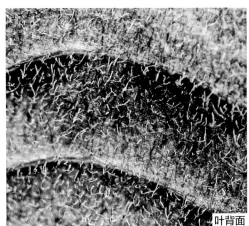
叶背面

枝、叶、果序

枝、叶

果实

毛梾 *Swida walteri* (Wanger.) Sojak　　　　梾木属 *Swida* Opiz

形态特征： 落叶乔木，高6~14m；树皮黑灰色，常纵裂成长条。叶对生，椭圆形至长椭圆形，顶端渐尖，基部楔形，正面具贴伏的柔毛，背面密生贴伏的短柔毛，淡绿色，侧脉4~5对；叶柄长0.9~3cm。伞房状聚伞花序顶生，长5cm；花白色，直径1.2cm；萼齿三角形；花瓣披针形；雄蕊4，稍长于花瓣；子房下位，密被灰色短柔毛，花柱棍棒形。核果球形，黑色，直径6mm。花期5—6月；果期7—9月。
分　　布： 河南各山区均有分布；多见于山坡或山谷杂木林中。
功用价值： 鲜叶可药用。

花期
叶背面
叶

枝干

枝、叶、花序

果序

327

山茱萸 *Cornus officinalis* Sieb. et Zucc. 　　　山茱萸属 *Cornus* L.

形态特征： 落叶灌木或乔木；枝黑褐色。叶对生，卵形至椭圆形，稀卵状披针形，顶端渐尖，基部楔形，正面疏生平贴毛，背面毛较密，侧脉6~8对，脉腋具黄褐色髯毛。伞形花序先叶开花，腋生，下具4个小型的苞片，苞片卵圆形，褐色；花黄色；花萼4裂，裂片宽三角形；花瓣4，卵形；花盘环状，肉质；子房下位。核果椭圆形，成熟时红色。花期3—4月；果期9—10月。

分　　布： 河南伏牛山区分布；多见于海拔700~1200m的山坡、林缘、林中或栽于村旁。

功用价值： 果实称"萸肉"，俗名"枣皮"，可供药用。

果实　　果熟期　　枝、叶　　枝、花序　　植株　　花

四照花 *Dendrobenthamia japonica* var. *chinensis* (Osborn) Fang 　　四照花属 *Dendrobenthamia* Hutch.

形态特征： 落叶小乔木，高5~8m。嫩枝被白色柔毛，2年生枝灰褐色，无毛或近无毛。叶纸质或厚纸质，卵形或卵状椭圆形，先端渐尖，基部圆形或宽楔形，常稍偏斜，表面疏被白色柔毛，背面粉绿色，除被白色柔毛外，脉腋有时具白色或黄色簇毛，侧脉4~5对；叶柄长5~10mm，被柔毛。头状花序球形；花苞4个，白色，卵形或卵状披针形；花黄色。果序球形，熟时红色；总果柄纤细，长5.5~6.5cm。花期5—6月；果熟期8—9月。

分　　布： 河南伏牛山和大别山区均有分布；多见于海拔800~2100m的山坡或山沟杂木林中。

功用价值： 果实可食用或酿酒。

花期　　头状花序、花瓣状总苞片　　聚花果　　枝、叶　　植株

青荚叶 *Helwingia japonica* (Thunb.) Dietr.　　　**青荚叶属** *Helwingia* Willd.

形态特征： 落叶灌木，高1~3m。嫩枝绿色或紫绿色。叶互生，卵形或卵状椭圆形，罕为卵状披针形，顶端渐尖，基部近圆形或宽楔形，边缘为细锯齿，近基部有刺状齿；托叶钻状，边缘具睫毛，早落。花雌雄异株；雄花5~12朵形成密聚伞花序，雌花具梗，单生或2~3朵簇生于叶正面中脉的中部或近基部；花瓣3~5，三角状卵形；雄花具雄蕊3~5；雌花子房下位，3~5室，花柱3~5裂。核果近球形，黑色，具3~5棱。花期4—5月；果期7—9月。

分　　布： 河南伏牛山和大别山区均有分布；多见于海拔1000m的山沟和山坡丛林中。

功用价值： 叶、果可入药。

叶、花序　　成熟果实　　果实　　植株　　果期　　雄花序

▶ **檀香科** Santalaceae |||||||||||||||||||||||||||||||||||||||||||||||||||||||||||||||||||||||||||||

秦岭米面蓊 *Buckleya graebneriana* Diels　　　**米面蓊属** *Buckleya* Torr.

形态特征： 小灌木，高达2m。小枝黄绿色，有短柔毛。叶近无柄，矩圆形至倒卵状矩圆形，先端突尖或具蜡黄色的、鳞片状的骤凸尖，两面沿脉有柔毛。花单性，雌雄异株；雄花为顶生聚伞花序，花被裂片与雄蕊各4个；雌花单生枝顶，叶状苞片4个，位于子房上端，与花被裂片互生，宿存，花被裂片4个，小，脱落，子房下位，有短毛。果椭圆形或倒卵状球形，长约15cm，橘黄色，被微柔毛；宿存叶状苞片长达1cm。花期5—6月；果熟期8—9月。

分　　布： 河南伏牛山区均有分布；多见于海拔500m以上的山坡或山沟杂木林中。

功用价值： 果实富含淀粉和脂肪，含油量约40%，可榨油或酿酒，也可煮食或炒食；嫩叶可作野菜。

果实　　雄花　　枝、叶　　雌株　　雄株

米面蓊 *Buckleya henryi* Diels | 米面蓊属 *Buckleya* Torr.

形态特征： 小灌木，高约1m。小枝褐绿色，无毛。叶纸质，卵形或卵状披针形，先端尾状渐尖，具褐色鳞片状短尖头，基部楔形，全缘，两面无毛。雄花序伞形，顶生和腋生，连总梗长2.5~4cm，花被4裂，雄蕊4个，与花被片对生；雌花单生枝端或叶腋，有时2~3朵呈短总状花序，叶状苞片4个，生于子房上端，与花被片互生，宿存，花后增大，子房无毛。果实倒卵形或椭圆形，长1~1.5cm，顶端叶状苞片长约1cm。花期5—6月；果熟期8—9月。

分　　布： 河南伏牛山和大别山区均有分布；多见于海拔500m以上的山坡或山沟杂木林中。

功用价值： 果实富含淀粉和脂肪，可榨油或酿酒，也可盐渍或炒食。

保护类别： 中国特有种子植物。

枝、叶、雌花　雄花
雄花序　雌花　雌花侧面　果实

▶ 蛇菰科 Balanophoraceae ||||||||||||||||||||||||||||||||||||||||||||||||||||

红冬蛇菰（宜昌蛇菰）*Balanophora harlandii* Hook. f. | 蛇菰属 *Balanophora* Forst. et Forst. f.

形态特征： 草本，高2.5~9cm。根状茎苍褐色，扁球形或近球形，干时脆壳质，直径25~50cm，分枝或不分枝，表面粗糙，密被小斑点，呈脑状皱褶；花茎长2~5.5cm，淡红色；鳞苞片5~10个，多少肉质，红色或淡红色，长圆状卵形，聚生于花茎基部，呈总苞状。花雌雄异株（序）；花序近球形或卵圆状椭圆形；雄花序轴有凹陷的蜂巢状洼穴；雄花3数；花被裂片3，阔三角形；聚药雄蕊有3枚花药；花梗初时很短，后渐伸长达5mm，自洼穴伸出；雌花的子房黄色，卵形，通常无子房柄，着生于附属体基部或花序轴表面上，花柱丝状；附属体暗褐色，倒圆锥形或倒卵形，顶端截形或中部突起，无柄或有极短的柄。果果期9—12月。

分　　布： 河南大别山、伏牛山区南部均有分布；多寄生于木本植物的根上。

功用价值： 全草可入药。

雌株　雄株　雄花序

卫矛科 Celastraceae

卫矛 *Euonymus alatus* (Thunb.) Siebold
卫矛属 *Euonymus* Linn.

形态特征： 落叶灌木，高达3m。小枝4棱，棱上常有扁条状木栓质翅，翅宽达1cm。叶对生，窄倒卵形或椭圆形，先端尖，基部楔形，边缘有锐锯齿，无毛；叶柄极短或近无柄。聚伞花序有3~9花，总花梗长1~1.5cm；花淡绿色，直径5~7mm，4数，花盘肥厚方形，雄蕊花丝短。蒴果4深裂，常呈4个分离裂果，或只有1~3个裂果，棕色带紫；种子有橙色假种皮。花期5月；果熟期8~9月。

分　　布： 河南太行山、伏牛山、大别山及桐柏山区均有分布；多见于山坡、山沟灌丛或疏林中。

功用价值： 根、树皮及叶可提制硬橡胶；枝可入药；种子含油，可供工业用；可作园林观赏树种。

枝、叶
果皮、假种皮、种子
花
果实
木栓质翅、叶、花
植株

冷地卫矛（紫花卫矛）*Euonymus frigidus* Wall. ex Roxb.
卫矛属 *Euonymus* Linn.

形态特征： 落叶灌木，高达5m。小枝灰绿色，光滑，无翅。冬芽小，先端尖，鳞片灰色。叶对生，卵形或椭圆形，先端长渐尖，基部宽楔形或近圆形，边缘密生细锯齿，无毛；叶柄长3~7mm。聚伞花序有3~12花，总花梗细长纤弱，长至4.5cm；花紫色，4数；雄蕊无花丝，花药成熟时1室，顶端开裂。蒴果紫红色，悬垂于细长果柄上，圆形，具四窄长翅，种子有红色假种皮。花期6月；果熟期8—9月。

分　　布： 河南伏牛山区分布；多见于海拔1000m以上的山坡灌丛林中。

功用价值： 木材可作家具、雕刻等原材料；可作庭院观赏树种。

枝、花序
花
枝、叶、果序
枝、叶、花序
枝、叶
果实

扶芳藤 *Euonymus fortunei* (Turcz.) Hand.-Mazz.　　　　**卫矛属** *Euonymus* Linn.

形态特征： 常绿匍匐灌木，长1至数米。茎枝常有多数气生根；小枝方棱不明显。叶薄革质，椭圆形、长方椭圆形或长倒卵形，宽窄变异较大，边缘齿浅不明显，侧脉细微和小脉全不明显。聚伞花序3~4次分枝；花序梗长1.5~3cm，最终小聚伞花密集，有花4~7朵，分枝中央有单花；花白绿色，4数；花盘方形；花丝细长，花药圆心形；子房三角锥状，4棱，粗壮明显。蒴果粉红色，果皮光滑，近球状，直径6~12mm；种子长方椭圆状，棕褐色，假种皮鲜红色，全包种子。花期6月；果期10月。

分　　布： 河南太行山、伏牛山、大别山及桐柏山区均有分布；多见于林缘、沟边、村庄，常缠树、爬墙或匍匐于岩石上。

功用价值： 茎叶可药用；可作庭院观赏植物。

枝、叶　　果序、果皮、假种皮　　枝、叶、果实　　植株　　生境

西南卫矛 *Euonymus hamiltonianus* Wall. ex Roxb.　　　　**卫矛属** *Euonymus* Linn.

形态特征： 落叶乔木，高5~10m。叶对生，长圆状椭圆形、长圆状卵形或长圆状披针形，先端急尖或短渐尖，边缘有细尖齿，背面脉上常有短毛。聚伞花序有5至多花；总花梗长1~2.5cm；花绿白色，直径约1cm，4数；雄蕊花丝细长，花药紫色。蒴果粉红带黄色，倒三角形，上部4浅裂，直径1cm以上，每室有种子1~2枚，红棕色，有橙红色假种皮。花期5月；果熟期9月。

分　　布： 河南伏牛山、大别山和桐柏山区均有分布；多见于海拔1000m以下的山坡杂木林中。

功用价值： 木材可作雕刻及细工等用材。

果皮、种子、假种皮　　果熟期　　花　　枝、叶、果　　花期

白杜 *Euonymus maackii* Rupr.　　　卫矛属 *Euonymus* Linn.

形态特征： 落叶灌木或小乔木，高达6m。树皮灰色，纵裂。小枝绿色，4棱，无毛。叶对生，椭圆状卵形至卵圆形，有时椭圆状披针形，先端长锐尖，基部阔楔形或近圆形，边缘有锐尖齿，无毛；叶柄细长，长2~3.5cm。聚伞花序1~2次分枝，有3~7花；花淡绿色；花药紫色，与花丝等长；花盘肥大。蒴果粉红色，倒圆锥形，直径约1cm，上部4裂；种子淡黄色，有红色假种皮，1端有小圆口，稍露出种子。花期5月；果熟期8—9月。

分　　布： 河南太行山、伏牛山、大别山及桐柏山区均有分布；多见于山坡林缘或路边。

功用价值： 种子含油，可供制肥皂；树皮含硬橡胶，与根均可入药；木材可供雕刻，作细工用材；可作庭院观赏树种。

果序　　果熟期　　枝、叶　　果皮、假种皮、种子　　植株

黄心卫矛（大翅卫矛）*Euonymus macropterus* Rupr.　　　卫矛属 *Euonymus* Linn.

形态特征： 灌木，高达5m；冬芽长卵状，长达12mm。叶纸质，倒卵形、长方倒卵形或近椭圆形，先端宽短渐尖，基部多为窄楔形，边缘具极稀浅细密锯齿。聚伞花序3~13花，常具1~2对分枝，2对分枝时常紧密总状排列或聚生在花序梗顶端；花序梗长3~4.5cm，分枝稍短；小花梗细弱，长达5mm；花黄色，直径约5mm，4数；花瓣近圆形；雄蕊无花丝。蒴果类球状，翅较长，平展，基部宽，末端渐窄，果序梗长2~6cm，小果梗5~6mm；种子近卵状，黑褐色，有光泽，假种皮橙红色。花期5—7月；果期8—10月。

分　　布： 河南太行山、伏牛山均有分布；多见于山地林中。

功用价值： 茎皮纤维可供制绳索和造纸；种子含油，可供制肥皂及润滑油；木材可供雕刻，作细工用材。

果实　　果熟期　　枝、果实　　枝、叶

小果卫矛 *Euonymus microcarpus* (Oliv.) Sprague　　　卫矛属 *Euonymus* Linn.

形态特征： 常绿灌木或小乔木，高达6m。小枝绿色，近圆柱形，无毛，有细小瘤状皮孔。叶对生，卵形或椭圆形，先端渐尖或短尖，基部楔形，表面绿色，光亮，背面淡绿色，两面无毛，叶脉稍隆起，全缘或有疏齿；叶柄长8~15mm。聚伞花序一至二回分枝；总花梗长2~3cm；花黄绿色，直径5~8mm，4数；雄蕊有明显花丝；雌蕊有时退化不育。蒴果扁球形，直径6~8mm，4裂；种子有红色假种皮。花期3—6月；果熟期9月。

分　　布： 河南伏牛山区分布；多见于山坡疏林中或沟边石缝中。

功用价值： 木材可供雕刻及细工用，南阳烙花筷即以此种木材为原料。

保护类别： 中国特有种子植物。

枝、叶、果序

果实　成熟果实

植株

枝、叶

栓翅卫矛 *Euonymus phellomanus* Loes.　　　卫矛属 *Euonymus* Linn.

形态特征： 落叶灌木或小乔木，高达5m。小枝绿褐色，4棱，棱上常有长条状木栓质翅，无毛，叶对生，长圆形或长圆状倒披针形，先端渐尖，基部楔形，两面光滑，边缘密生细锯齿；叶柄长7~15mm。聚伞花序一至二回分枝，有7~15花，总花梗长1~1.5cm；花淡绿色，直径约8mm，4数，花药具细长花丝。蒴果粉红色，倒心脏形，4浅裂，直径约1cm；种子有红色假种皮。花期6—7月；果熟期9月。

分　　布： 河南伏牛山区分布；多见于山坡或山谷杂木林中。

功用价值： 嫩叶可作野菜；枝及叶可入药，常与卫矛同用。

保护类别： 中国特有种子植物。

果熟期

叶、果实　枝、叶、花序

果皮、假种皮、种子

果实

枝、木栓质翅、叶

植株

角翅卫矛 *Euonymus cornutus* Hemsl.

卫矛属 *Euonymus* Linn.

形态特征： 落叶灌木，高1~2m。小枝细，淡绿色，无毛。冬芽绿色，长锥形，长达8mm。叶对生，披针形至线状披针形，先端长渐尖，基部窄楔形，边缘有细密小锯齿，侧脉先端稍折曲波状；叶柄长3~6mm。聚伞花序三出或二回三出，总花梗及花梗均细长；花紫红色或带绿色，4数或5数；雄蕊无花丝，花药1室。蒴果紫红色，具4~5窄长翅，直径2~2.5cm，翅长5~10mm；种子棕红色，有橙色假种皮。花期5月；果熟期8—9月。

分　　布： 河南伏牛山区分布；多见于海拔1000m以上的山坡、山谷林下及灌丛中。

功用价值： 可作庭院观赏树种。

果实

果实背面

枝、叶、花序

石枣子 *Euonymus sanguineus* Loes.

卫矛属 *Euonymus* Linn.

形态特征： 落叶灌木或小乔木，高3~7m。小枝近圆柱形，光滑，无翅。冬芽大，卵形，长6~14mm。叶对生，幼时带红色，阔椭圆形或卵圆形至长圆状卵形，先端渐尖或急尖，基部阔楔形或近圆形，边缘具细密尖锯齿，背面灰绿色，网脉显著。聚伞花序疏松，有3~15花，总花梗细长；花淡紫色，4数，稀5数，直径约5mm；花盘方形；雄蕊无花丝，花药1室。蒴果扁球形，4棱，每棱有一略呈三角形的翅；种子有红色假种皮。花期5月；果熟期8月。

分　　布： 河南伏牛山区分布；多见于山坡杂木林中。

功用价值： 种子可榨油，供工业用。

保护类别： 中国特有种子植物。

果皮、种子

枝、叶

果实

枝、叶、果序

花序

曲脉卫矛（显脉卫矛）*Euonymus venosus* Hemsl.

卫矛属 *Euonymus* Linn.

形态特征： 落叶灌木。小枝黄绿色，无毛。叶对生，革质，长圆状披针形至披针形，先端尖或钝圆；基部阔楔形或近圆形，无毛，边缘疏生小锯齿或近全缘，侧脉明显，在近叶缘处常回曲呈波状，叶脉明显并结成长方形网眼；叶柄长约5mm。聚伞花序有2至数花，中央花多不发育，总花梗长1~2cm；花黄绿色，直径约8mm，4数。蒴果圆球状，有2~4内凹浅裂痕，黄白色带粉红色，果序梗长达4cm；种子每室多为1枚，稍呈肾形，深棕色，被红色假种皮。花期5—6月；果熟期8—9月。

分　　布： 河南伏牛山区分布；多见于山坡杂木林中。

功用价值： 可作庭院观赏树种。

保护类别： 中国特有种子植物。

叶　　果实　　枝、叶　　植株

疣点卫矛（瘤点卫矛）*Euonymus verrucosoides* Loes.

卫矛属 *Euonymus* Linn.

形态特征： 落叶灌木，高2~3m。小枝黄绿色，具黑色瘤状突起，无翅。冬芽大，卵形，紫红色。叶对生，倒卵形、长卵形或椭圆形，长先端尖，基部阔楔形或近圆形，光滑，边缘有细锯齿。聚伞花序有3~5花，总花梗长约1.5cm；花梗细长；花紫色，直径约1cm，4数；雄蕊的花丝细长，紧贴子房；花盘肥厚。蒴果4全裂或仅2~3瓣发育成熟，紫褐色；每裂瓣有1~2枚种子，紫黑色，有红色假种皮，假种皮在种子先端一侧开裂。花期6—7月；果熟期8—9月。

分　　布： 河南伏牛山、大别山及桐柏山区均有分布；多见于山坡灌丛或疏林中。

功用价值： 可作庭院观赏树种。

枝、叶、花序　　花　　花序　　花期　　枝、叶、果序

苦皮藤 Celastrus angulatus Maxim.　　南蛇藤属 Celastrus Linn.

形态特征：落叶藤本，长达7m。小枝褐色，有4~6锐棱，皮孔明显，髓心片状。叶近革质，长圆状宽卵形或近圆形，先端常具短尾尖，基部阔楔形，边缘有粗钝锯齿，背面脉上有疏毛；叶柄粗壮，长1~3cm。聚伞状圆锥花序顶生，下部分枝较上部的长；花梗粗壮有棱；花黄绿色，直径约5mm，5数。果序长达20cm，果柄粗短；蒴果黄色，近球形，直径达1.2cm；每室有种子2枚，具红色假种皮。花期6月；果熟期9月。

分　　布：河南太行山、伏牛山、大别山和桐柏山区均有分布；多见于山地林丛或沟边。

功用价值：树皮纤维可作造纸和人造棉原料；果皮及种仁富含油脂，可作工业用油；根皮和茎皮可作杀虫剂和灭菌剂，也可入药。

保护类别：中国特有种子植物。

成熟果实

果皮、假种皮、种子

枝、叶

叶、果序

片状髓

枝、叶、花序

粉背南蛇藤 Celastrus hypoleucus (Oliv.) Warb. ex Loes.　　南蛇藤属 Celastrus Linn.

形态特征：落叶藤本，长达5m。小枝幼时被白粉，中空。叶椭圆形或宽椭圆形，先端尖，基部楔形，边缘有疏锯齿，背面粉白色，脉上有疏毛。顶生聚伞圆锥花序长达10cm，腋生花序短小，有3~7花；花梗长2~8mm，中部以上有关节；花绿白色，4数，单性，雄花有退化子房；雌花有短花丝的退化雄蕊，子房具细长花柱，柱头3裂，平展。果序顶生，长而下垂，腋生花多不结实，蒴果有长柄，疏生，球状，橙黄色，果皮裂瓣内侧有樱红色斑点；种子黑棕色，有橙红色假种皮。花期6月；果熟期9月。

分　　布：河南伏牛山及大别山区均有分布；多见于山沟或山坡杂木林中。

功用价值：可作庭院观赏树种；根及叶可入药。

保护类别：中国特有种子植物。

植株

果序

叶背面

果皮、假种皮、种子

枝（中空）

花

南蛇藤 Celastrus orbiculatus Thunb.

南蛇藤属 *Celastrus* Linn.

形态特征： 落叶藤木，长达12m。小枝灰褐色，光滑，密生皮孔。冬芽小，卵圆形。叶宽椭圆形、倒卵形或近圆形，先端尖或突锐尖，基部阔楔形或近圆形，边缘有粗钝锯齿。聚伞花序顶生及腋生；有5~7花，花梗短；花黄绿色；雄花萼片、花瓣、雄蕊各5数，着生花盘边缘，退化雌蕊柱状；雌花雄蕊不育，子房基部包围在杯状花盘中，但不与之合生，子房3室。蒴果黄色，球形，3裂；种子每室2枚，有红色肉质假种皮。花期5月；果熟期8—9月。

分　　布： 河南太行山、伏牛山、大别山和桐柏山区均有分布；多见于山坡、山沟灌丛或疏林中。

功用价值： 根、茎、叶与果实均可入药；可作农药、杀虫剂；树皮可供制优质纤维；种子含油，可供工业用；可作庭院观赏植物。

果皮、假种皮、种子
花

枝、叶、花序

枝、叶

果实

▶冬青科 Aquifoliaceae ||||||||||||||||||||||||||||||||||||||||||||||||||||||||

枸骨 *Ilex cornuta* Lindl. et Paxt.

冬青属 *Ilex* Linn.

形态特征： 常绿灌木或小乔木，高可达5m。树皮灰白色，平滑。枝广展而密生。叶硬革质，长方形，顶端扩展，有硬而尖的刺齿3个，基部平截，两侧各有尖硬刺齿1~2个，但老树之叶基常出现圆形，且全缘无刺，表面深绿色无光泽，背面灰绿色。花黄白色，呈腋生聚伞花序，多见于去年枝上，杂性；花萼片、花瓣各4个；雄蕊4个；子房4室，花柱极短。果球形，直径8~10mm，果核4个。花期4—5月；果熟期9—10月。

分　　布： 河南伏牛山、大别山及桐柏山区均有分布；多见于海拔200~700m的山谷溪边、河岸及林缘；城区有栽培。

功用价值： 叶、果可药用；种子榨油可制肥皂；叶绿果红，亦可栽培作观赏树种。

果实

花序

枝、叶、果实

植株

枝、花

大果冬青 *Ilex macrocarpa* Oliv.

冬青属 *Ilex* Linn.

形态特征： 落叶乔木，高可达20m。具长枝和短枝。叶厚纸质，卵形或卵状椭圆形，先端突渐尖，基部圆形或楔形，锯齿细尖，两面无毛，或幼叶有稀疏的微毛；叶柄长12mm。花白而香；雄花序簇生于2年生的长枝和短枝上，或单生于长枝的叶腋或基部鳞片内，具1~5朵花，萼片及花瓣5~6个；雌花单生叶腋，具细长花梗。果球形；有宿存的柱头，熟时黑色，果核7~9个。花期6月；果熟期10月。

分　　布： 河南伏牛山、大别山区均有分布；多见于山谷、林中零散生长。

功用价值： 木材黄白色，纹理直，结构细致，可作建筑、家具等用材。

保护类别： 中国特有种子植物；河南省重点保护野生植物。

果实　　浆果状核果　　枝、叶　　植株　　枝、果实

黄杨科 Buxaceae ||||||||||||||||||||||||||||||||||||||||||||||||||||||||||||||||||||||||||||

野扇花 *Sarcococca ruscifolia* Stapf

野扇花属 *Sarcococca* Lindl.

形态特征： 常绿灌木，高0.5~2m。分枝多，小枝幼时有短柔毛。叶互生，革质，卵形、卵状椭圆形至椭圆状披针形，先端长渐尖，基部宽楔形至圆形，表面暗绿色，有光泽，背面绿白色，叶脉不明显，两面无毛。花单性，雌雄同株，为腋生短总状花序，常有4花，雌花生于基部；花小，白色，芳香，无花瓣；萼片4~6个，有缘毛；雄花有雄蕊4~6个；雌花子房2~3室，花柱短而稍弯曲。果近球形，核果状，暗红色。花果期10月至翌年2月。

分　　布： 河南伏牛山南部、大别山及桐柏山区均有分布；多见于山坡、山沟灌丛或疏林中。

功用价值： 根、茎及叶可入药；冬季开花，芳香浓郁，被当地居民称作"冬桂"，可作庭院观赏植物。

保护类别： 中国特有种子植物。

枝、叶　　果皮、种子　　果实　　枝、叶、果实　　果期　　叶

▶ 大戟科 Euphorbiaceae ‖‖‖‖‖‖‖‖‖‖‖‖‖‖‖‖‖‖‖‖‖‖‖‖‖

算盘子 *Glochidion puberum* (Linn.) Hutch. | **算盘子属** *Glochidion* J. R. et G. Forst.

形态特征： 落叶灌木，高1~2m。小枝灰褐色，密被黄褐色短柔毛。叶长圆形至长圆状披针形或倒卵状长圆形，先端急尖或钝，基部楔形，表面暗绿色，中脉有柔毛，背面灰白色，密被短柔毛；叶柄长1~2mm，有柔毛。花雌雄同株，1至数花簇生叶腋，无花瓣；萼片6个，2轮；雄花无退化雌蕊，雄蕊3个；雌花子房有毛，5~8室，稀有10室，花柱合生呈环状。蒴果扁球形，直径10~15mm，有明显纵沟，被短柔毛；种子赤黄色。花期6—9月；果熟期7—10月。

分　　布： 河南伏牛山、大别山和桐柏山区均有分布；多见于山坡灌丛中。

功用价值： 种子榨油可供制肥皂及润滑油等；茎、叶、根及果均可入药；可作农药。

种子　雄花　植株　蒴果　果皮、种子　雌花、幼果

落萼叶下珠 *Phyllanthus flexuosus* (Sieb. et Zucc.) Muell. | **叶下珠属** *Phyllanthus* Linn.

形态特征： 灌木，高1~3m。小枝褐色，无毛。叶椭圆形至卵形，先端渐尖，钝，基部圆形，全缘，无毛，背面稍带白色；叶柄长2~3mm。花单性，雌雄异株；花直径约3.5mm；雄花有短梗，萼片4个，圆形，暗紫色，花盘环形，雄蕊2~3个；雌花淡绿色，花梗长1~1.5cm，萼片6个，卵形或椭圆形，花柱3个，每花柱先端2深裂。果扁球形，直径约6mm，成熟时浆果状；种子长约3mm。花期4—5月；果熟期6—9月。

分　　布： 河南伏牛山区南部、大别山和桐柏山区均有分布；多见于海拔400m以上的山坡沟边。

功用价值： 根部可入药。

雌花　果实　雄花序　枝、叶、雌花序　枝、叶　雌花序

青灰叶下珠 *Phyllanthus glaucus* Wall. ex Muell. Arg.　　叶下珠属 *Phyllanthus* Linn.

形态特征： 落叶灌木，高1~4m。分枝开展，小枝细柔，无毛。叶互生，具短柄，椭圆形或长圆形，先端具小尖头，基部宽楔形或圆形，全缘，无毛。花雌雄同株，簇生叶腋；雄花几朵至10余朵簇生，萼片5~6个；雌花通常1朵，生于雄花丛中，子房3室，柱头3个。浆果球形，直径6~8mm，紫黑色，具宿存花柱；果柄长4~5mm。花期5—6月；果熟期7—8月。

分　　布： 河南伏牛山、大别山区均有分布；多见于山坡疏林或林缘。

功用价值： 种子可榨油，制肥皂；根部可入药。

植株　枝、叶、花序　植株　果实　叶背面、果实

雀儿舌头 *Leptopus chinensis* (Bunge) Pojark.　　雀儿舌头属 *Leptopus* Decne.

形态特征： 小灌木，高达1m。老枝深或浅褐紫色，小枝绿色或淡褐色，幼时有柔毛，后无毛。叶卵形或长椭圆形，先端尖或钝，基部截形或近心脏形，稍不对称，无毛或背面有短柔毛；叶柄纤细。花小，雌雄同株，单生或2~4花簇生叶腋，萼片5个，基部合生；雄花瓣5个，白色，腺体5个，分离，2裂，与萼片互生，雄蕊5个，退化子房小，3裂；雌花的花瓣较小，子房3室，无毛，花柱3个，各2裂。蒴果球形或扁球形。花期4—5月；果熟期6—7月。

分　　布： 河南各山区均有分布；多见于山坡、沟边及石缝中。

功用价值： 为水土保持树种、优良的林下植物，可作庭院绿化灌木；叶可供制杀虫农药，嫩枝、叶有毒。

雌花　雄花　果期　枝、叶　植株　果实

油桐 *Vernicia fordii* (Hemsl.) Airy Shaw　　油桐属 *Vernicia* Lour.

形态特征： 落叶小乔木，高达9m。树皮灰色，细裂。枝粗壮，无毛。叶卵圆形，先端渐尖，基部截形或心脏形，全缘或3浅裂，幼叶被锈色短柔毛，后脱落近无毛；叶柄长达12cm，顶端有2个红色、扁平、无柄的腺体。花大，白色略带红，单性，雌雄同株，排列于枝端呈短总状花序；萼不规则，2~3裂，裂片镊合状排列；花瓣5个；雄花有雄蕊8~20个，花丝基部合生；雌花花柱2裂。核果近球形，直径3~6cm；种子具厚壳状种皮。花期4月；果熟期10月。

分　　布： 河南伏牛山南部、大别山及桐柏山区均有栽培，以信阳和南阳两地区较多。

功用价值： 为主要的工业木本油料树种，种仁含油，油为油漆、印刷等最好的原料；根、叶、花及果均可入药；木材可作家具、器具等用材。

叶、果　　果实　　植株

枝、叶、花序

花柱2裂　　雄花　　雌花

假奓包叶 *Discocleidion rufescens* (Franch.) Pax et Hoffm.　　丹麻秆属 *Discocleidion* (Müll. Arg.) Pax et K. Hoffm.

形态特征： 落叶灌木或小乔木。小枝被柔毛。叶互生，单叶，卵形或卵状披针形，先端渐尖，基部圆形、截形或近心脏形，三至五出脉，边缘有锯齿，表面沿脉有疏毛，背面有细密毛；叶柄1~4cm，有毛。花单性，雌雄异株，无花瓣；总状或圆锥花序顶生；雄花萼3~5裂，雄蕊35~60个，花药4室；雌花萼片5个，外被密柔毛，子房3室，密生丝状毛，花柱3个，平展，2中裂，内面有乳头状突起。蒴果近球形，有毛。花期4—8月；果期8—10月。

分　　布： 河南伏牛山区南部分布；多见于海拔1000m以下的山坡、沟边。

功用价值： 茎皮纤维可制绳索或作造纸原料。

果序　　雄花序

雄株

雌株

铁苋菜 Acalypha australis Linn.

铁苋菜属 Acalypha Linn.

形态特征： 一年生草本，高30~50cm。叶薄纸质，椭圆形、椭圆状披针形或卵状菱形，先端尖，基部楔形，三出脉，边缘有锯齿，两面疏生柔毛或几无毛；叶柄长1~3cm。花单性，雌雄同株，无花瓣，呈腋生穗状花序；雄花小，多数，生花序上部，萼4裂，膜质，雄蕊8个；雌花生花序下部，萼3裂，子房球形，有毛，花柱3个；苞片三角状卵形，边缘有齿。蒴果近球形，三棱状，直径3~4mm。花期8—10月；果熟期9—11月。

分　　布： 河南各地均有分布；多见于田间、地埂、荒地、山坡。

功用价值： 全草可入药。

果实　植株

白背叶 Mallotus apelta (Lour.) Müll. Arg.

野桐属 Mallotus Lour.

形态特征： 灌木或小乔木。小枝密被星状毛。叶互生，宽卵形，先端长尖，基部截形或宽楔形，具2个腺体，边缘具疏锯齿或先端3浅裂，表面有星状柔毛或光滑，背面密被白色星状毛及杂生棕色腺体；叶柄密生星状柔毛。花单性，雌雄异株，无花瓣；雄穗状花序顶生，长15~30cm，雌穗状花序顶生或侧生，长约15cm，萼3~6裂，外面被茸毛；雄花有雄蕊50~65个，花药2室；雌花子房被软刺及密生星状毛，花柱短，2~3个。蒴果近球形，直径7mm，密被星状毛及软刺；种子近球形，黑色，光滑。花期6—9月；果期8—11月。

分　　布： 河南大别山、伏牛山区均有分布；多见于山沟杂木林中。

功用价值： 种子榨油可供制肥皂及润滑油；茎皮纤维供织麻袋或供作混纺；根、叶可入药。

叶背面

植株

雄花序

雌花序

果实、种子

雄花

野桐 *Mallotus tenuifolius* Pax　　　　　　　　　　　　　　　**野桐属** *Mallotus* **Lour.**

形态特征： 灌木或小乔木。小枝幼时密生黄褐色星状毛。叶互生，宽卵形或三角状圆形，宽与长相等或几相等，不裂或3浅裂，基部截形或心脏形，有2个腺体，边缘有钝齿，背面有灰白色星状毛及黄色腺点；叶柄长7~9cm，有星状毛。花单性，雌雄异株，总状花序顶生；雄花萼3裂，雄蕊多数，伸出；雌花萼裂片披针形，有星状毛，花柱3个，子房有软刺及星状短毛。蒴果球形，直径约1cm，表面有软刺及星状毛；种子黑色，有光泽。花期6—7月；果熟期9月。

分　　布： 河南伏牛山南部、大别山和桐柏山区均有分布；多见于山坡、山沟灌丛或疏林中。

功用价值： 茎皮纤维可供造纸及制绳索；种子榨油可供制油漆、肥皂、润滑油等。

保护类别： 中国特有种子植物。

叶背面　　叶　　果期　　植株　　雌花序

白木乌桕 *Neoshirakia japonica* (Siebold et Zuccarini) Esser　　**白木乌桕属** *Neoshirakia* Esser

形态特征： 乔木或灌木。枝细长，无毛。叶卵形、椭圆状卵形至倒卵形，先端短尖，基部宽楔形或近圆形，全缘，侧脉5~6对，斜出，两面绿色，无毛；叶柄顶端常有2个盘状腺体。花单性，雌雄同株，呈顶生穗状花序，长4.5~8cm；无花瓣及花盘；雄花萼杯状，顶端不规则的3裂，雄蕊3个，稀2个，花丝极短，花药球形；雌花少数，着生于花序基部，萼片3个，三角形，子房光滑，3室，花柱3个，基部合生。蒴果近球形，直径约1.5cm；种子球形，有杂乱的黑棕色斑纹，无蜡质层。花期5—6月；果熟期8—9月。

分　　布： 河南大别山、桐柏山及伏牛山区南部均有分布；多见于山坡或山沟杂木林中。

功用价值： 种子榨油可制油漆、硬化油、肥皂及蜡烛等；根皮及叶可入药。

果实　　植株　　花序

乌桕 *Triadica sebifera* (Linnaeus) Small　　　　乌桕属 *Sapium* P. Br.

形态特征： 乔木，高达15m。小枝淡褐色，无毛。叶菱状卵形，纸质，先端短尾尖，基部楔形，两面无毛；叶柄细长，顶端有2个腺体，无毛。花单性，雌雄同株，无花瓣及花盘，为顶生穗状总状花序，雌花生于花序基部；雄花萼杯状，3浅裂，膜质，雄蕊2个，稀3个，花丝分离；雌花萼3深裂，子房3室，光滑，花柱3个。蒴果梨状球形，直径1~1.5cm，黑褐色，由室背3瓣裂，每室有1枚种子，黏着于中轴上；种子黑色，外被白色蜡质层。花期6—7月；果熟期10—11月。

分　　布： 河南信阳和南阳地区均有分布；多见于旷野、塘边或疏林中。

功用价值： 为重要工业用木本油料树种；籽壳及果壳可制糠醛，为重要化工原料；木材质轻软，易加工；根皮及叶可入药；叶秋季变红色，是良好的四旁绿化树种。

果皮、种子　　叶　　　种子　　花序　　植株　　叶、果实　　花期

泽漆 *Euphorbia helioscopia* Linn.　　　　大戟属 *Euphorbia* Linn.

形态特征： 一年生或二年生草本，高10~30cm。茎无毛或仅分枝略具疏毛，基部紫红色，上部淡绿色，分枝多而斜升。叶互生，倒卵形或匙形，先端钝圆或微凹，基部宽楔形，无柄或由于突然狭窄而成短柄，边缘在中部以上有细锯齿；茎顶端具5个轮生叶状苞，与下部叶相似，但较大。多歧聚伞花序顶生或腋生，通常顶生有5伞梗，每伞梗再生出3小伞梗，每小伞梗又第三回分为二叉；杯状花序钟形，总苞顶端4浅裂，裂间腺体4个，肾形；子房3室，花柱3个。蒴果无毛；种子卵形，长约2mm，表面有突起的网纹。花期4—5月；果熟期5—6月。

分　　布： 河南各地均有分布；多见于山沟、路旁、荒野、田间及湿地。

功用价值： 茎叶滤液可防治农业害虫；种子含油，可供工业用；全草可入药。

杯状花序、腺体、雌花、雄花　　叶　　花序

湖北大戟 *Euphorbia hylonoma* Hand.-Mazz. ——————— 大戟属 *Euphorbia* Linn.

形态特征： 多年生草本，高25~100cm。根圆锥状。茎直立，无毛或上部有柔毛。叶互生，多为倒卵状披针形，先端圆或急尖，基部楔形，渐狭成柄，边缘常带紫色，无毛或背面被微柔毛，侧脉5~8对。花序单生或3数，总苞叶3~5个，同茎生叶；苞片及杯状花序的苞片2或3个，狭菱状卵形或宽三角状卵形，钝，绿色；杯状花序总苞小，腺体长圆形，弯曲，橄榄色或褐紫色，子房有短柄，花柱长2mm，2裂。蒴果扁球形；种子平滑。花期4—5月；果熟期5—10月。

分　　布： 河南伏牛山区分布；多见于山坡林下或疏林中。

功用价值： 根可入药。

子房、花柱　　杯状花序　　腺体、雄花、雌花　　果实　　植株　　花序

大戟 *Euphorbia pekinensis* Rupr. ——————— 大戟属 *Euphorbia* Linn.

形态特征： 多年生草本，高30~80cm。根圆锥状。茎直立，被白色短柔毛，上部分枝。叶互生，几无柄，长圆状披针形至披针形，先端钝圆或稍尖，基部渐狭，稍呈圆形，全缘或稍呈波状，表面淡绿色，背面稍被白粉，通常无毛。总花序通常有5伞梗，基部有卵形或卵状披针形苞片5个，轮生；杯状花序总苞坛形，顶端4裂，腺体椭圆形，无花瓣状附属物；子房球形，3室，花柱3个，顶端2裂。蒴果三棱状球形，表面具瘤状突起；种子卵形，光滑。花期5月；果熟期6月。

分　　布： 河南各山区均有分布；多见于山坡、荒地、草丛、林缘及疏林中。

功用价值： 根可入药；可作兽药；根浸液也可作农药。

总花序　　杯状花序、腺体、雌花、雄花　　果实　　苞片、杯状花序　　植株　　花期

鼠李科 Rhamnaceae ||||||||||||||||||||||||||||||||||||||||||||||||||||||||||||||

北枳椇 *Hovenia dulcis* Thunb.   **枳椇属 *Hovenia* Thunb.**

形态特征： 乔木，高达15m。树皮灰黑色，纵裂。小枝、叶柄及花梗有锈色细毛，但不久脱落。叶宽卵形或心状卵形，稀卵状椭圆形，先端短渐尖，基部近心形或心形，稍斜，边缘锯齿较粗钝，略不整齐，表面深绿色，有光泽，无毛，背面淡绿色，无毛，或沿脉及脉腋有细毛；3主脉，通常淡红色而显著，其余侧脉羽状，每侧4~5条；叶柄红褐色。聚伞花序顶生或腋生，不对称。果无毛；果序分枝粗肥，拐曲，经霜红褐色，肉质多汁，味甘甜；种子圆形扁平，赤褐色，有光泽。花期6—7月；果熟期10月。

分　　布： 河南各地均有分布；多生于山区；散生。

功用价值： 木材可作家具及美术工艺品等用材；果序分枝增粗部分富含葡萄糖，经霜后甘甜可食，俗名"拐枣"，亦可酿酒，酒可药用。

植株

花序

膨大的果序分枝

枝、叶、果实

枝、叶

酸枣 *Ziziphus jujube* var. *spinosa* (Bunge) Hu ex H. F. Chow   **枣属 *Ziziphus* Mill.**

形态特征： 灌木或小乔木，高1~1.5m。小枝有两种刺，一为针状直形的，另一种为向下反曲。叶椭圆形至卵状披针形，长2~3.5cm，宽6~12mm，有细锯齿，基生三出脉。花黄绿色，2~3朵簇生叶腋。核果小，近球形，红褐色，味酸，核两端常钝头。花期5—6月；果熟期8—10月。

分　　布： 河南各地均有分布；多见于荒山、荒地、丘陵、路旁，常生于向阳或干燥处，耐干旱。

功用价值： 果皮、种仁或根可入药，并可提维生素C或酿酒；为蜜源植物；核壳可制活性炭；可作枣树砧木。

果实

枝、叶、花

花

果期

植株

铜钱树 *Paliurus hemsleyanus* Rehder ex Schir. et Olabi | 马甲子属 *Paliurus* Tourn ex Mill.

形态特征： 乔木，稀灌木，高达13m；小枝黑褐色或紫褐色，无毛。叶互生，纸质或厚纸质，宽椭圆形、卵状椭圆形或近圆形，边缘具圆锯齿或钝细锯齿，两面无毛，基生三出脉；叶柄近无毛或仅正面被疏短柔毛；无托叶刺，但幼树叶柄基部有2个斜向直立的针刺。聚伞花序或聚伞圆锥花序，顶生或兼有腋生，无毛；萼片三角形或宽卵形；花瓣匙形；雄蕊长于花瓣；花盘五边形，5浅裂；子房3室，每室具1胚珠，花柱3深裂。核果草帽状，周围具革质宽翅，红褐色或紫红色，无毛。花期4—6月；果期7—9月。

分　　布： 河南伏牛山和大别山区均有分布；多见于山地林间。

功用价值： 木材坚韧，纹理致密，耐重压，堪久用；可作庭院树种。

保护类别： 中国特有种子植物；河南省重点保护野生植物。

果实

果实

植株

枝、时、果实

枝、叶、花序

长叶冻绿 *Rhamnus crenata* Sieb. et Zucc. | 鼠李属 *Rhamnus* Linn.

形态特征： 落叶灌木，高达3m，不具棘针。幼枝红褐色，冬芽不具芽鳞，均被锈色短柔毛。叶互生，椭圆状倒卵形、披针状椭圆形或倒卵形，先端短突尖或长渐尖，基部圆形或宽楔形，边缘有小锯齿，正面无毛，背面沿脉有锈色短柔毛，侧脉7~12对；叶柄被锈色毛。聚伞花序腋生，有毛，总梗短，花单性，5基数。核果近球形，成熟时黑色，有2~3核；种子倒卵形，背面基部有小横沟。花期6月；果熟期8—9月。

分　　布： 河南伏牛山、大别山和桐柏山区均有分布；多见于向阳山坡或丛林中。

功用价值： 根皮或全株可入药，有毒；果实及叶含黄色素，可作染料用。

叶背面

果实

枝、叶、花序

薄叶鼠李 *Rhamnus leptophylla* Schneid.　　鼠李属 *Rhamnus* Linn.

形态特征： 落叶灌木，高2~5m。幼枝灰褐色，无毛或有微柔毛，对生或近对生，枝端针刺状。叶对生、近对生或互生，或丛生于短枝端，薄纸质，倒卵形、椭圆形、长椭圆形或菱状椭圆形，边缘有细圆锯齿，表面无毛，背面仅脉腋处有髯毛，侧脉3~5对，中脉在表面下陷；叶柄长8~15mm，有短柔毛或近无毛。花单性，绿色，生于短枝上，4基数，花梗及花托外面有毛。核果球形，熟后黑色，有2核，种子宽倒卵形，背面有宽纵沟。花期5月；果熟期7—8月。

分　　布： 河南伏牛山、大别山及桐柏山区均有分布；多见于山坡灌丛或疏林中。

功用价值： 全株可药用。

保护类别： 中国特有种子植物。

枝、刺、叶
枝、叶
枝、叶、花
枝、叶背面、果实
花

皱叶鼠李 *Rhamnus rugulosa* Hemsl.　　鼠李属 *Rhamnus* Linn.

形态特征： 落叶灌木，高达2m。幼枝红褐色，被白色短柔毛，顶端有针刺。叶互生或丛生于短枝端，纸质，卵形、倒卵形、椭圆形或长倒卵形，边缘有小圆齿，表面幼时有柔毛，后变无毛，粗涩，背面密被白色短柔毛，侧脉5~6对，表面下凹，背面突起；叶柄正面有沟，密被白色短柔毛。花单性，生于短枝端，4基数，具柔毛。核果球形，熟后黑色，有2核；种子倒卵形，背面有纵沟。花期4月；果熟期7月。

分　　布： 河南伏牛山、大别山和桐柏山均有分布；多见于山坡路旁或灌丛中。

功用价值： 果实可作黄色染料；种子含油脂和蛋白质，榨油可供制润滑油、油墨和肥皂。

保护类别： 中国特有种子植物。

枝、叶、花
刺
叶、果实
花

冻绿 *Rhamnus utilis* Decne. 鼠李属 *Rhamnus* Linn.

形态特征： 落叶灌木，高3~4m。小枝顶端具针刺。叶互生或于短枝上丛生，椭圆形或长椭圆形，稀倒披针状长椭圆形或狭倒卵形，边缘锯齿细钝，黄绿色，嫩叶背面沿叶脉和脉腋有黄色短柔毛，侧脉5~8对；叶柄有疏生短柔毛或无毛；托叶线形，早落。花单性，黄绿色，无毛，4基数。核果近球形，熟后黑色，有2核；种了背面有纵沟。花期4月；果熟期9—10月。

分　　布： 河南伏牛山、大别山、桐柏山区均有分布；多见于山坡灌丛或疏林中。

功用价值： 种子榨油可作润滑油；枝、叶和果实煮汁可作绿色染料。

果实

雄花

枝、叶、刺

雌花

毛冻绿 *Rhamnus utilis* var. *hypochrysa* (Schneid.) Rehd. 鼠李属 *Rhamnus* Linn.

形态特征： 落叶灌木，高2~3m。幼枝淡绿色，具黄色柔毛，先端针刺状。芽有芽鳞。叶对生或近对生，椭圆形、长椭圆形或倒卵形，先端急尖或钝圆，基部宽楔形，缘具细钝锯齿，有褐色腺端，表面绿色，背面黄绿色，两面均被黄色柔毛，背面毛密，侧脉4~6对，弧状弯曲，表面中脉凹陷，背面脉隆起，显呈黄色；叶柄正面有沟，具淡黄色毛；托叶线状锥形，有柔毛。花数朵簇生于新枝下部的叶腋，花梗长1~1.3cm。核果近球形。花期4月，果熟期9—10月。

分　　布： 河南伏牛山区分布；多见于山沟灌丛中。

功用价值： 种子榨油可作润滑油；果实、树皮及叶含黄色染料。

叶、雌花

叶背面淡黄色毛

枝、叶、刺

果实

尾叶雀梅藤 *Sageretia subcaudata* Schneid.

雀梅藤属 *Sageretia* Brongn.

形态特征： 落叶藤状灌木，高
1.5m。1年生小枝多有柔毛，绿
褐色，老时变灰色，光滑无毛。
芽有白色柔毛，后逐渐脱落。
叶薄革质，对生或近对生，卵
形或卵状椭圆形，稀椭圆状近
圆形，边缘微呈波状，有细小
腺质硬锯齿，齿端内曲，表面绿
色，无毛，微有光泽，背面淡绿
色，侧脉5~9对，表面凹下，背
面隆起，带黄色，明显；叶柄表
面有沟和白色柔毛；托叶线形，
早落。花序被灰白色柔毛，分枝
稀疏，花无梗。果实黑色。花期
6—7月；果熟期7—8月。

分　布： 河南伏牛山南部及大
别山区均有分布；多见于山沟溪
旁或杂木林中。

功用价值： 果味酸甜可食。

保护类别： 中国特有种子植物。

植株

果实

枝、叶背面

枝、叶

叶

猫乳 *Rhamnella franguloides* (Maxim.) Weberb.

猫乳属 *Rhamnella* Miq.

形态特征： 落叶灌木或小乔木，高2~9m；幼枝绿色，被短柔毛或密柔毛。叶倒卵状矩圆形、倒卵状椭
圆形、矩圆形或长椭圆形，稀倒卵形，边缘具细锯齿，正面绿色，无毛，背面黄绿色，被柔毛或仅沿
脉被柔毛，侧脉每边5~13条；叶柄长2~6mm，被密柔毛；托叶披针形，基部与茎离生，宿存。花黄绿
色，两性，6~18个排成腋生聚伞花序；总花梗长1~4mm，被疏柔毛或无毛；萼片三角状卵形，边缘被
疏短毛；花瓣宽倒卵形，顶端微凹；花被被疏毛或无毛。核果圆柱形，成熟时红色或橘红色，干后变
黑色或紫黑色；果梗被疏柔毛或无毛。花期5—7月；果期7—10月。

分　布： 河南伏牛山、大别山及桐柏山区均有分布；多见于山沟灌丛或疏林中。

功用价值： 根可入药；皮含绿色染料；幼叶可作野菜。

枝、叶、果实

叶

枝、叶、花序

卵叶猫乳 *Rhamnella wilsonii* Schneid.　　　　　　　　**猫乳属** *Rhamnella* Miq.

形态特征： 落叶灌木，高达6m。嫩枝具细柔毛，后渐脱落近于无毛。叶纸质，倒卵形至倒卵状长圆形，先端圆而收缩成尾状尖，长5~8mm，基部浑圆至近尖锐，侧脉7~9对，边缘具小锯齿，齿端内叠，表面绿色，无毛，背面沿叶脉有短毛。花少数，花萼稍具毛。果实由橙黄变黑红色，长约9mm。花期5—6月；果熟期7月。

分　　布： 河南伏牛山、大别山及桐柏山区均有分布；多见于山沟林缘、灌丛或疏林中。

功用价值： 嫩叶可作野菜。

保护类别： 中国特有种子植物。

果期

枝、叶、花序

枝、叶、果实

果期

多花勾儿茶 *Berchemia floribunda* (Wall.) Brongn.　　　　**勾儿茶属** *Berchemia* Neck.

形态特征： 藤状或直立灌木；茎长可达6m。小枝黄绿色，无毛。叶卵形、卵状椭圆形或宽椭圆形，顶端短渐尖，基部圆形或近心脏形，全缘，表面深绿色，背面灰白色，仅脉上稍有毛，余均光滑，侧脉8~12对；叶柄长10~25mm。花序宽圆锥形，下部侧枝长超过5cm；花芽圆球形，顶端突尖；花萼5裂，花瓣5个；雄蕊5个，与花瓣对生。核果近圆柱状，长0.8~1cm，花柱宿存或脱落。花期7—10月；果期翌年4—7月。

分　　布： 河南伏牛山、大别山及桐柏山区均有分布；多见于山谷、山坡、林缘、林下、灌丛中或阴湿近水处。

功用价值： 根部可入药。

果序

果实

植株

花序

枝、叶

叶背面

勾儿茶 *Berchemia sinica* Schneid.

勾儿茶属 *Berchemia* Neck.

形态特征： 藤状或攀缘灌木，茎长达2.5m。枝黄褐色，无毛。叶纸质，卵形或卵圆形，先端钝或近于圆形，基部圆形或心脏形，全缘，两面无毛，表面绿色，背面灰白色，侧脉8~10对；叶柄长1~2cm。圆锥花序顶生，花3~8朵，束生，黄绿色；花芽球形，顶端钝；花萼5裂；花瓣5个，短于萼裂片，倒卵形；雄蕊5个，与花瓣对生。核果圆柱形，长5~6mm，直径2.5mm；成熟时黑色。花期6—8月；果期翌年5—6月。

分　　布： 河南伏牛山、大别山及桐柏山区均有分布；多见于荒山坡或沟谷灌丛中。

功用价值： 根部可入药。

保护类别： 中国特有种子植物。

果实　果序　枝、叶　枝、叶　植株

▶ 葡萄科 Vitaceae ||||||||||||||||||||||||||||||||||||||||||||||||

山葡萄 *Vitis amurensis* Rupr.

葡萄属 *Vitis* L.

形态特征： 木质藤本，长达15m；幼枝初具细毛，后无毛。叶宽卵形，顶端尖锐，基部宽心形，3~5裂或不裂，边缘具粗锯齿，正面无毛，背面叶脉有短毛；叶柄长4~12cm，有疏毛。圆锥花序与叶对生，长8~13cm，花序轴具白色丝状毛；花小，雌雄异株，直径约2mm；雌花内5个雄蕊退化，雄花内雌蕊退化，花萼盘形，无毛。浆果球形，直径约1cm，黑色。花期5—6月；果期7—9月。

分　　布： 河南太行山及伏牛山区北部均有分布；多见于山坡林缘或灌丛中。

功用价值： 果可生食或酿酒，酒糟可制醋和染料；种子可榨油；叶和酿酒后的酒糟可提取酒石酸。

果序　枝、叶、花序　植株

葛藟葡萄 *Vitis flexuosa* Thunb.　　　　　**葡萄属** *Vitis* L.

形态特征： 木质藤本；枝条细长，幼枝有灰白色茸毛。叶宽卵形或三角状卵形，顶端渐尖，基部宽心形或近截形，边缘有不等的波状牙齿，正面无毛，背面多少有毛，主脉和脉腋有柔毛；叶柄长3~7cm，有灰白色蛛丝状茸毛。圆锥花序细长，长6~12cm，花序轴有白色丝状毛；花小，直径2mm，黄绿色。浆果球形，直径6~8mm，黑色。花期4~6月；果期6—10月。

分　　布： 河南伏牛山、大别山及桐柏山区均有分布；多见于山坡灌丛或疏林中。

功用价值： 根、茎和果实可供药用；种子可榨油。

花序

枝、叶、果实

枝、叶、花序

毛葡萄 *Vitis heyneana* Roem. et Schult　　　　**葡萄属** *Vitis* L.

形态特征： 木质藤本。小枝被灰色或褐色蛛丝状茸毛。卷须二叉分枝，密被茸毛。叶卵圆形、长卵状椭圆形或五角状卵形，每边有9~19尖锐锯齿，正面初疏被蛛丝状茸毛，背面密被灰色或褐色茸毛，基出脉3~5条，叶柄长2.5~6cm，密被蛛丝状茸毛。圆锥花序疏散，分枝发达，长4~14cm，花序梗长1~2cm，被灰色或褐色蛛丝状茸毛。花萼碟形，边缘近全缘；花瓣呈帽状黏合脱落；花盘5裂；子房卵圆形。果球形，直径1~1.3cm，成熟时紫黑色。种子倒卵圆形，两侧洼穴向上达种子1/4处。花期4—6月；果期6—10月。

分　　布： 河南伏牛山、大别山区及桐柏山区均有分布，多见于山坡灌丛中、石崖上和沟边。

功用价值： 果可生食。

茎、枝、叶背面、花序　　　卷须　　　叶、花序　　　浆果

茎叶　　　果期　　　果序

变叶葡萄 Vitis piasezkii Maxim.

形态特征： 木质藤本；幼枝和叶柄有褐色柔毛及长柔毛。叶在同一枝上变化大，多为卵圆形，边缘有粗牙齿，正面无毛，背面有黄褐色茸毛，全裂的为3~5小叶的掌状复叶，中间小叶菱形，长9~11cm，基部楔形，具短柄，两侧小叶斜卵形；叶柄长4~9cm。圆锥花序与叶对生，长5~10cm，花序轴有柔毛；花小，直径约3mm；花萼盘形，无毛。浆果球形，直径约1cm，黑褐色。花期6月；果期7—9月。

分　　布： 河南伏牛山、太行山及桐柏山区均有分布；多生于山坡或沟谷中。

功用价值： 果可供食用或酿酒；幼茎汁液可入药。

保护类别： 中国特有种子植物。

果序　　枝、叶、卷须　　枝、叶、花序　　花序

秋葡萄 Vitis romanetii Romanet du Caillaud

形态特征： 木质藤本；幼枝紫色和叶柄密生锈色短柔毛和长刚腺毛。叶宽卵形或五角状卵形，边缘有小牙齿，背面多少密生淡锈色短柔毛和腺毛；叶柄长4~9cm。圆锥花序与叶对生，较叶长或近等长，轴疏生短毛，分枝短；花小，淡黄绿色，无毛；花萼盘形，全缘；花瓣5，长约2mm，上部互相合生，早落；雄蕊5。浆果球形，直径约1cm，黑紫色。花期4—6月；果期7—9月。

分　　布： 河南伏牛山区分布，多见于山坡灌丛或疏林中。

功用价值： 果可食或酿造果酒。

保护类别： 中国特有种子植物。

花序　　枝、叶、卷须　　枝、叶柄具腺毛及柔毛　　叶背面　　果序　　叶

蓝果蛇葡萄 *Ampelopsis bodinieri* (Levl. et Vant.) Rehd.　　蛇葡萄属 *Ampelopsis* Michx.

形态特征： 木质藤本。小枝圆柱形，有纵棱纹，无毛。卷须二叉分枝，相隔2节间断与叶对生。叶片卵圆形或卵椭圆形，不分裂或上部微3浅裂，边缘每侧有9~19个急尖锯齿，正面绿色，背面苍白色，两面均无毛；基部五出脉，中脉有侧脉4~6对，网脉两面均不明显突出。花序为复二歧聚伞花序，疏散；花蕾椭圆形，萼浅碟形，萼齿不明显，边缘呈波状，外面无毛；花瓣5，长椭圆形；雄蕊5，花丝丝状，花药黄色，椭圆形；花盘明显，5浅裂；子房圆锥形，花柱明显，基部略粗，柱头不明显扩大。果实近球圆形。花期4—6月；果期7—8月。

分　　布： 河南伏牛山区南部分布；多生于山谷林中或山坡灌丛阴处。

功用价值： 根皮可入药。

保护类别： 中国特有种子植物。

叶　　果实　　植株、花序

叶背面　　枝、叶、卷须　　枝、叶、果序

三裂蛇葡萄 *Ampelopsis delavayana* Planch.　　蛇葡萄属 *Ampelopsis* Michx.

形态特征： 木质藤本，攀缘；小枝无毛或有微柔毛，常带红色。叶多数，3全裂，中间小叶长椭圆形至宽卵形，基部楔形或圆形，顶端渐尖，有短柄或无柄，侧生小叶极偏斜，斜卵形，少数呈单叶3裂，宽卵形，顶端渐尖，基部心形，边缘有带凸尖的圆齿，正面无毛，或在主脉、侧脉上有毛，背面有微毛；叶柄与叶片等长，有时有毛。聚伞花序与叶对生；花淡绿色；花萼边缘稍分裂；花瓣5，镊合状排列；雄蕊5。果球形或扁球形，蓝紫色。花期6—8月；果期9—11月。

分　　布： 河南伏牛山区南部、大别山及桐柏山区均有分布；多见于山坡灌丛中。

功用价值： 根状茎可入药。

保护类别： 中国特有种子植物。

果实

枝、叶、花序　　花、幼果

蛇葡萄 *Ampelopsis glandulosa* (Wall.) Momiy.　　蛇葡萄属 *Ampelopsis* Michx.

形态特征： 木质藤本。小枝圆柱状，带有纵脊；卷须2或3分枝。单叶，3~5半裂，通常与一些不裂叶混合；叶柄1~7cm；叶片基部五出脉，花序梗1~2.5cm。花梗1~3mm。花瓣卵状椭圆形；花药狭椭圆形；子房的下半部分贴生于花盘；花柱稍扩大在基部。浆果直径5~8mm。种子狭椭圆形。花期4—8月；果期7—10月。

分　　布： 河南伏牛山区南部、大别山及桐柏山区均有分布；多见于山坡灌丛中。

功用价值： 根状茎可入药。

枝、叶背面、果序

成熟果实

果实

枝、叶、花序

葎叶蛇葡萄 *Ampelopsis humulifolia* Bge.　　蛇葡萄属 *Ampelopsis* Michx.

形态特征： 木质藤本，枝光滑或偶有微毛；卷须与叶对生，分叉。叶质地坚韧，宽卵圆形，3~5中裂或近于深裂，基部心形或近平截，边缘具粗锯齿，正面有光泽，鲜绿色，光滑，背面苍白色，无毛或脉上微有毛；叶柄约与叶片等长。聚伞花序与叶对生，疏散，总花梗细，长于叶柄；花淡黄色；萼片合生成杯状；花瓣5；雄蕊5，与花瓣对生；子房2室，着生于明显的花盘上。果宽6~8mm，淡黄色或淡蓝色；种子1~2枚。花期5—7月；果期5—9月。

分　　布： 河南太行山、伏牛山、大别山及桐柏山区均有分布；多见于山坡灌丛或疏林中。

功用价值： 根皮可入药。

保护类别： 中国特有种子植物。

枝、叶、卷须

叶、果序

枝、叶

枝、叶、花序

异叶地锦 *Parthenocissus dalzielii* Gagnep.　　　　**地锦属** *Parthenocissus* Planch.

形态特征： 木质藤本，枝无毛；卷须短而分枝，顶端有吸盘。叶异形，营养枝上的叶常为单叶，心形，较小，边有稀疏小牙齿，花枝的叶为具长柄的三出复叶，中间小叶长卵形至长卵状披针形，侧生小叶斜卵形，厚纸质，缘有不明显的小齿，或近于全缘，表面深绿，背面淡绿色或带苍白色，两面都无毛；叶柄细弱，长5~11cm，有的达24cm。聚伞花序常生于短枝顶端叶腋，多分枝，较叶柄短；花萼全缘；花瓣5，有时4；花柱圆锥状。果球形，成熟时紫黑色。花期5~7月；果期7~11月。

分　　布： 河南伏牛山南部分布；多见于岩石上。

功用价值： 根及茎可入药。

保护类别： 中国特有种子植物。

植株　　　生境　　　枝、叶、卷须及吸盘

三叶地锦 *Parthenocissus semicordata* (Wall.) Planch.　　　　**地锦属** *Parthenocissus* Planch.

形态特征： 木质藤本，小枝细弱，嫩时被疏柔毛，后脱落。芽绿色。卷须总状4~6分枝，嫩时顶端尖细而微卷曲，遇附着物时扩大成吸盘。叶多为3小叶复叶，稀混有3裂单叶，幼时绿色，中央小叶倒卵椭圆形或倒卵圆形，先端骤尾尖，基部楔形，侧生小叶卵状椭圆形或长椭圆形，长5~10cm，先端短尾尖，基部不对称，背面中脉及侧脉被短柔毛；叶柄被疏短柔毛。伞房状多歧聚伞花序着生在短枝上，长4~9cm，基部常有3~5叶。花瓣卵状椭圆形；子房扁球形。果实近球形，直径6~8mm，成熟时黑褐色，有种子1~2枚。花期5~7月；果期9~10月。

分　　布： 河南伏牛山区南部分布；多见于山坡或山沟岩石上。

叶、花序　　　植株

花叶地锦（川鄂爬山虎）*Parthenocissus henryana* (Hemsl.) Diels et Gilg

地锦属 *Parthenocissus* Planch.

形态特征： 木质藤本，茎和小枝明显四棱形，无毛。嫩叶绿或绿褐色，卷须总状4~7分枝，顶端嫩时膨大呈块状，遇附着物时扩大为吸盘状。5小叶掌状复叶；小叶倒卵形、倒卵状长圆形或倒卵状披针形，上半部有锯齿，正面沿脉色浅或有花斑。圆锥状多歧聚伞花序假顶生，序轴明显，花序上常有退化较小的单叶，花序梗长1.5~9cm。花萼碟形，全缘，无毛；花瓣长椭圆形；花盘不明显。果近球形，有种子1~3枚。花期5—7月；果期8—10月。

分　　布： 河南伏牛山区南部分布；多见于山坡岩石上或树干上。

功用价值： 可作庭院观赏植物。

保护类别： 中国特有种子植物。

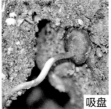

吸盘　　枝、叶、卷须　　叶、花序　　叶　　花序

绿叶地锦 *Parthenocissus laetevirens* Rehd.

地锦属 *Parthenocissus* Planch.

形态特征： 木质藤本，小枝圆柱形或有显著纵棱，嫩时被短柔毛，后脱落无毛。卷须总状5~10分枝，幼嫩先端膨大像小瘤一样。叶为掌状5小叶，小叶倒卵长椭圆形或倒卵披针形，边缘上半部有5~12个锯齿，背面在脉上具短柔毛；叶柄被短柔毛，小叶有短柄或几无柄。多歧聚伞花序圆锥状，长6~15cm，中轴明显，假顶生，花序中常有退化小叶；花序梗长0.5~4cm，被短柔毛；花梗长2~3mm，无毛；花蕾椭圆形或微呈倒卵椭圆形，高2~3mm，顶端圆形；萼碟形；花瓣5。果实球形，有种子1~4枚；种子倒卵球形，基于渐狭到一短喙，先端圆形。花期7—8月；果期9—11月。

分　　布： 河南伏牛山区南部及大别山区均有分布；多见于山坡、山沟岩石上或树干上。

功用价值： 藤可入药。

保护类别： 中国特有种子植物。

叶、花序　　茎、叶背面、卷须吸盘　　植株　　枝、叶、卷须

地锦（爬山虎） *Parthenocissus tricuspidata* (Siebold et Zucc.) Planch.　　**地锦属** *Parthenocissus* Planch.

形态特征： 落叶大藤本；枝条粗壮；卷须短，多分枝，枝端有吸盘。叶宽卵形，通常3裂，基部心形，叶缘有粗锯齿，表面无毛，背面脉上有柔毛；幼苗或下部枝上的叶较小，常分成3小叶，或为3全裂；叶柄长8~20cm。聚伞花序通常生于短枝顶端的两叶之间；花5数；萼全缘；花瓣顶端反折；雄蕊与花瓣对生；花盘贴生于子房，不明显；子房两室，每室有2胚珠。浆果蓝色，直径6~8mm。花期5—8月；果期9—10月。

分　　布： 河南太行山、伏牛山、大别山及桐柏山区均有分布，平原有栽培；多生于野生墙壁或岩石上。

功用价值： 本种为著名的垂直绿化植物；根可入药。

叶　　叶、花序　　果实　　生境　　植株　　枝、叶、吸盘

乌蔹莓 *Cayratia japonica* (Thunb.) Gagnep.　　**乌蔹莓属** *Cayratia* Juss.

形态特征： 草质藤本；茎具卷须，幼枝有柔毛，后变无毛。鸟足状复叶；小叶5，椭圆形至狭卵形，顶端急尖或短渐尖，边缘有疏锯齿，两面中脉具毛，中间小叶较大，侧生小叶较小。聚伞花序腋生或假腋生，具长柄，直径6~15cm；花小，黄绿色，具短柄，外生粉状微毛或近无毛；花瓣4，顶端无小角或有极轻微小角；雄蕊4与花瓣对生。浆果卵形，长约7mm，成熟时黑色。花期3—8月；果期8—11月。

分　　布： 河南各地均有分布；多见于田间、路边、荒地、山坡灌丛、草地。

功用价值： 全草可入药。

果序　　果实　　叶、花序　　枝、叶、卷须　　花　　花序

▶ 远志科 Polygalaceae ||||||||||||||||||||||||||||||||||||||||||||||||||||||||||||

瓜子金 *Polygala japonica* Houtt. | **远志属 *Polygala* Linn.**

形态特征： 多年生草本，高20~30cm。茎由基部发出数枝，稍被柔毛。叶互生，卵形或长圆状披针形，先端尖。总状花序腋生，最上一个花序低于茎的顶端；花蓝紫色，萼片5个，外轮3个较小，内轮2个较大，花瓣状；花瓣3个，中间龙骨瓣背面顶部有撕裂成条的鸡冠状附属物，两侧花瓣下部与花丝鞘贴生；雄蕊8个，花丝下部2/3合生成鞘。蒴果周围有较宽的翅，无睫毛。花期5—9月；果熟期7—10月。

分　　布： 河南太行山、伏牛山、大别山和桐柏山区均有分布；多见于山坡草地或灌丛中。

功用价值： 根可供药用。

花序

枝、叶、果实

蒴果

枝、叶背面

根
花

植株

远志 *Polygala tenuifolia* Willd. | **远志属 *Polygala* Linn.**

形态特征： 多年生草本，高20~30cm。根细长，圆柱形，略弯曲，淡褐色。茎由基部伸出，直立或斜上，多分枝，被细柔毛。叶互生，线形，无毛或微有毛，中脉在背面隆起，侧脉不明显。总状花序顶生，长6cm左右，具较稀疏的花；花梗细，长约4mm；花带紫色；萼片5个，外轮3个甚小，内轮2个较大，呈花瓣状，长圆形，基部窄狭成爪；花瓣3个，不等大，中间龙骨瓣顶部有细裂附属物，两侧花瓣2/3部分与花丝鞘贴生；雄蕊8个，花丝下部2/3合生成鞘。蒴果倒卵形，边缘无睫毛。花期3—8月，果熟期6—9月。

分　　布： 河南太行山、伏牛山、大别山及桐柏山区均有分布；多见于山坡草地或路旁。

功用价值： 根可供药用。

植株

花序

花果期

花

▶ 省沽油科 Staphyleaceae ‖‖‖‖‖‖‖‖‖‖‖‖‖‖‖‖‖‖‖‖‖‖‖‖‖‖‖‖‖‖‖‖‖‖

省沽油 Staphylea bumalda DC.　　　　省沽油属 Staphylea Linn.

形态特征： 落叶灌木，高达5m。树皮紫红色。小枝开展，褐色。小叶3个，椭圆形或卵圆形，边缘有细锯齿，背面淡绿色，中脉及侧脉有短毛，顶生小叶柄长约1cm。圆锥花序直立，长5~7cm；萼片黄白色，较花瓣稍短；花瓣白色。蒴果膀胱状，2裂；种子黄色，有光泽。花期4—5月；果熟期8—9月。

分　　布： 河南太行山、伏牛山、大别山和桐柏山区均有分布；多见于山谷、山坡丛林中或路旁。

功用价值： 种子油可制肥皂及油漆；茎皮可提取纤维；嫩叶及花可作野菜；可作观赏植物。

花序　蒴果　　　　　花

枝、叶、花序　　　　叶、花序

膀胱果 Staphylea holocarpa Hemsl.　　　省沽油属 Staphylea Linn.

形态特征： 落叶灌木或小乔木，高达10m。小枝灰绿色，无毛。小叶3个，椭圆形至长圆形，边缘有细锯齿，无毛，背面带粉白色；顶生小叶柄长1.5~4cm。圆锥花序下垂，长3~10cm，具长柄；花白色，子房有毛。蒴果梨形或椭圆形，长3.5~5cm，先端突锐尖，有时分裂；种子灰褐色，光亮。花期4—5月；果熟期9月。

分　　布： 河南伏牛山区分布；多见于海拔300m以上的山谷或山坡杂木林中。

保护类别： 中国特有种子植物。

果序

果实　　　枝、叶　　　　　　　花期植株　　　花侧面

枝、叶、花　　　　　　　　　　　花序

野鸦椿 *Euscaphis japonica* (Thunb.) Dippel
野鸦椿属 *Euscaphis* Sieb.et Zucc.

形态特征： 落叶小乔木或灌木，高3~8m。树皮灰色，有纵裂纹。小枝紫红色，无毛。枝叶揉碎发恶臭气味。奇数羽状复叶；小叶对生，通常5~9个，稀3或11个，卵形至卵状披针形，边缘有细锯齿，表面绿色，背面淡绿色，无毛；托叶线形，膜质，早落；小叶柄长2~5mm，无毛；小托叶针形。圆锥花序顶生，长12~15cm，无毛；花小，黄绿色，直径5mm；花梗长2~5mm；萼片5个，基部连合，宿存；花瓣5个，长椭圆形；雄蕊5个；子房3室。蓇葖果紫红色，果皮软革质；种子近圆形，假种皮肉质，黑色。花期5—6月；果熟期9—10月。

分　　布： 河南大别山、桐柏山及伏牛山区南部均有分布；多见于山坡或山谷杂木林中。

功用价值： 种子可榨油供制肥皂；树皮可提制栲胶；根及果可入药；树皮及叶可作农药；可作庭院观赏树种。

果序

蓇葖果

花期

花

花序

枝、叶、果实

▶ 七叶树科 Hippocastanaceae

七叶树 *Aesculus chinensis* Bunge
七叶树属 *Aesculus* Linn.

形态特征： 落叶乔木，高达25m。冬芽卵圆形，有树脂。小叶5~7个，纸质，长倒披针形或长圆形，边缘有细锐锯齿，背面沿脉疏生柔毛，侧脉13~17对；小叶柄长5~10mm；叶柄长6~10cm，有细柔毛。圆锥花序连总花梗长25cm，有微柔毛；花杂性，白色；花萼5裂；花瓣4个，不等大；雄蕊6个；子房在雄花中不发育。蒴果球形，顶端扁平略凹下，密生疣点；种子近球形，种脐淡白色，约占种子的1/2。花期5—6月；果熟期8—9月。

分　　布： 河南太行山、伏牛山及大别山区均有分布；多见于山沟、村旁。

功用价值： 木材可制家具；种子可入药，种子油可供制肥皂；可作庭院观赏树种。

保护类别： 河南省重点保护野生植物。

花期

叶、果序

蒴果

花

花序

秋色叶

春色叶

植株

▶ 无患子科 Sapindaceae ||||||||||||||||||||||||||||||||||||||||||||||

无患子 *Sapindus saponaria* L.　　　　　　　　　无患子属 *Sapindus* Linn.

形态特征： 落叶乔木，高10~18m。树皮黄褐色或灰褐色。树冠广卵形；侧枝粗大，开展。小枝圆柱形，或灰白色，叶痕明显，幼时被柔毛，后脱落。偶数羽状复叶，小叶4~8对，互生或近对生，表面深绿色，有光泽，背面灰绿色，两面均无毛，叶脉两面隆起，仅中脉被微毛；叶轴和叶柄上面具2槽。花小，通常两性，绿白色，呈圆锥花序，顶生；萼片5个，卵圆形，外面基部被微柔毛，边缘具白色小缘毛；花瓣5个，披针形，边缘具缘毛；雄蕊8个，外露，花丝基部被白色长柔毛，花药黄色，无毛，花柱短。果实为核果，有棱，幼时被毛，后脱落，熟后黄色；种子近球形，黑色，光滑，坚硬，种脐线形。花期5—6月；果熟期9—10月。

分　　布： 河南伏牛山南部、桐柏山、大别山、嵖岈山区均有分布；多见于山沟、溪旁、谷边或杂木林中，城区有栽培。

功用价值： 木材坚硬、细致；果实外果皮含皂素，可用于制作肥皂；种子可榨油，作工业用油；根、果可入药；可作观赏树种。

花序　　果期　　植株　　枝、叶　　秋色叶　　核果

栾树 *Koelreuteria paniculata* Laxm.　　　　　　栾属 *Koelreuteria* Laxm.

形态特征： 落叶乔木，高10~30m。树皮暗褐色，具纵裂纹。树冠广圆形；倒枝开展。小枝暗褐色或灰褐色，密生突起与皮孔。叶互生，一回、不完全二回或偶有为二回羽状复叶；小叶7~15个，纸质，卵形或卵状披针形，边缘具粗锯齿，基部常羽状分裂成小叶状，表面深绿色，无毛，稍具光泽，背面浅灰绿色，脉上被短柔毛；具短柄。花黄色，中心紫色，呈圆锥花序，顶生，被柔毛；萼5深裂；花瓣4个，黄色，旋转向上，披针形，有爪；花盘边缘具锯齿；雄蕊8个，花丝长。果实为膜质、膨大的蒴果，长卵形，长4~5cm，顶端钝圆，具尖头，边缘具膜质翅；种子圆形或近椭圆形，黑色。花期5—7月；果熟期8—9月。

分　　布： 河南伏牛山、桐柏山、大别山、太行山区均有分布；多见于山坡沟边或杂木林中。

功用价值： 木材黄白色，质地稍硬，可作各种家具等原材料；花序大，花期长，果实美观，可作庭院观赏树种；叶可作染料；种子可榨油，制肥皂等。

果序　　蒴果　　叶　　枝、叶　　植株　　花序

槭树科 Aceraceae

金钱槭 Dipteronia sinensis Oliv.　　金钱槭属 Dipteronia Oliv.

形态特征： 乔木，高达15m。奇数羽状复叶长20~40cm；小叶7~11，纸质，长卵形或矩圆状披针形，先端稍尾尖，基部近圆形或宽楔形，具钝锯齿，背面沿叶脉及脉腋被白色茸毛。圆锥花序顶生及腋生，长15~30cm，无毛。花杂性，白色；萼片5，卵形或椭圆形；花瓣5，宽卵形；雄蕊8，在两性花中较短；子房被长硬毛。翅果径2~2.5cm，圆翅幼时红色，被长硬毛，熟后黄色，无毛；果柄长1~2cm。花期4月；果期9月。

分　　布： 河南伏牛山区分布；多见于海拔1000m以上的山谷杂木林中。

功用价值： 枝叶茂密，果形奇特，可作观赏树种。

保护类别： 中国特有种子植物；河南省重点保护野生植物。

翅果　翅果背面　果序　果期　植株　花序

三角槭 Acer buergerianum Miq.　　槭属 Acer Linn.

形态特征： 落叶乔木，高5~10m。树皮鳞片状剥落。小枝细，幼时有短柔毛，后变无毛，稍有蜡粉。单叶，纸质，卵形或倒卵形，顶端3裂，先端短渐尖，基部圆形，全缘或上部具疏齿，幼时背面及叶柄密生柔毛，背面有白粉，微有柔毛，主脉3条，掌状；叶柄长4~10cm。圆锥花序顶生，有短柔毛；萼片5个，卵形；花瓣5个，黄绿色，较萼片窄；花盘微裂；子房密生长柔毛，花柱短，柱头2裂。翅果长2.5~3cm，小坚果凸出，翅张开成锐角或直立。花期4—5月；果熟期8—9月。

分　　布： 河南大别山、桐柏山及伏牛山南部均有分布；多见于山坡杂木林中，城区有栽培。

功用价值： 木材坚韧，可作家具、器具原材料；秋季叶变红色，可作庭院观赏树种。

双翅果　枝、叶　植株

杈叶槭（蜡枝槭）*Acer ceriferum* Rehd.

形态特征： 落叶乔木，高达10m。小枝青褐色，无毛，幼时带白粉。叶膜质，掌状7~9裂，基部心脏形或截形，裂片卵形，先端尾状渐尖，边缘有尖锐重锯齿，背面脉腋有白色簇毛；叶柄细，长达5cm。伞房状花序顶生，长6cm；萼片紫色，长椭圆形，长3.5~4.5mm；花瓣绿色，阔倒卵形，长3mm，宽2~2.5mm；雄蕊8个，着生花盘内缘；子房疏生茸毛或无毛。翅果长至2.5cm，紫色，翅张开成钝角。花期5月；果熟期8~9月。

分　　布： 河南伏牛山区分布；多见于海拔1000m以上的山谷或山坡杂木林中。

功用价值： 木材可作家具、器具等原材料；种子可榨油，供工业用。

保护类别： 河南省重点保护野生植物。

果序

枝、叶背面

植株

枝、叶、花序

枝、叶

双翅果

青榨槭 *Acer davidii* Franch.

形态特征： 落叶乔木，高达15m。树皮绿色，有狭长黑条纹。小枝绿色或淡紫褐色，无毛。叶纸质，卵形或长卵形，先端锐尖或渐尖，基部近心脏形或圆形，边缘有不整齐重锯齿，两面无毛或幼时背面沿脉有柔毛；叶柄长2~6cm。总状花序顶生，下垂，长6~9cm；雄花序较短，无毛；花黄绿色，杂性同株；萼片及花瓣各5个；雄蕊8个；子房有褐色短柔毛。翅果黄褐色，长2.5~2.8cm，张开成钝角或近水平。花期5月；果熟期8—9月。

分　　布： 河南太行山、伏牛山、大别山及桐柏山区均有分布；多见于山沟或山坡杂木林中。

功用价值： 茎皮纤维可供制人造棉及造纸原料，也可代麻用；树皮及叶可提鞣质，制栲胶。

果序

枝、叶、果序

花序

叶

植株

枝、叶背面、果序

葛罗槭 *Acer davidii* subsp. *grosseri* (Pax) P. C. de Jong　　槭属 *Acer* Linn.

形态特征： 落叶乔木，高7~10m。树皮黄色，平滑，有纵条纹。小枝绿色，或带紫红色，无毛。冬芽压扁状，有2个镊合状鳞片。叶长椭圆状卵形，为不明显3浅裂，先端长尖，基部心脏形或圆形，边缘有重锯齿；叶柄长至6cm。总状花序顶生，下垂，花黄绿色；萼片及花瓣各5个。翅果长约2.5cm，翅张开成钝角。花期5月；果熟期8—9月。

分　　布： 河南太行山、伏牛山、大别山和桐柏山区均有分布；多见于山坡杂木林中。

功用价值： 树皮纤维可代麻或作造纸原料。

果序　　枝、叶、果实　　花　　植株　　花序

血皮槭 *Acer griseum* (Franch.) Pax　　槭属 *Acer* Linn.

形态特征： 落叶乔木，高7~10m；树皮赭褐色，常呈纸片状脱落。复叶，由3小叶组成；小叶厚纸质，椭圆形或矩圆形，顶端钝尖，边缘常具2~3个钝粗锯齿，正面嫩时有短柔毛，后近无毛，背面有白粉，并生黄色疏柔毛，脉上更密，叶脉背面显著；叶柄有疏柔毛。密伞花序，常由3花组成，具疏柔毛，花黄绿色；雄花与两性花异株；萼片、花瓣都为5；雄蕊10；子房有茸毛。翅果长3.2~3.8cm，张开成锐角或近直立，小坚果密生茸毛。花期4月；果期9月。

分　　布： 河南伏牛山区分布；多见于海拔1500m以上的杂木林中。

功用价值： 本种为优良的绿化树种，木材坚硬，可制各种贵重器具；树皮的纤维，可以制绳和造纸。

保护类别： 中国特有种子植物。

植株　　枝、叶　　花　　树皮　　双翅果　　叶

建始械 *Acer henryi* Pax | 械属 *Acer* Linn.

形态特征： 落叶小乔木，高约10m。树皮灰褐色。小枝绿色，有短柔毛。冬芽包于叶柄基部，有柔毛。复叶；小叶3个，纸质，椭圆形或倒卵状长圆形，全缘或顶端具3~5个稀疏钝锯齿，幼时两面均有短柔毛，背面脉上较密，后渐脱落，仅沿脉及脉腋有毛；叶柄长6~10cm，与小叶柄均有短柔毛。总状花序下垂，长7cm，有短柔毛，常生于2~3年生的老枝一侧；花雌雄异株，雄花稀疏；萼片4个，无花瓣及花盘；子房无毛，花柱短。总状果序下垂；翅果长2~2.5cm，张开成锐角或直立。花期4月；果熟期8月。

分　　布： 河南伏牛山、大别山和桐柏山区均有分布；多见于山坡或山谷杂木林中。

功用价值： 木材可作家具、器具等原材料；可作庭院观赏树种。

保护类别： 中国特有种子植物。

果序　　枝、叶、果　　枝、叶背面　　叶　　植株

庙台械 *Acer miaotaiense* P. C. Tsoong | 械属 *Acer* Linn.

形态特征： 高大的落叶乔木，高20~25m。树皮深灰色，稍粗糙，小枝无毛。叶纸质，宽卵形，常3~5裂，裂片卵形，先端短急锐尖，边缘微呈浅波状，裂片间的凹块钝形，正面深绿色，无毛，背面淡绿色有短柔毛，沿叶脉较密；初生脉3~5条和次生脉5~7对，叶背面叶脉较正面明显；叶柄比较细瘦，长6~7cm，基部膨大，无毛。果序伞房状。小坚果扁平，长与宽均约8mm，被很密的黄色茸毛；翅长圆形，宽8~9mm，连同小坚果长2.5cm，张开几成水平。花期5月；果期9月。

分　　布： 河南伏牛山南部分布；多见于海拔1500m以上山坡。

功用价值： 木材可用于制家具、器具；种子可榨油、制肥皂。

保护类别： 中国特有种子植物。

叶背面　　树皮　　枝、叶　　叶

飞蛾槭 Acer oblongum Wall. ex DC.　　槭属 *Acer* Linn.

形态特征： 落叶或半常绿乔木，高10~20m。小枝紫色或淡紫色，有柔毛或无毛，老枝褐色，无毛。冬芽具多数鳞片。叶近革质，长圆形或卵形，全缘或幼树上者3裂及有锯齿，表面绿色，有光泽，背面有白粉或灰绿色，基部三出脉；叶柄长1.5~4cm。圆锥状花序顶生，有短柔毛，花杂性，绿色或黄绿色；萼片5个，长圆形；花瓣5个，倒卵形；雄蕊8个，生花盘内侧，花盘微裂；子房有短柔毛，柱头2裂，反卷。翅果长2.5cm，幼时紫色，成熟后黄褐色，小坚果凸出，翅张开成直角。花期5月；果熟期9月。

分　　布： 河南大别山、桐柏山及伏牛山区南部均有分布；多见于山谷或山坡杂木林中。

功用价值： 木材可制家具、器具；种子可榨油、制肥皂。

保护类别： 河南省重点保护野生植物。

枝、叶、果序　　花序　　叶背面　　双翅果　　植株

五裂槭 Acer oliverianum Pax　　槭属 *Acer* Linn.

形态特征： 落叶小乔木，高达7m；树皮平滑，淡绿至灰褐色，常被蜡粉。小枝细，无毛或微被柔毛。叶纸质，近圆形，5深裂，裂片三角状卵形，先端渐尖，锯齿细密，背面淡绿色，脉腋具簇生毛，叶脉两面显著；叶柄长2.5~5cm，无毛或近顶端微被柔毛。伞房花序，杂性花，雄花与两性花同株。萼片卵形，紫绿色；花瓣卵形，白色；雄蕊8个，生于花盘内侧；子房微被长柔毛，花柱无毛，2裂。翅果长3~3.5cm，翅宽1cm，两翅近水平。花期5月；果期9月。

分　　布： 河南伏牛山区分布；多见于海拔1500m以上的山沟或山坡杂木林中。

功用价值： 木材可制家具、器具；种子可榨油、制肥皂。

保护类别： 中国特有种子植物。

果序　　叶正面　　花果序　　叶　　花　　果实　　叶背面

369

鸡爪槭 *Acer palmatum* Thunb. 槭属 *Acer* Linn.

形态特征： 落叶小乔木，高达8m。树皮深灰色。小枝细，紫红色，无毛。单叶，薄纸质，掌状5~9裂，近圆形，直径7~10cm，基部心脏形或近心脏形，裂片长卵形至披针形，先端锐尖，边缘有尖锐重锯齿，背面仅脉腋有白色簇毛。伞房花序顶生，无毛；花紫色，杂性同株；萼片及花瓣各5个；雄蕊8个，花丝白色；花盘微裂，位于雄蕊之外；子房无毛，花柱2裂。翅果幼时紫红色，成熟后为棕黄色，长2~2.5cm，张开成钝角。花期5月；果熟期9—10月。

分　　布： 河南大别山、桐柏山及伏牛山区均有分布；多见于山坡、山谷杂木林中，城区及各乡镇均有栽培。

功用价值： 秋季叶变红色，为庭院观赏树种；叶含牡荆素；枝、叶可入药。

花　　叶　　花序　　双翅果　　枝、叶背面　　植株

四蕊枫 *Acer stachyophyllum* subsp. *betulifolium* (Maximowicz) P. C. de Jong 槭属 *Acer* Linn.

形态特征： 落叶乔木，高达10m。小枝紫红色，无毛。叶卵形至长圆状卵形，长至8cm，先端锐尖或短尾状，基部圆形或楔形，边缘有缺刻状重锯齿，稀有小裂片，背面脉腋有簇毛；叶柄带红紫色。花雌雄异株，花黄色；雄花序发自无叶之侧芽，雄花的萼片、花瓣、雄蕊各4个，雄蕊稀6个；雌花序总状，着生于具两叶的短枝上。翅果长2.2~3cm，翅张开成锐角或直角。花期4—5月；果熟期9—10月。

分　　布： 河南伏牛山区分布；多见于海拔1000m以上的山坡杂木林中。

功用价值： 木材可制家具、器具。

叶　　枝、叶、果序　　枝、叶、花序　　花序　　花

秦岭槭 *Acer tsinglingense* Fang et Hsieh　　槭属 *Acer* Linn.

形态特征： 落叶乔木，高达10m。小枝淡紫色，被灰色柔毛，老枝近无毛。叶纸质，近圆形，长宽4~6cm，3深裂，中裂片长卵圆形，具1~2对波状圆齿，侧裂片三角状卵形，浅波状或近全缘，背面被淡黄色柔毛；叶柄长6~10cm，被柔毛。总状花序腋生。花单性，雌雄异株，淡绿色；萼片和花瓣均5个；雄蕊8个，长7mm，花丝无毛，位于花盘内侧。小坚果突起，黄色，直径1cm，翅宽1.5cm，翅果长4~4.2cm，两翅近直立。花期4月；果期8—9月。

分　　布： 河南伏牛山区分布；多见于海拔1000以上的山沟或山坡杂木林中。

功用价值： 木材可制家具、器具等。

叶背面

果实

枝、叶

房县槭 *Acer sterculiaceum* subsp. *franchetii* (Pax) A. E. Murray　　槭属 *Acer* Linn.

形态特征： 落叶乔木，高达6m。小枝幼时疏生长毛，后脱落光滑。叶常3裂，或有时5裂而两侧裂甚小，长8~13cm，基部近心脏形，裂片先端稍尖，中裂片中部以上具2~3对三角形粗齿，侧裂外缘间或具1~2个粗齿，表面光滑，背面幼时具柔毛，脉腋有簇毛；叶柄长5~10cm。总花序发自无叶的侧芽，下垂，具柔毛；总花梗长达15cm，通常具5~6朵花；花黄绿色，萼片与花瓣各5个，近等长，翅果长约4cm，两翅平行或成直角；坚果圆而厚，具黄色长毛。花期4—5月；果熟期7—8月。

分　　布： 河南伏牛山区、大别山区及桐柏山区均有分布；多见于山坡杂木林中。

功用价值： 木材可制家具、器具等；可作庭院观赏树。

叶

果实

果期

元宝槭 *Acer truncatum* Bunge 槭属 *Acer* Linn.

形态特征： 落叶乔木，高8~10m。树皮纵裂。单叶，纸质，常5裂，基部截形，稀近心脏形，全缘，裂片三角形，背面仅幼时脉腋有簇毛，主脉5条，掌状；叶柄长3~5cm。伞房花序顶生，花黄绿色，杂性同株；萼片5个；花瓣5个，长圆状倒卵形；雄蕊8个，着生于花盘内侧边缘上，花盘微裂；子房扁形。小坚果扁平，翅长圆形，与坚果约等长，张开成钝角。花期5月；果熟期9月。

分　　布： 河南太行山和伏牛山区均有分布；多见于海拔1000m以下的山沟或山坡杂木林中。

功用价值： 木材坚硬，可供建筑、家具等用；树皮纤维可造纸；种仁含油量，可供工业用；可作城市绿化树种；根皮可入药。

叶、花序　花　植株　枝、叶　枝、叶、双翅果

▶漆树科 Anacardiaceae ‖‖‖‖‖‖‖‖‖‖‖‖‖‖‖‖‖‖‖‖‖‖‖‖‖‖‖‖‖‖‖‖‖

黄连木 *Pistacia chinensis* Bunge 黄连木属 *Pistacia* Linn.

形态特征： 落叶乔木，高达25m，胸径1m，树皮暗褐色，鳞片状剥落。幼枝灰棕色，微被柔毛或无毛。偶数羽状复叶，小叶10~12个；小叶披针形或卵状披针形，全缘，对生或近对生，基部偏斜；小叶柄长1~2mm。花单性异株，先花后叶，圆锥花序腋生，雄花序排紧列密，长6~7cm，雌花序排列疏松，均被微柔毛；雄花花被片2~4个，不等长，边缘具睫毛。核果倒卵状球形，直径约5mm，成熟时紫红色、绿色，后变为紫蓝色。未变为紫蓝色的果实内无可育种子。花期3—4月；果熟期9—11月。

分　　布： 河南各山区、丘陵及平原均有分布，多见于海拔400m以上的山坡疏林中。

功用价值： 木材可作建筑、家具和细工原材料；种子含油量35%，可供制润滑油和肥皂，亦可食用；树皮、叶和果实含鞣质，可提炼栲胶；幼叶可作蔬菜。

果实　雌花序局部　植株　雄花序　雄花　雌花　果序　雌株枝、叶、果序　枝、叶

盐肤木 *Rhus chinensis* Mill. 　　盐肤木属 *Rhus* (Tourn.) Linn. emend. Moench

形态特征： 落叶乔木或灌木，高可达10m。小枝棕褐色，被锈色柔毛。小叶7~13个，叶轴具宽叶翅，上部小叶较大，叶轴和叶柄密被锈褐色柔毛，小叶卵状椭圆形或长圆形，边缘具圆齿或粗锯齿，叶背粉绿色，被锈色短柔毛，脉上尤密；小叶无柄。花序顶生，宽大，雄花序长30~40cm，雌花序长15~20cm，密生锈色柔毛；花白色；雄花花萼裂片长卵形，花瓣倒卵状长圆形，开花时外卷；雌花花萼裂片三角状卵形，花瓣椭圆状卵形，子房卵形、密被白色微柔毛，花柱3个，柱头头状，核果扁球形，密被毛，成熟时橘红色。花期7—8月；果熟期10—11月。

分　　布： 河南各山区均有分布；多见于向阳山坡、沟谷、溪边的疏林、杂灌丛和荒山地。

功用价值： 枝、叶为五倍子蚜虫的主要寄主植物部位，寄生后形成虫瘿，即为五倍子；种子含油；树皮可作染料；枝、叶可作猪饲料；根、叶及花果均可供药用。

花序　　植株　　花　　枝、叶　　果序

青麸杨 *Rhus potaninii* Maxim. 　　盐肤木属 *Rhus* (Tourn.) Linn. emend. Moench

形态特征： 落叶乔木，高达10m。树皮灰褐色。小枝无毛。羽状复叶，互生，叶轴无叶翅，微具柔毛；小叶5~9个，卵状长圆形或长圆状披针形，先端渐尖，基部多少偏斜，全缘，叶两面沿中脉微具柔毛或近无毛。圆锥花序顶生，长10~20cm，为中长的1/2；花白色，直径约3mm；子房圆球形，密被白色茸毛。核果近圆形，略扁，直径3~4mm，密被具节柔毛和腺毛，成熟时红色；种子扁，直径2~3mm。花期5—6月；果熟期9月。

分　　布： 河南伏牛山区均有分布；多见于海拔500m以上的山坡、山谷疏林或灌丛中。

功用价值： 本种可寄生五倍子蚜虫，五倍子虫瘿的用途与盐肤木相同；种子含油，可榨油供制肥皂及机械润滑油。

保护类别： 中国特有种子植物。

枝、叶、果序　　枝、叶　　花序

红麸杨 *Rhus punjabensis* var. *sinica* (Diels) Rehd. et Wils.　　**盐麸木属** *Rhus* (Tourn.) Linn. emend. Moench

形态特征： 落叶乔木或灌木，高可达12m。树皮光滑，灰褐色，小枝微具柔毛。奇数羽状复叶，有小叶7~13个，叶轴上部具狭翅或不明显；小叶长圆状披针形或长圆形，全缘，叶背面疏生柔毛或仅脉上有毛；小叶柄短，花序顶生，约为叶长的1/2，密生细茸毛；花小，白色，花萼5裂，外面疏生柔毛；花瓣5个，两面均被柔毛；雄蕊5个，化药暗红色；花盘厚，暗红色；子房圆形，密披白色柔毛。核果扁圆形，成熟时深红色，被具节柔毛和腺毛。花期6—7月；果期7—9月。

分　　布： 河南大别山和伏牛山南部均有分布；多见于山谷、疏林或杂灌丛中。

功用价值： 木材白色，质坚，可作家具和农具用材。

枝、叶、花序　　　　羽状复叶（叶轴有翅）　　　　花序

漆 *Toxicodendron vernicifluum* (Stokes) F. A. Barkl.　　**漆树属** *Toxicodendron* (Tourn.) Mill.

形态特征： 落叶乔木，高达20m．树皮灰白色，不规则纵裂，小枝粗壮，小枝被棕黄色柔毛或近无毛，具圆形或心形的大叶痕和突起的皮孔；顶芽粗大，被棕黄色茸毛。奇数羽状复叶互生，有小叶4~6对，卵形、卵状椭圆形或长圆形，先端急尖或渐尖，基全缘，叶面通常无毛或仅沿中脉疏被微柔毛，叶背沿脉上被平展黄色柔毛，稀近无毛，侧脉10~15对。圆锥花序长15~30cm，与叶近等长，被灰黄色微柔毛；花黄绿色，雄花花梗纤细，雌花花梗短粗；花萼无毛，裂片卵形；花瓣长圆形，具细密的褐色羽状脉纹。果序多少下垂，核果肾形或椭圆形，不偏斜，略压扁，果核棕色，与果同形。花期5—6月；果期7—10月。

分　　布： 河南大别山、桐柏山、太行山、伏牛山区均有分布；多见于海拔400m以上的山坡，常与栎类树种混生。

功用价值： 树干割取的生漆，为优良的防腐剂、防锈涂料；种子油可制香皂、香脂、油墨、蜡烛等；嫩叶去涩后可作蔬菜食用；老叶含鞣质，可提取栲胶；部分人可能对漆树产生过敏反应。

树皮　　　枝、叶背面　　　果序　　　植株　　　花序　　　叶、花序

毛黄栌 *Cotinus coggygria* var. *pubescens* Engl.

黄栌属 *Cotinus* (Tourn.) Mill.

形态特征： 落叶灌木，高可达3m，常呈丛生状。分枝多，树冠圆形。幼枝棕褐色，通常被有短柔毛。叶互生，卵圆形或近圆形，先端圆或微凹，基部圆形或阔楔形，全缘，叶背面灰绿色，沿脉密生灰白色短柔毛；叶柄长1.5~5cm。圆锥花序，长10~20cm；花杂性，黄绿色，直径约3mm，果序圆锥状，有多数宿存的不孕花花梗，呈紫色或紫绿色羽毛状。核果小而干燥，肾形，直径3~4mm，熟时红褐色，有皱纹。花期5—6月；果熟期7—8月。

分　　布： 河南各大山区均有分布，以伏牛山最多；多见于山坡灌丛和疏林中。

功用价值： 树皮、叶可提制栲胶；木材黄色，可供提取黄色染料；秋叶变红，可栽培作观赏树种。

秋色叶

果期不育花梗羽毛状长柔毛

叶背面　木材

植株

花序

▶ 苦木科 Simaroubaceae

臭椿 *Ailanthus altissima* (Mill.) Swingle

臭椿属 *Ailanthus* Desf.

形态特征： 落叶乔木，高达30m；树干直，胸径1m以上。树冠阔卵形或近圆形，平顶；侧枝开展，少直立。幼树皮浅灰色或淡褐色，光滑，老树干深灰色或灰色，基部浅裂。叶痕明显，倒卵状三角形；无顶芽。奇数羽状复叶；小叶13~25个，卵状披针形，先端短尖或渐尖，基部一侧呈斜楔形，另侧近圆形，近基部两侧具1~4个粗齿，稀5~6个，齿端背面具腺体，有臭味，中上部全缘。圆锥花序顶生，或腋生；花小，单性或杂性，白色带绿色；萼片5个；花瓣5个。翅果长圆状纺锤形，质薄，微带红褐色，先端扭曲；种子位于翅果中部。花期6月；果熟期7—9月。

分　　布： 河南各地均有分布；多见于山沟地带，各处村旁有栽培。

功用价值： 可作城市绿化和速生用材树种；木材是民用建筑、家具、农具等主要原料；木纤维可作造纸原料；根皮可入药，幼叶煮泡后可食；种子可榨油，供工业原料，也可食用。

果实

果序

羽状复叶

植株

花期

苦木（苦树）*Picrasma quassioides* (D. Don) Benn. 苦木属 *Picrasma* Blume

形态特征： 灌木或小乔木，高达10m；小枝有黄色皮孔。单数羽状复叶互生，长20~30cm；小叶9~15，卵形至矩圆状卵形，基部宽楔形，偏斜，顶端锐尖至短渐尖，边缘有锯齿。聚伞花序腋生，总花梗长达12cm，被柔毛；花杂性异株，黄绿色；萼片4~5个，卵形，被毛；花瓣4~5个，倒卵形；雄蕊4~5个，着生于花盘基部；子房心皮4~5个，卵形。核果倒卵形，3~4个并生，蓝至红色，萼宿存。花期4—5月；果期6—9月。

分　　布： 河南太行山、伏牛山、大别山和桐柏山区均有分布；多见于山坡、山谷杂木林中。

功用价值： 木材可作家具、器具等原材料。

雌花序

枝、叶、果序

雄花序

果实

叶

▶ 楝科 Meliaceae ||||||||||||||||||||||||||||||||||||||||||||||||||||||||||

香椿 *Toona sinensis* (A. Juss.) Roem. 香椿属 *Toona* Roem.

形态特征： 落叶乔木，高10~15m。树冠广卵形；侧枝较开展。幼枝被微柔毛，后脱落；小枝红褐色或灰褐色，无毛，具白色皮孔。偶数羽状复叶；小叶10~22个，对生或近对生，纸质，卵状披针形至长圆状卵形，先端尾尖，基部一侧近圆形，另侧楔形，边缘具疏锯齿，稀全缘，表面深绿色，背面粉绿色，两面无毛或背面脉腋有束状毛。圆锥花序，下垂，无毛或被细柔毛；花白色，或带紫色，钟形；萼杯形，具5个钝或浅波状齿，被柔毛及缘毛；花瓣长椭圆形，无毛。蒴果狭椭圆形，深褐色，具光泽，被灰白色皮孔，成熟后开裂；种子棕色或黄棕色，具光泽，有薄翅，生于种子一端。花期6月；果熟期10月。

分　　布： 河南各地均有栽培；常见于村旁、庭院；喜生于土层厚、肥润的溪旁、谷旁和田边。

功用价值： 为上等家具及室内装饰用材，也是优良的民用建筑材；幼叶具香味，可食；果可入药。

成熟果实

果序

果皮

叶、花序

植株

楝 *Melia azedarach* Linn.

楝属 *Melia* Linn.

形态特征： 落叶乔木，高15~20m；树皮纵裂。叶二至三回单数羽状复叶，互生，长20~40cm；小叶卵形至椭圆形，边缘有钝锯齿，幼时被星状毛。圆锥花序与叶等长，腋生；花紫色或淡紫色；花萼5裂，裂片披针形，被短柔毛；花瓣5个，倒披针形，外面被短柔毛；雄蕊10，花丝合生成筒。核果短矩圆状至近球形，长1.5~2cm，淡黄色，4~5室；每室有种子1枚。外果皮薄革质，中果皮肉质，内果皮木质；种子椭圆形，红褐色。花期5月；果熟期9月。

分　　布： 河南各地均有栽培；并逸为野生，喜生于肥沃湿润的壤土或沙壤土。性喜温、畏寒、耐旱和耐盐碱，喜光。

功用价值： 生长快，材质好；根、茎皮和果可入药；叶、花、皮、种子可作农药；种子含油，可制肥皂、润滑油等。

枝、叶、花序

花

花期

果序

植株

➤ 芸香科 Rutaceae |||||||||||||||||||||||||||||||||||||||||||||||||||||||||||||||||||||

竹叶花椒 *Zanthoxylum armatum* DC.

花椒属 *Zanthoxylum* Linn.

形态特征： 灌木或小乔木。枝直出而扩展，有弯曲而基部扁平的皮刺，老枝上的皮刺基部木质化，暗褐色。奇数羽状复叶，叶轴两侧有翅，背面有皮刺或在腹面小叶片的基部处有托叶状皮刺一对，小叶3~9个，对生，纸质，披针形或椭圆状披针形，边缘有细圆锯齿，侧脉不明显，有时有稀少的透明腺点。聚伞花序，腋生，长2~6cm，分枝扩展，无毛或有短毛；花细小，花被片6~8个，三角形或钻形，先端尖，长约1mm。蓇葖果1~2个，稀3个，红色，有粗大的腺点；种子卵圆形，黑色。花期3—5月；果熟期6—8月。

分　　布： 河南伏牛山、大别山和桐柏山区均有分布；多见于海拔1000m以下的低山疏林下或灌丛中。

功用价值： 果实、枝、叶可提取芳香油；种子含脂肪油，可榨油；果皮可作调味品；叶、果及根可入药。

分果

雄花

枝、叶

果序

羽状复叶、刺

花椒 *Zanthoxylum bungeanum* Maxim.　　　　花椒属 *Zanthoxylum* Linn.

形态特征：落叶小乔木或灌木状，高达7m。茎干被粗壮皮刺，小枝刺基部宽扁直伸，幼枝被柔毛。奇数羽状复叶，叶轴具窄翅，小叶5~13，对生，无柄，纸质，卵形或椭圆形，稀披针形或圆形，先端尖或短尖；基部宽楔形或近圆，两侧稍不对称，具细锯齿，齿间具油腺点，正面无毛，背面基部中脉两侧具簇生毛。聚伞状圆锥花序顶生，长2~5cm。花被片6~8个，1轮，黄绿色，大小近相同；雄花具5~8个雄蕊。果紫红色，果瓣直径4~5mm，散生突起油腺点。花期4—5月；果期8—9月。

分　　布：河南各地有栽培。

功用价值：果实为调味料，既可提取芳香油，又可入药；种子可榨油，可食，也可制肥皂、油漆、润滑油等；叶可制农药。

枝、叶、果实

雄花

分果

枝、叶、花序

叶、雄花序

雌花

刺异叶花椒 *Zanthoxylum dimorphophyllum* var. *spinifolium* Rehder et E. H. Wilson　　花椒属 *Zanthoxylum* Linn.

形态特征：灌木或小乔木。枝浅灰黑色，带有很少皮刺或不具刺；幼枝和嫩枝具铁锈色短柔毛或无毛；腋生的芽被锈染色微柔毛。小叶3~5；小叶叶片卵形或椭圆形，油腺体多数，叶缘有针状锐刺。花序顶生，苞片锈色微柔毛。花被2轮，萼片4。种子直径5~7mm。花期4—6月；果期9—11月。

分　　布：河南伏牛山南坡分布；多见于山坡疏林或灌木丛中。

功用价值：叶、果可提取芳香油。

叶

植株

枝、叶

分果、种子

小花花椒（刺椒树）Zanthoxylum micranthum Hemsl.   花椒属 Zanthoxylum Linn.

形态特征： 落叶乔木，高稀达15m；茎枝有稀疏短锐刺，花序轴及上部小枝均无刺或少刺，当年生枝的髓部甚小，各部无毛，叶轴腹面常有狭窄的叶质边缘。有小叶9~17片，对生，或位于叶轴下部的不为整齐对生，披针形，顶部渐狭长尖，基部圆形或宽楔形，两侧对称，或一侧的基部圆，另一侧基部略楔尖，叶缘有钝或圆裂齿，中脉凹陷，侧脉每边8~12条。花序顶生，花多；萼片及花瓣均5片；萼片宽卵形，宽约1/3mm；花瓣淡黄白色。分果瓣淡紫红色，干后淡灰黄色或灰褐色，直径约5mm；种子长不超过4mm。花期7—8月；果期10—11月。

分　　布： 河南伏牛山区南部分布；多见于山沟或山坡林中较湿润的地方。

功用价值： 叶及果可提取芳香油；木材可作家具、器具等原材料。

保护类别： 中国特有种子植物。

分果　树干、皮刺　枝、叶　花　枝、皮刺　植株

朵花椒 Zanthoxylum molle Rehd.   花椒属 Zanthoxylum Linn.

形态特征： 落叶乔木，高达10m；树皮具锥形鼓钉状锐刺。花枝具直刺；小枝髓心中空。奇数羽状复叶，叶轴下部圆，无窄翅；小叶13~19个，对生，几无柄，厚纸质，宽卵形或椭圆形，稀近圆形，全缘或具细圆齿，侧脉11~17对，叶背面密被白灰色或黄灰色毡状茸毛，油腺点不显或稀少。伞房状聚伞花序顶生，多花，花序轴被褐色柔毛，疏生小刺。花梗密被柔毛；萼片；花瓣5个，白色；心皮3个。果瓣淡紫红色，顶部无芒尖，油点多而细小，干后凹下。花期6—8月；果期10—11月。

分　　布： 河南大别山区、伏牛山区均有分布；多见于山沟杂木林中。

功用价值： 树皮可代中药"海桐皮"；叶、果可提取芳香油。

保护类别： 中国特有种子植物。

叶背面　枝、叶、果序　枝、叶、皮刺　花　枝、叶、花序　果皮、种子　枝、皮刺　植株

异叶花椒 *Zanthoxylum ovalifolium* Wight 花椒属 *Zanthoxylum* Linn.

形态特征： 落叶乔木，高达10m；枝灰黑色，嫩枝及芽常有红锈色短柔毛，枝很少有刺。单小叶，指状3个小叶，2~5或7~11个小叶；小叶卵形或椭圆形，有时倒卵形，叶片大小变化较大，顶部钝、圆或短尖至渐尖，常有浅凹缺，两侧对称，叶缘有明显的钝裂齿，或有针状小刺，油点多，在扩大镜下可见，叶背的最清晰，网状叶脉明显，干后微突起，叶面中脉平坦或微突起，被微柔毛。花序顶生；花被片6~8个，稀5片，大小不同，上宽下窄，顶端圆。分果瓣紫红色，幼嫩时常被疏短毛；基部有甚短的狭柄，油点稀少，顶侧有短芒尖；种子径5~7mm。花期4—6月；果期9—11月。

分　　布： 河南伏牛山区南部分布；多见于山沟或山坡林中。

功用价值： 叶、果可提取芳香油。

分果、种子

枝、叶、分果

臭常山（日本常山） *Orixa japonica* Thunb. 臭常山属 *Orixa* Thunb.

形态特征： 落叶灌木，高达3m。枝平滑，暗褐色，幼时被短柔毛。叶互生，具短柄，纸质或膜质，菱状卵形或卵状椭圆形，全缘或具细钝锯齿，表面深绿色，具细小的透明腺点，中脉及侧脉被短柔毛，背面淡绿色，幼时密被长柔毛，后仅沿脉有毛。花单性，雌雄异株，黄绿色；雄花序总状，腋生，总花梗基部有1宽卵形的苞片；萼片4个，广卵形，长约1mm；花瓣4个，宽长圆形，先端圆，膜质，有透明油点；雄蕊4个，较花瓣短，插生于花盘的四周，花盘四角形；雌花通常单生，心皮4个，离生，球形。蓇葖果1~2个，表面有肋纹，由顶端沿腹缝线2瓣裂；种子黑色，近球形。花期3—4月；果熟期8—9月。

分　　布： 河南伏牛山南部、大别山和桐柏山区均有分布；多见于山坡、山沟灌丛及疏林中。

功用价值： 根、茎及叶可入药。

果皮

枝、叶、果实

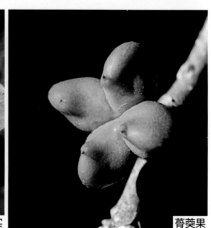

蓇葖果

臭檀吴萸 *Tetradium daniellii* (Benn.) Hemsl.　　　**吴茱萸属** *Tetradium* **Lour.**

形态特征： 落叶乔木，高达15m。树皮暗灰色。枝灰色或灰褐色，几无毛，1年生小枝密被贴伏短毛。奇数羽状复叶，叶轴通常被贴伏短毛；小叶5~11个，纸质，卵圆形至长圆状卵形，边缘有明显的圆锯齿，表面深绿色，几无毛或被稀疏短柔毛，背面沿中脉两侧密被白色长柔毛，或脱落而光滑，但中脉基部及脉腋不脱落，集生成簇，侧脉8~14对。聚伞状圆锥花序，顶生；苞片对生，多见于花轴基部通常为小叶状，上部的为鳞片状，花白色，萼5裂，稀4裂；花瓣5个，稀4个。蓇葖果紫红色，长6~8mm，有腺点，顶端有尖喙；种子黑色，有光泽。花期6—7月；果熟期9—10月。

分　　布： 河南太行山、伏牛山、大别山和桐柏山区均有分布；多见于山坡疏林中或栽于村旁。

功用价值： 种子可榨油；果实可入药；木材可制家具、农具等；可作庭院观赏树种。

树皮　分果

植株

枝、叶、果序　　枝、叶、花序　　花序

花

黄檗 *Phellodendron amurense* Rupr.　　　**黄檗属** *Phellodendron* **Rupr.**

形态特征： 落叶乔木，高10~15m。树皮浅灰色或灰褐色，有深沟裂，木栓质发达，内皮鲜黄色，小枝棕褐色，无毛。奇数羽状复叶；小叶5~13个，卵状披针形至卵形，先端长渐尖，基部宽楔形，边缘有细钝锯齿，有缘毛，背面中脉基部有长柔毛。花小，5数，雌雄异株，排列成顶生聚伞状圆锥花序；雄花的雄蕊较花瓣长，花丝线形，基部被毛，退化雌蕊很小；子房有短柄。果为浆果状核果，黑色，有特殊香气及苦味。花期5—6月；果熟期9—10月。

分　　布： 河南伏牛山区有栽培。

功用价值： 树皮可入药；木栓层可作软木塞；内皮可作染料；木材可制家具、器具。

保护类别： 易危（VU）；国家二级重点保护野生植物；国家一级珍贵树种。

叶、果实

核果

植株

枝、叶、花序

花序　果序　树皮

枳（枸橘）*Poncirus trifoliata* (L.) Raf.

形态特征： 落叶灌木或小乔木。全株无毛；分枝多，稍扁平，绿色，有棱角，有粗壮棘刺，刺长1~3cm，基部扁平。指状三出复叶；小叶纸质或近革质，卵形、椭圆形或倒卵形，先端圆而微凹，基部楔形，边缘具钝齿或近全缘，有透明腺点及香气，近无毛；叶柄长1~3cm，有翅。花单生或成对腋生去年生枝上，常先叶开放，黄白色，有香气，萼片5个，长5~6mm；花瓣5个，长1.8~3cm；雄蕊8~10个。柑果球形，直径3~5cm，橙黄色，具毛，有香气。花期4—5月；果熟期9—10月。

分　布： 河南各地有栽培。

功用价值： 栽种可作绿篱或作柑橘的砧木；果可入药，也可提取有机酸；种子可榨油；叶、花及果皮可提取芳香油。

保护类别： 中国特有种子植物。

植株

花

枝、刺、叶

枝、刺、柑果

▶ 酢浆草科 Oxalidaceae ||||||||||||||||||||||||||||||||||||||||||||||||||

酢浆草 *Oxalis corniculata* Linn.

形态特征： 多年生草本。茎及叶含草酸，有酸味；茎柔弱，常平卧，节上生不定根，被疏柔毛。小叶3个，倒心脏形，被柔毛；叶柄长2~6.5cm，被柔毛；托叶半圆形，与叶柄贴生。花单1至数朵呈腋生伞形花序，总花梗与叶柄等长；花黄色，长8~10mm；萼片长圆形，先端急尖；花瓣倒卵形。蒴果近圆柱形，长1~1.5cm，有5棱，被短柔毛。花期4—9月；果熟期5—10月。

分　布： 河南各地均有分布；多见于田边、荒地、路旁、溪畔。

功用价值： 全草可入药。

植株

花果序

叶、花序

花

▶ 牻牛儿苗科 Geraniaceae ||||||||||||||||||||||||||||||||||||||||||||||

野老鹳草 *Geranium carolinianum* Linn.　　　　　**老鹳草属** *Geranium* Linn.

形态特征： 一年生草本，高20~50cm。根细，长达7cm。茎直立或斜升，有倒向下的密柔毛，分枝。茎下部的叶互生，上部的对生；叶圆肾形，掌状5~7深裂，每裂又3~5裂；小裂片线形，锐尖头，两面有柔毛；下部茎生叶有长柄，达10cm，上部的柄短，等于或短于叶片。花成对集生于茎端或叶腋；总花梗短或几无梗；花梗长1~1.5cm，有腺毛（腺体早落）；萼片宽卵形，先端有芒尖，有长白毛，在果期增大，长5~7mm；花瓣淡红色，与萼片等长或略长。蒴果长约2cm，顶端有长喙，成熟时5瓣裂，果瓣向上卷曲。花期4月；果熟期5—6月。

分　　布： 河南南部均有分布；多见于荒地、路边、杂草中。

功用价值： 全草可入药。

花　　　　花、幼果　　　　叶　　　　花果序　　　　蒴果

毛蕊老鹳草（血见愁老鹳草） *Geranium platyanthum* Duthie　　　**老鹳草属** *Geranium* Linn.

形态特征： 多年生草本，高30~80cm。根状茎粗短而直立或倾斜。茎直立，向上分枝，有倒生白毛。叶互生，肾状五角形，掌状5中裂或略深；裂片菱状卵形，宽3~5cm，边缘有羽状缺刻或粗牙齿，尖头，表面有长伏毛，背面脉上疏生长柔毛；基生叶有长柄，长为叶片的2~3倍，茎生叶柄短，顶部的无柄。聚伞花序顶生，花序梗2~3个出自一对叶状苞片腋间，顶端各有2~4朵花；花梗有腺毛，在果期直立；萼片长约1cm，密被腺毛；花瓣紫蓝色。蒴果长约3cm，有微毛。花期5—6月；果熟期7—8月。

分　　布： 河南太行山和伏牛山区均有分布；多见于湿润林缘、灌丛中。

功用价值： 茎、叶含鞣质，可提取栲胶。

花　　　　根　　　　果期　　　　茎、叶　　　　雌蕊、雄蕊

湖北老鹳草 *Geranium rosthornii* R. Knuth

老鹳草属 *Geranium* Linn.

形态特征： 多年生草本，高30~40cm。根状茎粗，肉质。茎直立，从基部以上起2~3次假二歧分枝。叶对生，肾状五角形，掌状5深裂，裂至叶片3/4；裂片菱状短楔形，近膜质，边缘中部以上有齿状缺刻，牙齿钝头，表面密被短伏毛，背面有长柔毛；下部茎生叶柄长为叶片的2倍；上部茎生叶为戟状三角形，3裂，近无柄。化序总花梗长短不一，每柄具2花；花梗在果期向下弯；萼片长8mm，有疏长毛；花瓣蓝紫色，长1.5cm。蒴果长2cm，略有微柔毛。花期6—9月；果熟期8—10月。

分　　布： 河南伏牛山区分布；多见于海拔800m以上的林缘或灌丛中。

功用价值： 全草可入药，也可提取栲胶。

保护类别： 中国特有种子植物。

基生叶

茎、叶

花

鼠掌老鹳草 *Geranium sibiricum* Linn.

老鹳草属 *Geranium* Linn.

形态特征： 多年生草本，高30~100cm。根直立，分枝或不分枝。茎细长，倒伏，上部斜向上，多分枝，略有倒生毛。叶对生，基生叶与茎生叶同形，宽肾状五角形，基部心脏形，掌状5深裂；裂片卵状披针形，羽状分裂或齿状深缺刻，两面均被有疏伏毛；基生叶和下部茎生叶有长柄，顶部的叶柄短。花单个腋生，花梗线状，长4~5cm，近中部有2个披针形鳞片，有倒生微柔毛，在果期向下弯；萼片长圆状披针形，长约4mm，边缘膜质；花瓣淡红色，与萼片近等长。蒴果长1.5~2cm，有微柔毛。花期6—8月；果熟期8—9月。

分　　布： 河南太行山和伏牛山区均有分布；多见于山坡林缘、灌丛中。

功用价值： 全草可入药，也可提取栲胶。

花侧面

花

植株

花萼、蒴果

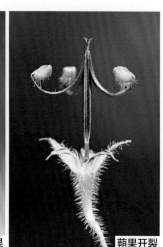
蒴果开裂

老鹳草 Geranium wilfordii Maxim.

形态特征： 多年生草本，高40~80cm。根状茎短而直立，有略增粗的长根。茎细长，下部稍蔓生，有倒生微柔毛。叶对生，基生叶和下部茎生叶为肾状三角形，基部心脏形，长3深裂，中央裂片稍大，卵状菱形，先端尖，上部有缺刻或粗锯齿，齿端有短凸尖，两面多少有伏毛；下部茎生叶柄较叶片长，上部的较短；顶部的叶宽三角形，3深裂，侧生裂片张开，小于中央裂片。花序腋生，总花梗长2~3cm，具2花；花梗与总花梗几等长，在果期向下倾，略有微毛；萼片长5mm，先端有芒尖，背面3脉稍隆起，有疏伏毛；花瓣淡红色，与萼片几等长。蒴果长约2cm。花期6—8月；果熟期7—9月。

分　　布： 河南太行山、伏牛山、大别山和桐柏山区均有分布；多见于林下及草坡。

功用价值： 全草可入药，也可提制栲胶。

花、果序

花

花萼、蒴果

茎、叶

果期

牻牛儿苗 Erodium stephanianum Willd.

形态特征： 一年生或二年生草本，高15~45cm，平铺地面或稍斜生。根直立，细圆柱状。茎多分枝，有节，被柔毛。叶对生，长卵形或长圆状三角形，二回羽状深裂；羽片5~9对，基部下延，小羽片线形，全缘或有1~3个粗齿；叶柄长4~6cm；托叶披针形，长达5mm。伞形花序腋生，总花梗长5~15cm，通常有2~5花；花梗长2~3cm；萼片长圆形，先端有长芒；花瓣倒卵形，紫蓝色，长不超过萼片。蒴果长约4cm，顶端有长喙，成熟时5个果瓣与中轴分离，喙部呈螺旋状卷曲。花期5—9月；果熟期6—10月。

分　　布： 河南各地均有分布；多见于草坡、沟边、路旁。

功用价值： 全草可入药，又可提取栲胶。

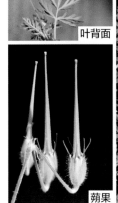
叶背面

蒴果

植株

花侧面、花萼

花

花序

▶ 凤仙花科 Balsaminaceae ▐▌▌▌▌▌▌▌▌▌▌▌▌▌▌▌▌▌▌▌▌

卢氏凤仙花（异萼凤仙花）Impatiens lushiensis Y. L. Chen 　凤仙花属 Impatiens Linn.

形态特征：一年生草本，高40~100cm。茎直立，上部多分枝，无毛或被疏毛。叶互生，具柄卵形或卵状披针形，顶端尾状渐尖，基部圆形或浅心形，稀宽楔形，边缘具锐锯齿，侧脉6~8对，无毛或稀被疏毛；叶柄基部具2~4个腺体。总花梗生于上部叶腋，具2~4花；花梗细，中部有苞片；苞片卵形，宿存。花淡紫色，长2.5~3cm，侧生萼片4个，外面2个较大，斜卵形，中肋背面隆起，内面2个极小，钻形，长1~1.5mm，紧贴旗瓣，旗瓣肾状圆形，中肋背面增厚，具龙骨状突起，顶端具小尖，中央深紫色，边缘淡紫色；翼瓣近无柄，2裂，基部裂片圆形，黄色，上部裂片长圆状斧形，顶端圆钝，背部具反折的宽小耳；唇瓣囊状，上部粉紫色，下部黄色，喉部具紫色斑点，基部急狭成长8~10mm的2裂内弯的距。花丝线形；花药尖。蒴果线形，长3cm，顶端喙尖。花果期8—9月。

分　　布：河南桐柏山、大别山和伏牛山区均有分布；多见于林下、草地或溪边。

功用价值：全草可药用。

叶、果

花、叶、花、果

花序

水金凤 Impatiens noli-tangere Linn. 　凤仙花属 Impatiens Linn.

形态特征：一年生草本，高50~80cm。茎直立，有分枝。叶质薄而软，互生，卵形或椭圆形，先端钝或短尖，基部渐狭，边缘具粗钝齿，无毛；下部叶柄长2~4cm，上部较短或近无柄。总花梗腋生，具2~3花；花梗纤细，下垂，长2.5~3cm；花大，黄色，喉部常有红色斑点；萼片2个，宽卵形，先端急尖；旗瓣圆形，先端有小喙，背面中肋有龙骨突起；翼瓣2裂，基部裂片长圆形，上部裂片大，宽斧形，常有红色斑点；唇瓣宽漏斗形，基部延伸成内弯的长距；雄蕊5个，花丝扁平，花药黏合，先端尖。蒴果狭长圆形，长3~5cm，两端尖，无毛。花期7—8月；果熟期8—9月。

分　　布：河南太行山和伏牛山区均有分布；多见于山沟林缘、草地或溪旁潮湿处。

功用价值：全草可药用。

植株

花

茎、叶、花序

叶背面

翼萼凤仙花 Impatiens pterosepala Hook. f.　　　　凤仙花属 Impatiens Linn.

形态特征： 一年生草本，高30~70cm。茎纤细，直立，有分枝。叶互生，多集生于茎上部，卵形或长圆状卵形，具2个球形腺体，边缘有圆锯齿，侧脉5~7对；叶柄长1.5~2cm。总花梗腋生，长2~4cm，中部以上有1披针形苞片，仅有1花；花淡紫色或淡红色；萼片2个，长卵形，先端渐尖，有时一侧有细齿，背面中肋有狭翅；旗瓣圆形，先端微凹，基部心形，背面中肋全缘或有波状狭翅，翅先端有短喙；翼瓣近无柄，2裂，基部裂片长圆形，上部裂片较大，宽斧形，背面有小耳；唇瓣狭漏斗状，基部延成细长内弯的距，花药尖。蒴果线形，花期7—8月。果熟期8—9月。

分　　布： 河南伏牛山区分布；多见于山沟林下潮湿处。

功用价值： 全草可药用。

保护类别： 中国特有种子植物。

叶、花、蒴果

花

花侧面、萼、距

植株

▶ 五加科 Araliaceae

通脱木 Tetrapanax papyrifer (Hook.) K. Koch　　通脱木属 Tetrapanax (K.Koch) K. Koch

形态特征： 灌木或小乔木，无刺，高1~3.5m；茎髓大，白色，纸质。叶大，集生茎顶，直径50~70cm，基部心形，掌状5~11裂，裂片浅或深达中部，每一裂片常又有2~3个小裂片，全缘或有粗齿，正面无毛，背面有白色星状茸毛；叶柄粗壮，长30~50cm；托叶膜质，锥形，基部合生，有星状厚茸毛。伞形花序聚生成顶生或近顶生大型复圆锥花序，长50cm以上；苞片披针形，密生星状茸毛；花白色；萼密生星状茸毛，全缘或几全缘；花瓣4个，稀5个；雄蕊4个，稀5个；子房下位，2室；花柱2个，分离，开展。果球形，熟时紫黑色，直径约4mm。花期10—12月；果期翌年1—2月。

分　　布： 河南大别山、桐柏山和伏牛山南部均有分布；多见于向阳山坡或山谷溪旁。

功用价值： 茎髓可作精制纸花和小工艺品原材料，并可入药。

保护类别： 中国特有种子植物。

叶

花序

植株

常春藤 Hedera nepalensis var. sinensis (Tobl.) Rehd. 　　常春藤属 *Hedera* L.

形态特征： 常绿攀缘灌木。茎长3~20m，灰棕色或黑棕色，有气生根。1年生枝疏生锈色鳞片，鳞片通常有10~20条辐射肋。叶片革质，在不育枝上通常为三角状卵形或三角状长圆形，稀三角形或箭形，先端短渐尖，基部截形，稀心形，边缘全缘或3裂，侧脉和网脉两面均明显；叶柄细长，有鳞片，无托叶。伞形花序单个顶生，2~7个总状排列或伞房状排列成圆锥花序，有花5~40朵；总花梗通常有鳞片；花淡黄白色或淡绿白色，芳香；萼密生棕色鳞片，长2mm，边缘近全缘；花瓣5，三角状卵形，外面有鳞片。果实球形，红色或黄色，直径7~13mm。花期9—11月；果期翌年3—5月。

分　　布： 河南大别山、桐柏山及伏牛山均有分布；多见于海拔1000m以下的山坡林下。

功用价值： 全株可供药用；枝、叶可供观赏；茎叶含鞣质，可提制栲胶。

果实

茎、气生根

枝、叶、果序

茎、叶

刺楸 Kalopanax septemlobus (Thunb.) Koidz. 　　刺楸属 *Kalopanax* Miq.

形态特征： 落叶乔木。叶在长枝上互生，短枝上簇生，直径9~25cm或更大，掌状5~7裂，裂片宽三角状卵形或长椭圆状卵形，先端渐尖，边缘有细锯齿，正面无毛，背面幼时有短柔毛。伞形花序聚生为顶生圆锥花序，长15~25cm；花白色或淡黄绿色；萼边缘有5齿；花瓣5；雄蕊5，花丝较花瓣长一倍以上；子房下位，2室；花柱2，合生成柱状，先端分离。果球形，成熟时蓝黑色，直径约5mm。花期7—10月；果期9—12月。

分　　布： 河南各山区均有分布；多见于山坡或山谷杂木林中。

功用价值： 木材纹理美观，有光泽，易施工；根皮可入药；嫩叶可食；树皮及叶含鞣质，可提制栲胶；种子可榨油，供工业用。

保护类别： 河南省重点保护野生植物；国家二级珍贵树种。

枝、叶

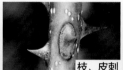
枝、皮刺

树皮

叶

花序

离柱五加 *Eleutherococcus eleutheristylus*
(C. Ho) K. L. Zhang

五加属 *Eleutherococcus* Maxim.

形态特征： 灌木；枝棕紫色，小枝深紫色。无毛。叶有小叶3~5；叶柄长1.5~10cm，无刺，无毛；小叶片纸质，中央的椭圆形至长圆状椭圆形，两侧的菱状椭圆形，先端渐尖至尾尖，基部圆形至狭楔形，两面均无毛，边缘有单锯齿至细重锯齿，侧脉6~8对，两面明显，网脉正面下陷，背面隆起；小叶柄长达5mm，无毛。花未见。伞形果序单个顶生，直径3.5~4.5cm，约有果实20个；总花梗长2.5~4cm，无毛。果实5室，长圆状球形，长7~8mm，直径6~7mm，有5棱；宿存花柱5，长1.5mm，离生，先端反曲；果梗长8~12mm，无毛。花期5—6月；果期7月。

分　　布： 河南伏牛山区分布；多见于山坡或山谷林下。

保护类别： 中国特有种子植物。

叶、花序　　果实　　枝、叶

糙叶五加 *Eleutherococcus henryi* Oliver

五加属 *Eleutherococcus* Maxim.

形态特征： 灌木，高达3m。枝疏生扁钩刺，向下弯曲，幼枝密被柔毛，后渐脱落。小叶（3）5，纸质，椭圆形或倒披针形，稀倒卵形，先端尖或渐尖，基部窄楔形，中部以上具细齿，正面稍被糙毛，背面脉被柔毛，侧脉6~8对；叶柄长4~7cm，密被粗毛，小叶柄长3~6mm或近无柄。伞形花序数个簇生枝顶，直径1.5~2.5cm，花序梗长1.5~3.5cm，被粗毛，后脱落。花梗长0.7~1.5cm；萼稍被柔毛或无毛，具5小齿；子房3~5室，花柱柱状。果球形，具4~5棱，黑色，宿存花柱长约2mm。花期7—9月；果期9—10月。

分　　布： 河南大别山、桐柏山及伏牛山均有分布；多见于海拔1000m以上的灌丛中和林缘。

保护类别： 中国特有种子植物。

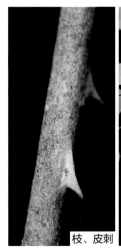

枝、皮刺　　植株　　花果序

389

毛梗糙叶五加 *Eleutherococcus henryi var. faberi* (Harms) S. Y. Hu　　　　**五加属** *Eleutherococcus* Maxim.

形态特征： 本变种和原变种（糙叶五加）的区别：本变种小叶片背面无毛，伞形花序较小，花梗通常密生短柔毛。

分　　布： 河南伏牛山及大别山区均有分布；多见于海拔1200-1700m处的山坡及山谷潮湿处。

花序、花梗　　　叶　　　果序　　　花序
枝、叶　　　枝、皮刺　　　叶背面

细柱五加 *Eleutherococcus nodiflorus* (Dunn) S. Y. Hu　　　　**五加属** *Eleutherococcus* Maxim.

形态特征： 灌木，高达3m，有时攀缘藤本。枝纤细，叶柄3~8cm，无毛，具小的星散的皮刺；小叶柄非常短；小叶3或5，倒卵形或倒披针形，膜质至纸质，稀少的两面无毛或具小刚毛，背面有时短柔毛或者具在脉腋里的棕色或者铁锈色的丛生的柔毛，花序着生在叶腋，花序伞形；花序梗1~4cm；花梗6~10mm，微薄，无毛。花萼近全缘或具5小牙齿。花冠黄绿色。子房具心皮2（3）；花柱离生近基部，长约2mm，纤细。成熟时的果黑色，近球形，直径约6mm；花柱宿存，反折，2~3mm。花期4—7月；果期6—10月。

分　　布： 河南各山区均有分布；多见于山坡或山谷灌丛中。

保护类别： 中国特有种子植物。

叶、花序　　　植株　　　花　　　叶背面

楤木 *Aralia elata* (Miq.) Seem.

形态特征： 小乔木或灌木状。小枝疏被细刺，刺长1~3mm。二至三回羽状复叶，叶轴及羽片基部被短刺；羽片具7~11小叶，宽卵形或椭圆状卵形，具细齿或疏生锯齿，两面无毛或沿脉疏被柔毛，背面灰绿色，侧脉6~8对；叶柄长20~40cm，无毛，小叶柄长3~5mm，顶生者长达3cm。伞房状圆锥花序，长达45cm，序轴长2~5cm，密被灰色柔毛，伞形花序直径1~1.5cm，花序梗长0.4~4cm。花梗长6~7mm；苞片及小苞片披针形。果球形，直径约4mm，黑色，具5棱。花期6—8月；果期9—10月。

分　　布： 河南伏牛山、太行山区均有分布；多见于荒地或林缘。

功用价值： 嫩芽可作蔬菜；根皮可入药。

叶

果期

植株

枝、皮刺

辽东楤木 *Aralia elata* var. *glabrescens* (Franchet et Savatier) Pojarkova

形态特征： 灌木或小乔木，高可达6m，树皮灰色；小枝灰棕色，疏生细刺；基部膨大；二回或三回羽状复叶；叶轴和羽片轴基部通常有短刺；羽片有小叶7~11个，薄纸质或膜质，阔卵形、卵形至椭圆状卵形，先端渐尖，正面绿色，背面灰绿色，边缘疏生锯齿，网脉不明显。圆锥花序，伞房状；主轴短，长2.5cm，总花梗长，密生短柔毛；苞片和小苞片披针形，膜质，边缘有纤毛，花黄白色；子房5，花柱5，果实球形，黑色。花期6—8月；果期9—10月。

分　　布： 河南太行山、伏牛山区均有分布；多见于海拔1000m左右的林中。

功用价值： 根皮可入药。

叶、花序

果期

植株

波缘楤木 *Aralia undulate* Hand.-Mazz.

楤木属 *Aralia* L.

形态特征： 灌木或乔木，有刺，高2.5~7m，胸径10cm以上，树皮赤褐色；小枝有短而粗的刺，刺长在2mm以下。叶大，二回羽状复叶，长达80cm；叶柄无毛，疏生少数短刺；托叶和叶柄基部合生，先端离生部分锥形；羽片有小叶5~15，基部有小叶　对；小叶片纸质，卵形至卵状披针形，先端长渐尖或尾尖状，基部圆形，侧生小叶片基部歪斜，正面深绿色，背面灰白色，两面均无毛，边缘有波状齿，齿有小尖头，侧脉7~9对；圆锥花序大，主轴短，长5~10cm，分枝长达55cm，指状排列，密生短柔毛或几无毛；二级分枝顶端有3~5个伞形花序组成复伞形花序，其下有3~8个总状排列的伞形花序；花白色；花瓣5。果实球形，黑色，有5棱，直径3mm。花期6—8月；果期10月。

分　　布： 河南伏牛山南部分布；多见于海拔1000m左右的山谷疏林中。

功用价值： 根皮可入药。

植株

叶背面、果实

茎、叶、花序

竹节参（大叶三七）*Panax japonicas* (T. Nees) C. A. Meyer

人参属 *Panax* L.

形态特征： 多年生草本，高达1m；根状茎竹鞭状，肉质。茎无毛。掌状复叶3~5轮生茎端；叶柄长8~11cm，无毛；小叶5，膜质，倒卵状椭圆形或长椭圆形，先端渐尖或长渐尖，基部宽楔形或近圆形，具锯齿或重锯齿，两面沿脉疏被刺毛。伞形花序单生茎顶，具50~80花，花序梗长12~21cm，无毛或稍被柔毛。花梗长0.7~1.2cm；萼具5小齿，无毛；花瓣5个，长卵形；雄蕊5个，花丝较花瓣短；子房2~5室；花柱2~5个，连合至中部。果近球形，直径5~7mm，红色。种子2~5个，白色，卵球形，长3~5mm，直径2~4mm。花期5—6月；果期7—9月。

分　　布： 河南伏牛山、太行山均有分布；多见于海拔800~1400m的山谷林下水沟边或阴湿岩石旁。

功用价值： 根状茎可入药。

保护类别： 国家二级重点保护野生植物；河南省重点保护野生植物。

叶

植株

果实

花序

▶ 伞形科 Apiaceae

变豆菜 *Sanicula chinensis* Bunge

变豆菜属 *Sanicula* L.

形态特征： 多年生草本，高30~100cm，无毛；茎直立，上部几次二歧分枝。基生叶近圆形、圆肾形或圆心形，常3全裂，中裂片倒卵形或楔状倒卵形，常无柄或有极短柄，侧裂片深裂，边缘具尖锐重锯齿；叶柄长7~30cm；茎生叶3深裂。伞形花序二至三回二歧分枝；总苞片叶状，3裂或近羽状分裂，长约8mm；小总苞片8~10个，卵状披针形或条形；花白色或绿白色。双悬果球状圆卵形，长4~5mm，密生顶端具钩的直立皮刺。花果期4—10月。

分　　布： 河南各山区均有分布；多见于海拔200~2000m的山谷湿地、杂木林下、竹园边、溪边草丛中。

功用价值： 全草可药用。

茎、叶、花序　　植株
花序　　基生叶　　果序

峨参 *Anthriscus sylvestris* (L.) Hoffm.

峨参属 *Anthriscus* (Pers.) Hoffm.

形态特征： 二年生或多年生草本。茎高达1.5m，多分枝，近无毛或下部有细柔毛。基生叶有长柄；叶卵形，长10~30cm，二回羽状分裂，小裂片卵形或椭圆状卵形，有锯齿，背面疏生柔毛；茎生叶有短柄或无柄，基部鞘状，有时边缘有毛。复伞形花序径2.5~8cm；伞辐4~15，不等长；小总苞片5~8，卵形或披针形，先端尖，反折。花白色，稍带绿色或黄色。果长卵形或线状长圆形，长0.5~1cm，宽1~1.5mm，光滑或疏生小瘤点。花果期4—5月。

分　　布： 河南伏牛山、大别山区均有分布；多见于海拔1000~2000m的山坡、山谷等地。

功用价值： 根可入药。

双悬果　　叶
花　　肉质根　　花序　　植株

香根芹 *Osmorhiza aristata* (Thunb.) Makino et Yabe

香根芹属 *Osmorhiza* Raf.

形态特征： 多年生草本，高40~60cm；根粗硬，有香气；茎上部稍分枝，有白色柔毛或无毛。叶三角形或圆形，长9~20cm，二至三回三出式羽状复叶，小叶三角状卵形，有柄；末回羽片卵形或椭圆形，边缘有粗锯齿，两面有柔毛；叶柄长5~26cm。复伞形花序2~3个，总花梗长；总苞片和小总苞片披针形，外折；伞幅1~9个；花梗5~10个；花白色。双悬果条状倒披针形，长18~20mm，宽约1.5mm，基部变细，连同果梗都有白色贴生刚毛，无油管，顶端有2宿存花柱。花果期5—7月。

分　　布： 河南伏牛山区分布；多见于山坡、山谷林下、林缘及路旁草丛中。

功用价值： 根部可入药。

叶背面

双悬果

叶

根

果序局部

小窃衣 *Torilis japonica* (Houtt.) DC.

窃衣属 *Torilis* Adans.

形态特征： 一年生或二年生草本，高30~75cm，全体有贴生短硬毛；茎单生，向上有分枝。叶窄卵形，一至二回羽状分裂，小叶披针形至矩圆形，边缘有整齐条裂状齿牙至缺刻或分裂；叶柄长约2cm。复伞形花序；花序梗长3~25cm，有倒生的刺毛；总苞片4~10个，条形；伞幅4~10个，近等长；小总苞片数个，钻形，长2~3mm；花梗4~12；花小，白色。双悬果卵形，长1.5~3mm，有斜向上的内弯的具钩皮刺。花果期4—10月。

分　　布： 河南各山区及平原均有分布；多见于海拔400~2000m的山坡、农田、村旁、路边及荒地等地。

功用价值： 果实和根可入药。

茎、叶、花序

叶

茎、叶

花序

果序

双悬果

总苞片

窃衣 *Torilis scabra* (Thunb.) DC.　　　　窃衣属 *Torilis* Adans.

形态特征：一年生草本，植株高达70cm，全株被平伏硬毛。茎上部分枝。叶卵形，一回羽状分裂，小叶窄披针形或卵形，长0.2~1cm，宽2~5mm，先端渐尖，有缺刻状锯齿或分裂；叶柄长3~4cm。复伞形花梗长1~8cm，常无总苞片，稀有1钻形苞片；伞辐2~4，长1~5cm；小总苞片数个，钻形，长2~3mm；伞形花序有花3~10；花白色或带淡紫色；花瓣被平伏毛。果长圆形，有皮刺。花果期4—11月。
分　　布：河南各山区及平原均有分布；多见于海拔400~1300m的山谷、山坡、路旁等地。
功用价值：果实可入药。

双悬果　花　茎、叶、花序　花序　叶

北柴胡 *Bupleurum chinense* DC.　　　　柴胡属 *Bupleurum* L.

形态特征：多年生草本，高45~85cm；主根粗大，坚硬，有或无侧根；茎丛生或单生，实心，上部多分枝，稍成"之"字形弯曲。基生叶倒披针形或狭椭圆形，早枯；中部叶倒披针形或宽条状披针形，有平行脉7~9条，背面具粉霜。复伞形花序多数，总花梗细长，水平伸出；无总苞片或2~3，狭披针形；伞辐3~8，不等长；小总苞片5，披针形；花鲜黄色。双悬果宽椭圆形，长3mm，宽2mm，棱狭翅状。花果期7—10月。
分　　布：河南各山区均有分布；多见于向阳山坡、山谷草地、岸旁、田野。
功用价值：根部可入药。
保护类别：中国特有种子植物。

双悬果　枝、叶　总苞片　花、小总包片　花序　根

大叶柴胡 *Bupleurum longiradiatum* Turcz.　　　　柴胡属 *Bupleurum* L.

形态特征： 多年生高大草本，高80~150cm；根状茎长圆柱形，长3~9cm，坚硬；茎单生或2~3个，多分枝。叶大形，基生叶宽卵形、椭圆形或倒披针形，顶端急尖或渐尖，基部楔形，背面带粉蓝色，具9~11近平行脉；叶柄长9~26cm；中部叶无柄，卵形或窄卵形。复伞形花序多数，总花梗长2~5cm；总苞片1~5，披针形，不等长；伞幅3~9个；小总苞片5~6个，宽披针形或宽卵形；花梗5~16个；花深黄色。双悬果矩圆状椭圆形，长4~7mm，宽2~2.5mm。花期8~9月；果期9~10月。

分　　布： 河南各山区均有分布；多见于海拔800~1500m的山坡丛林、路边草丛或山沟阴湿地。

根状茎

植株

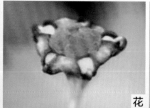

花

双悬果

茎、叶、花序

黑柴胡 *Bupleurum smithii* Wolff　　　　柴胡属 *Bupleurum* L.

形态特征： 多年生草本，高25~60cm；茎常数枝丛生，直立或斜上，上部有时具少数短分枝。基生叶密，狭矩圆形、矩圆披针形或倒披针形，基部渐狭，抱茎，有白色边缘，具7~9条纵脉；叶柄长为叶片的1/2~3/5；茎中部叶狭矩圆形或倒披针形，无柄或有短柄。复伞形花序；无总苞片或1~2个；伞幅4~9个，不等长；小总苞片6~9个，卵形至宽卵形，长6~10mm，宽3~5mm，黄绿色；花梗约20个；花黄色。双悬果卵形，长3.5~4mm，宽2~2.5mm，棱薄狭翅状。花期7~8月；果期8~9月。

分　　布： 河南太行山和伏牛山区均有分布；多见于海拔1400~2000m的山坡草地、山谷、山顶阴湿处。

保护类别： 中国特有种子植物。

花序

花

茎、叶、花序

鸭儿芹 *Cryptotaenia japonica* Hassk.

鸭儿芹属 *Cryptotaenia* DC.

形态特征：多年生草本，植株高达1m。茎直立，有分枝，有时稍带淡紫色。基生叶或较下部的茎生叶有柄，柄长5~20cm，3小叶；顶生小叶菱状倒卵形，近无柄，有不规则锐齿或2~3浅裂。花序圆锥状，花序梗不等长，总苞片和小总苞片1~3，线形，早落；伞形花序有花2~4。花梗极不等长；花瓣倒卵形，顶端有内折小舌片。果线状长圆形，长4~6mm，宽2~2.5mm，合生面稍缢缩，胚乳腹面近平直。花期4—5月；果期6—10月。

分　　布：河南各山区均有分布；多见于海拔600~2000m的山坡阴湿处。

功用价值：全草可入药；种子含油，可用于制肥皂和油漆。

基生叶

植株

双悬果

花序

茎、叶

锐叶茴芹（尖叶茴芹）*Pimpinella arguta* Diels

茴芹属 *Pimpinella* L.

形态特征：多年生草本，高达1m；茎直立，上部有分枝，连同叶柄都生有小刚毛。基生叶纸质，二回三出全裂或三回三出式羽状全裂，长6~8cm，宽3~5.5cm，顶端短急尖或长尾状渐尖，基部圆形，边缘有粗圆齿或尖锐锯齿，正面无毛，背面脉上生小刚毛；叶柄长达10cm；上部叶三出。复伞形花序具长总花梗；总苞片2~4，披针状条形；伞幅8~15，长1~4cm，密生小刚毛；小总苞片4~6，披针状条形；花梗约25；花白色。双悬果卵形或卵状矩圆形，长3mm。花果期6—9月。

分　　布：河南伏牛山区分布；多见于海拔1300~2000m的山坡林下或山谷沙地。

叶

花

果期

植株

小总苞片、萼齿

直立茴芹 *Pimpinella smithii* Wolff

茴芹属 *Pimpinella* **L.**

形态特征： 多年生草本，高达50cm。根圆柱形，长10~20cm。茎多分枝。基生叶和茎下部叶柄长5~20cm；叶片二回羽状分裂或二回三出式分裂，小裂片卵圆形或卵圆状披针形；茎上部叶二回3裂、一回羽裂或2~3裂，裂片卵圆状披针形或披针形。复伞形花序常无总苞片，或偶有1片，线形；伞辐5~25，粗壮，极不等长，长0.2~7cm，小总苞片2~8，线形；伞形花25花。萼无齿；花瓣白色，宽卵圆形或卵圆形；花柱基短圆锥形，花柱短。果心状卵球形，直径约2mm，有毛；每棱槽内有2~4油管，合生面有4~6油管；胚乳腹面平直。花果期7—9月。

分　　布： 河南伏牛山和太行山区均有分布；多见于海拔800~2000m的山谷、沟边、林下、草地或灌丛中。

保护类别： 中国特有种子植物。

叶　　植株　　花序　　茎、叶、花序

防风 *Saposhnikovia divaricate* (Turcz.) Schischk.

防风属 *Saposhnikovia* **Schischk.**

形态特征： 多年生草本，高20~80cm，全体无毛；根粗壮，茎基密生褐色纤维状的叶柄残基。茎单生，二歧分枝。基生叶矩圆状披针形，长7~19cm，一至二回羽状全裂，最终裂片条形至披针形，全缘；叶柄长2~6.5cm；顶生叶简化，具扩展叶鞘。复伞形花序直径1.5~3.5cm；总花梗长2~5cm；无总苞片，少有1片；伞幅5~9，小总苞片4~5，条形至披针形；花梗4~9；花白色。双悬果矩圆状宽卵形，长3~5mm，宽2~2.5mm，扁平，侧棱具翅。花期8~9月；果期9~10月。

分　　布： 河南各山区均有分布；多见于海拔400~800m的沟坡、草原。

功用价值： 根部可入药。

基生叶　　果实　茎、叶、花序　　花序　　复伞形花序　　茎基　　花

条叶岩风 *Libanotis lancifolia* K.T.Fu.　　　　　**岩风属** *Libanotis* **Haller ex Zinn**

形态特征： 多年生草本，略呈小灌木状，高40~90cm。根颈粗壮，木质化，上端有多数呈鳞片状覆盖的枯萎叶鞘。茎通常单一，多二歧式曲折状分枝，基部常带淡紫红色，髓部充实，木质化。基生叶多数，叶柄长2~12cm，基部有叶鞘，边缘膜质；叶片轮廓三角状卵形，二回羽状复叶，第一回羽片有长柄，柄长1.5~5cm，末回羽片椭圆形或椭圆状披针形，全缘，叶柄有短毛；茎上部叶3全裂，无柄，有叶鞘抱茎；序托叶不分裂，线状披针形，基部有膜质边缘的叶鞘，外面有短刚毛。复伞形花序多分枝，花序梗有稀疏短毛；伞形花序直径2~4cm，无总苞片；小伞形花序有花5~10；小总苞片5~7，线状披针形，比花柄短，外面密生细柔毛；花瓣宽卵形，白色微带紫红色。花期9—10月；果期10—11月。

分　　布： 河南伏牛山及太行山区均有分布；多见于海拔400~1100m的向阳草坡、灌木丛及山谷岩石陡坡上。

功用价值： 根部可入药。

保护类别： 中国特有种子植物。

叶

花序

花

水芹 *Oenanthe javanica* (Bl.) DC.　　　　　**水芹属** *Oenanthe* **L.**

形态特征： 多年生草本，高15~80cm，无毛；茎基部匍匐。基生叶三角形或三角状卵形，一至二回羽状分裂，最终裂片卵形至菱状披针形，长2~5cm，宽1~2cm，边缘有不整齐尖齿或圆锯齿；叶柄长7~15cm。复伞形花序顶生；总花梗长2~16cm；无总苞；伞幅6~20；小总苞片2~8，条形；花梗10~25；花白色。双悬果椭圆形或近圆锥形，长2.5~3mm，宽2mm，棱显著隆起。花期6—7月；果期8—9月。

分　　布： 河南各山区均有分布；多见于山谷、山坡湿地、平原浅水中。

功用价值： 全草可入药；茎叶可作蔬菜食用。

叶

茎、叶、花序

果实

花序

植株

花

蛇床 Cnidium monnieri (L.) Cuss.　　　　蛇床属 *Cnidium* Cusson

形态特征： 一年生草本，高30~80cm；茎有分枝，疏生细柔毛。基生叶矩圆形或卵形，长5~10cm，二至三回三出式羽状分裂，最终裂片狭条形或条状披针形，长2~10mm，宽1~3mm；叶柄长4~8cm；复伞形花序；总花梗长3~6cm；总苞片8~10，条形，边缘白色，有短柔毛；伞幅10~30，不等长；小总苞片2~3，条形；花梗多数；花白色。双悬果宽椭圆形，长2.5~3mm，宽1.5~2mm，背部略扁平棱，果棱呈翅状。花期4—7月；果期6—10月。

分　　布： 河南各地均有分布；多见于路旁、田野、河岸、山坡草地或疏林下。

功用价值： 果实含挥发油，可制香水、香精，还可入药。

双悬果　叶　果序　花序、总苞和小总苞片　花　茎、叶、花序　复伞形花序

白芷 *Angelica dahurica* (Fisch. ex Hoffm.) Benth. et Hook. f ex Franch. e　　　当归属 *Angelica* L.

形态特征： 多年生高大草本，高1~2.5m。根圆柱形，有分枝，直径3~5cm，黄褐色，有浓香。茎中空，带紫色。基生叶一回羽裂，有长柄，叶鞘管状，边缘膜质；茎上部叶二至三回羽裂，叶柄长达15cm，叶鞘囊状，紫色；叶宽卵状三角形，小裂片卵状长圆形，无柄，长2.5~7cm，有不规则白色软骨质重锯齿，小叶基部下延，叶轴呈翅状。复伞形花序径10~30cm，花序梗、伞辐、花梗均有糙毛；伞辐18~70；总苞片常缺或1~2片，卵形鞘状；小总苞片5~10，线状披针形，膜质。萼无齿；花瓣倒卵形，白色；花柱基短圆锥形。果长圆形，长4~7mm，无毛，背棱钝状突起，侧棱宽翅状，较果窄。花期7—8月；果期8—9月。

分　　布： 河南伏牛山区分布；多见于河边或草丛中。

功用价值： 根部可入药。

植株　叶　花　果序、双悬果　茎、叶、花序

紫花前胡 *Angelica decursiva* (Miquel) Franchet et Savatier   当归属 *Angelica* L.

形态特征： 多年生草本，高达2m。根具香味。常带紫色，无毛。叶3裂或一至二回羽裂，中间羽片和侧生羽片基部均下延成窄翅状羽轴；小裂片长卵形，有白色软骨质锯齿，背面绿白色，中脉带紫色；叶柄长13~36cm，具膨大成卵圆形的紫色叶鞘抱茎；茎上部叶鞘囊状，紫色。复伞形花序梗长3~8cm；总苞片1~3，宽卵形，宽鞘状，反折，紫色，小总苞片3~8，线形或披针形；伞辐及花梗有毛。萼齿三角状锥形；花瓣椭圆形，深紫色，渐尖内弯；花药暗紫色。果长圆形，长4~7mm，无毛，背棱线形，尖锐，侧棱为较厚窄翅。花期8—9月；果期9—11月。

分　　布： 河南伏牛山区分布；多见于海拔1000~1600m的山沟草地或山坡草地。

功用价值： 根部可入药；果实可提制芳香油，具辛辣香气；幼苗可作春季野菜。

叶　　花序　　植株

前胡 *Peucedanum praeruptorum* Dunn   前胡属 *Peucedanum* L.

形态特征： 多年生草本，高60~90cm；根圆锥形；茎粗大，基部有多数褐色叶鞘纤维。基生叶和下部叶纸质，圆形至宽卵形，长5~9cm，二至三回三出式羽状分裂，最终裂片菱状倒卵形，不规则羽状分裂，有圆锯齿；叶柄长6~20cm，基部有宽鞘；茎生叶二回羽状分裂，裂片较小。复伞形花序；总花梗长2~10cm；无总苞；伞辐12~18；小总苞片7，条状披针形，有缘毛；花梗约20；花白色。双悬果椭圆形或卵形，长4~5mm，宽约3mm，侧棱有窄翅。花期8—9月；果期10—11月。

分　　布： 河南大别山及伏牛山区均有分布；多见于向阳的山坡草地、山谷中。

功用价值： 根部可入药。

保护类别： 中国特有种子植物。

叶　　双悬果幼果期

花序、果期　　花序　　花

独活 *Heracleum hemsleyanum* Diels

独活属 *Heracleum* L.

形态特征： 多年生草本，高达1.5m。根圆锥形，淡黄色。茎疏生柔毛。基生叶和茎下部叶一全二回羽裂，裂片3~5，宽卵形或卵形，3浅裂，有不整齐锯齿，背面脉上有刺毛；茎上部叶较小，3裂。复伞形花序梗长22~30cm，总苞片少数，长1~2cm，宽约1mm；伞辐16~18，长2~7cm，有疏柔毛，小总苞片5~8，有柔毛；伞形花序有花约20朵。花梗细长；萼齿不明显；花瓣二型，白色。果近圆形，长6~7mm，背棱和中棱丝状，侧棱有翅。花期5—7月；果期8—9月。

分　　布： 河南大别山、桐柏山、伏牛山区均有分布；多见于山地灌丛中。

功用价值： 根部可入药。

保护类别： 中国特有种子植物。

茎、叶

花序

叶

短毛独活 *Heracleum moellendorffii* Hance

独活属 *Heracleum* L.

形态特征： 多年生草本，高1~2m，全体有柔毛；根圆锥形，多分枝，淡灰棕色至黑棕色。基生叶宽卵形，三出式羽状全裂，裂片5~7片，宽卵形或近圆形，长5~15cm，宽7~10cm，不规则3~5浅裂至深裂，边缘有尖锐粗大锯齿；叶柄长5~25cm；茎上部叶有膨大的叶鞘。复伞形花序；总苞片5，小总苞片5~10，都为条状披针形；伞辐12~35；花梗20余条，长4~10mm；花白色。双悬果矩圆状倒卵形，长6~8mm，宽5~6mm，扁平，有短刺毛。花期7月；果期8—10月。

分　　布： 河南伏牛山、太行山区均有分布；多见于海拔1200~2000m的山坡草丛、疏林下。

功用价值： 根部可入药。

茎、叶、花序　　叶　　花序　　双悬果　　花　　叶

野胡萝卜 *Daucus carota* L.　　　　　　　　　　　　　胡萝卜属 *Daucus* L.

形态特征： 二年生草本，高20~120cm，全体有粗硬毛；根肉质，小圆锥形，近白色。基生叶矩圆形，二至三回羽状全裂，最终裂片条形至披针形，长2~15mm，宽0.5~2mm。复伞形花序顶生；总花梗长10~60cm；总苞片多数，叶状，羽状分裂，裂片条形，反折；伞幅多数；小总苞片5~7，条形，不裂或羽状分裂；花梗多数；花白色或淡红色。双悬果矩圆形，长3~4mm，4棱有翅，翅上具短钩刺。花期5—7月；果期6—8月。

分　　布： 河南各地均有分布；多见于山坡、路旁、荒地、山沟、田野。

功用价值： 果实可入药，又可提取芳香油。

双悬果

复伞形花序

总苞片叶状

植株

花

茎、叶、花序

茎、叶

马钱科 Loganiaceae

蓬莱葛 *Gardneria multiflora* Makino　　　　　　　　蓬莱葛属 *Gardneria* Wall.

形态特征： 常绿攀缘藤本，枝圆柱状，无毛。叶对生，全缘，椭圆形，表面绿色而有光泽。花黄色，通常5~6朵组成腋生的三歧聚伞花序，总花梗基部有三角形苞片，花梗基部苞片小，花直径约1.2cm；花萼小，裂片半圆形，有睫毛；花瓣披针状椭圆形，长约5mm；雄蕊5，着生于花冠筒上，花药离生，近无柄，长约2.5mm；子房2室，每室有胚珠1枚，花柱圆柱状，柱头2浅裂。浆果圆形，直径约7mm，熟时红色；种子黑色。花期3—7月；果期7—11月。

分　　布： 河南大别山、桐柏山及伏牛山南部均有分布；多见于海拔1000m以下的山坡灌丛中或林下。

功用价值： 根、叶可药用。

果实

果实横切

果序

茎、叶

大叶醉鱼草 *Buddleja davidii* Fr.　　　　　　　　醉鱼草属 *Buddleja* L.

形态特征： 灌木，高1~3m；嫩枝、叶背、花序均密被白色星状绵毛，小枝略呈四棱形。叶对生，卵状披针形至披针形，边缘疏生细锯齿，正面无毛，背面密被白色星状茸毛。花有柄，淡紫色，芳香，长约1cm，由多数小聚伞花序集成穗状的圆锥花枝；花萼4裂，密被星状茸毛；花冠筒细而直，长7~10mm，外面疏生星状茸毛及鳞毛，喉部橙黄色；雄蕊着生于花冠筒中部；子房无毛。蒴果条状矩圆形，长6~8mm，无毛或稍有鳞毛；种子多数，两端有长尖翅。花期5—10月；果期9—12月。

分　　布： 河南大别山、桐柏山及伏牛山区均有分布；多见于海拔1500m以下的丘陵、山坡、沟旁及灌丛中。

功用价值： 全株可药用；花可提制芳香油；可作庭院观赏植物。

枝、叶、花序　　花序　　花

密蒙花 *Buddleja officinalis* Maxim.　　　　　　　醉鱼草属 *Buddleja* L.

形态特征： 灌木，高1~3m；小枝略呈四棱形，密被灰白色茸毛。叶对生，矩圆状披针形至条状披针形，全缘或有小锯齿，正面被细星状毛，背面密被灰白色至黄色星状茸毛。聚伞圆锥花序顶生，长5~10cm，密被灰白色柔毛；花芳香；花萼4裂，外面被毛；花冠淡紫色至白色，筒状，长1~1.2cm，直径2~3mm，筒内面黄色，疏生茸毛，外面密被茸毛；雄蕊4个，着生于花冠筒中部；子房顶端被茸毛。蒴果卵形，2瓣裂；种子多数，具翅。花期3—4月；果期5—8月。

分　　布： 河南大别山和伏牛山区均有分布；多见于海拔1200m以下的山坡灌木丛中、河边及山沟。

功用价值： 全株可药用；花可提取芳香油，亦可作黄色食品染料；茎皮纤维坚韧，可作造纸原料；可作庭院观赏植物。

花序　　花　　枝、叶

▶ 龙胆科 Gentianaceae

细茎双蝴蝶 *Tripterospermum filicaule* (Hemsl.) H. Smith　双蝴蝶属 *Tripterospermum* Blume

形态特征： 多年生缠绕草本。基生叶卵形；茎生叶卵形、卵状披针形或披针形，叶柄稍扁，长0.5~2cm。单花腋生，或聚伞花序具2~3花。花梗长0.3~1.1cm；花萼钟形，萼筒长0.6~1.2cm，具窄翅，裂片线状披针形或线形，长0.5~1.2cm，基部向萼筒下延成翅；花冠蓝色、紫色或粉红色，狭钟形，长4~5cm，裂片卵状三角形，长5~7mm，褶半圆形或近三角形，长约2mm；花柱长1.2~1.5cm。浆果长圆形，长2~4cm。种子椭圆形或近卵圆形，三棱状，长约2mm，无翅。花果期8月至翌年1月。

分　　布： 河南大别山和伏牛山南部均有分布；多见于山谷林下及灌丛中。

保护类别： 中国特有种子植物。

茎、叶　花萼有翅　花　花侧面

獐牙菜 *Swertia bimaculata* (Sieb. et Zucc.) Hook. f. et Thoms. ex C. B. Clark　獐牙菜属 *Swertia* L.

形态特征： 一年生草本，高0.3~2m。根细，棕黄色。茎直立，圆形，中空，基部直径2~6mm，中部以上分枝。基生叶在花期枯萎；茎生叶无柄或具短柄，叶片椭圆形至卵状披针形，叶脉3~5条，弧形，在背面明显突起，最上部叶苞叶状。大型圆锥状复聚伞花序疏松，开展，长达50cm，多花；花5数，直径达2.5cm；花萼绿色，长为花冠的1/4~1/2，裂片狭倒披针形或狭椭圆形，边缘具窄的白色膜质，常外卷，背面有细的、不明显的3~5脉；花冠黄色，上部具多数紫色小斑点，中部具2个黄绿色、半圆形的大腺斑；花丝线形；子房无柄，花柱短，柱头小，头状，2裂。蒴果无柄，狭卵形，长2.3cm；种子褐色，圆形，表面具瘤状突起。花果期6—11月。

分　　布： 河南大别山、伏牛山、桐柏山、大别山区均有分布；多见于山坡草地、灌丛、林下阴湿地方。

茎、叶

花

花序

植株

瘤毛獐牙菜 *Swertia pseudochinensis* Hara　　獐牙菜属 *Swertia* L.

形态特征： 一年生草本，高10~15cm。主根明显。茎直立，四棱形，棱上有窄翅，从下部起多分枝，基部直径2~3mm。叶无柄，线状披针形至线形，背面中脉明显突起。圆锥状复聚伞花序多花，开展；花梗直立，四棱形，长至2cm；花5数，直径达2cm；花萼绿色，与花冠近等长，裂片线形，长达15mm，先端渐尖，背面中脉明显突起；化冠蓝紫色，具深色脉纹，裂片披针形，先端锐尖，基部具2个腺窝，腺窝矩圆形，沟状，基部浅囊状，边缘具长柔毛状流苏，流苏表面有瘤状突起；花丝线形，花药窄椭圆形；子房无柄，狭椭圆形，花柱短，不明显，柱头2裂，裂片半圆形。花期8—9月。

分　　布： 河南太行山和伏牛山均有分布；多见于海拔1000m以上的河边、山坡、林缘。

功用价值： 全草可入药。

植株

花、萼片

花

荇菜（莕菜）*Nymphoides peltata* (S. G. Gmelin) Kuntze　　荇菜属 *Nymphoides* Ség.

形态特征： 多年生水生草本。茎圆柱形，多分枝，沉水中，具不定根，又于水底泥中生地下茎，匍匐状。叶飘浮，圆形，近革质，基部心形，上部的叶对生，其他的为互生；叶柄长5~10cm，基部变宽，抱茎。花序束生于叶腋；花黄色，直径达1.8cm，花梗稍长于叶柄；花萼5深裂，裂片卵圆状披针形；花冠5深裂，喉部具毛，裂片卵圆形，钝尖，边缘具齿毛；雄蕊5个，花丝短，花药狭箭形；子房基部具5蜜腺，花柱瓣状2裂。蒴果长椭圆形，直径2.5cm；种子边缘具纤毛。花果期4—10月。

分　　布： 河南各地均有分布；多见于池塘及溪间静水中。

植株

叶背面　叶　生境

花

▶夹竹桃科 Apocynaceae ||||||||||||||||||||||||||||||||||||||||||||||||||||||||||

| 亚洲络石 | *Trachelospermum asiaticum* (Siebold et Zuccarini) Nakai | | 络石属 *Trachelospermum* Lem. |

形态特征： 常绿木质大藤本，长达10m，全株无毛或幼时有毛。叶片椭圆形、狭卵形或近倒卵形；侧脉6~10对。花序顶生或腋生；花序梗长1.5~2.5cm；花梗长6mm；花蕾顶部渐尖；花萼裂片紧贴在花冠筒上，裂片卵圆形，被疏缘毛，花萼内面基部具有10个齿状腺体；花冠高脚碟状，花冠筒圆筒状，喉部膨大，仅在雄蕊背后筒壁上被短柔毛，花冠裂片倒卵状长圆形。蓇葖果线形；种子顶端具白色绢质种毛。花期4—7月；果期8—11月。

分　　布： 河南大别山和伏牛山南部均有分布；多见于山地路旁、山谷或密林中。

功用价值： 根、茎、叶可入药。

蓇葖果

植株

花、萼片

| 络石 *Trachelospermum jasminoides* (Lindl.) Lem. | 络石属 *Trachelospermum* Lem. |

形态特征： 常绿木质藤本，长达10m，具乳汁；嫩枝被柔毛，枝条和节上攀缘树上或墙壁上不生气根。叶对生，具短柄，椭圆形或卵状披针形，背面被短柔毛。聚伞花序腋生和顶生；花萼5深裂，反卷；花蕾顶端钝形；花冠白色，高脚碟状，花冠筒中部膨大，花冠裂片5个，向右覆盖；雄蕊5个，着生于花冠筒中部，花药顶端不伸出花冠喉部外；花盘环状5裂，与子房等长。蓇葖果双生，叉开，线状披针形，无毛；种子顶端具种毛。花期3—8月；果期6—12月。

分　　布： 河南各山区均有分布；多见于海拔1000m以下的山野、路旁、林缘或杂木林中，常缠绕于树上或攀缘于岩石上。

功用价值： 根、茎、叶可入药。

叶

蓇葖果

花

茎、叶、花序

植株

花序

▶▶ 萝藦科 Asclepiadaceae ‖‖‖‖‖‖‖‖‖‖‖‖‖‖‖‖‖‖‖‖‖‖‖‖‖‖‖‖‖‖‖

杠柳 *Periploca sepium* Bunge

杠柳属 *Periploca* L.

形态特征： 蔓性灌木，具乳汁，除花外全株无毛。叶对生，膜质，卵状矩圆形，顶端渐尖，基部楔形；侧脉多数。聚伞花序腋生，有花几朵；花冠紫红色，花张开直径1.5~2cm，花冠裂片5个，中间加厚，反折，内面被疏柔毛；副花冠环状，顶端5裂，裂片丝状伸长，被柔毛；花粉颗粒状，藏在直立匙形的载粉器内。蓇葖果双生，圆柱状，长7~12cm，直径约5mm；种子长圆形，顶端具白绢质长3cm的种毛。花期5—6月；果期7—9月。

分　　布： 河南全省均有分布；多见于平原低山丘陵的林缘、沟坡、路边。

功用价值： 根皮、茎皮可入药，但有毒，不宜过量和久服，以免中毒。

保护类别： 中国特有种子植物。

蓇葖果　　叶　　花1　花2　茎、叶、蓇葖果

牛皮消 *Cynanchum auriculatum* Royle ex Wight

鹅绒藤属 *Cynanchum* L.

形态特征： 蔓性半灌木；宿根肥厚，呈块状；茎圆形，被微柔毛。叶对生，膜质，被微毛，宽卵形至卵状长圆形，顶端短渐尖，基部心形。聚伞花序伞房状，着花30朵；花萼裂片卵状长圆形；花冠白色，辐状，裂片反折，内面具疏柔毛；副花冠浅杯状，裂片椭圆形，肉质，钝头，在每裂片内面的中部有1个三角形的舌状鳞片；花粉块每室1个，下垂；柱头圆锥状，顶端2裂。蓇葖果双生，披针形，长8cm，直径1cm；种子卵状椭圆形；种毛白色绢质。花期6—9月；果期7—11月。

分　　布： 河南各山区均有分布；多见于海拔300~2000m的山坡林缘、灌丛、路旁、河边湿地。

功用价值： 块根可入药。

蓇葖果　　植株　　茎、叶、花序　花　花序

白首乌 *Cynanchum bungei* Decne.　　　　鹅绒藤属 *Cynanchum* L.

形态特征： 攀缘性半灌木；块根粗壮；茎纤细而韧，被微毛。叶对生，戟形，两面被粗硬毛，以叶面较密，侧脉约6对。聚伞花序伞状；花萼裂片披针形，基部内面腺体通常没有或少数；花冠白色，裂片长圆形；副花冠5深裂，裂片呈披针形，内面中间有舌状片；花粉块每室1个，下垂；柱头基部五角状，顶端全缘。蓇葖果单生或双生，披针形，无毛，向端部渐尖，长9cm，直径1cm；种子卵形，长1cm，直径5mm；种毛白色绢质，长4cm。花期6~7月；果期7—10月。

分　　布： 河南太行山和伏牛山均有分布；多见于海拔1000~2000m的山谷林下、灌丛或石缝中。

功用价值： 块根可入药。

植株

块根　　　　　　　　　　　　　茎、叶、花序　　　　茎、叶、蓇葖果

竹灵消 *Cynanchum inamoenum* (Maxim.) Pobed.　　　　鹅绒藤属 *Cynanchum* L.

形态特征： 直立草本，基部多分枝。茎干后中空、被单列柔毛。叶薄膜质，广卵形，长4~5cm，宽1.5~4cm，顶端急尖，基部心形，脉上近无毛；侧脉约5对。聚伞花序伞状，有花8~10朵；花黄色；花萼裂片披针形；花冠辐状；副花冠较厚，裂片三角形，短急尖；花药在顶端具1圆形膜片；花粉块每室1个，下垂，柄短；柱头扁平。蓇葖果多双生，狭披针形，长6cm，直径5mm。花期5—7月；果期7—10月。

分　　布： 河南各山区均有分布；多见于山坡疏林、灌丛或草地。

功用价值： 根可入药。

花

植株　　　　　　　　　　　花序　　　　茎、叶、花

409

地梢瓜 Cynanchum thesioides (Freyn) K. Schum.　　　　　鹅绒藤属 Cynanchum L.

形态特征： 直立半灌木；地下茎单轴横生；茎自基部多分枝。叶对生或近对生，线形，叶背中脉隆起。聚伞花序伞状或短总状，有时顶生，小聚伞花序具2花；花萼外面被柔毛；花冠绿白色；副花冠杯状，裂片三角状披针形，渐尖，高过药隔的膜片。蓇葖果纺锤形，先端渐尖，中部膨大，长5~6cm，直径2cm；种子扁平，暗褐色，长8mm；种毛白色绢质，长2cm。花期5—8月；果期8—10月。

分　　布： 河南各地均有分布；多见于田埂、沟边、荒原、山坡灌丛、草地及疏林下。

功用价值： 幼果可食；种毛可作填充料。

花

茎、叶、花序

植株

蓇葖果

花果期

变色白前 Cynanchum versicolor Bunge　　　　　　　　　鹅绒藤属 Cynanchum L.

形态特征： 半灌木，茎上部缠绕，下部直立，全株被茸毛。叶对生，纸质，宽卵形，顶端锐尖，基部圆形或近心形，两面被黄色茸毛；侧脉每边6~8条。聚伞花序伞状，腋生，近无柄，有花10余朵；花萼5裂，裂片狭披针形，内面腺体极小；花冠初时黄白色，渐变为黑紫色，枯干时呈暗褐色，钟状辐形；副花冠裂片三角形，比合蕊柱为短；花药近菱状四方形，花粉块每室1个，矩圆形，下垂；柱头略为突起，顶端不明显2裂。蓇葖果单生，宽刺刀形，长5cm，直径1cm；种子宽卵圆形，顶端具白绢质长2cm的种毛。花期5—8月；果期7—11月。

分　　布： 河南太行山、大别山和伏牛山均有分布；多见于山坡灌丛、林缘及疏林中。

功用价值： 根和根状茎可药用；茎皮纤维可作造纸原料；根含淀粉，并可提制芳香油。

保护类别： 中国特有种子植物。

叶

花

蓇葖果

叶背面

隔山消 *Cynanchum wilfordii* (Maxim.) Hook. F

鹅绒藤属 *Cynanchum* L.

形态特征： 草质藤本；茎被单列毛。肉质根近纺锤形，长约10cm，直径2cm，灰褐色。叶对生，薄纸质，卵形，两面被微柔毛；基脉3~4条，放射状，侧脉每边4条。近伞房状聚伞花序半球形，有花15~20朵，花序梗被单列毛；花萼外面被柔毛；花冠淡黄色，辐状，裂片矩圆形，外面无毛，内面被长柔毛；副花冠裂片近四方形，比合蕊柱短；花粉块每室1个，矩圆形，下垂。蓇葖果单生，刺刀形，长12cm，直径1cm；种子暗褐色，卵形，长7mm；种毛白色绢质，长2cm。花期5—9月；果期7—10月。

分　　布： 河南伏牛山、大别山和太行山区均有分布；多见于海拔700~1500m的山坡、山谷灌丛或路旁草丛中。

功用价值： 块根可入药。

块根

花序

花

植株

萝藦 *Metaplexis japonica* (Thunb.) Makino

萝藦属 *Metaplexis* R.Br.

形态特征： 多年生草质藤本，具乳汁。叶对生，卵状心形，长5~12cm，宽4~7cm，无毛，背面粉绿色；叶柄长，顶端丛生腺体。聚伞花序腋生，具长总花梗；花蕾圆锥状，顶端尖；萼片被柔毛；花冠白色，近辐状，裂片向左覆盖，内面被柔毛；副花冠环状5短裂，生于合蕊冠上；花粉块每室1个，下垂；花柱延伸成长喙，柱头顶端2裂。蓇葖果角状，叉生，平滑；种子顶端具种毛。花期7—8月；果期9—12月。

分　　布： 河南各山区均有分布；多见于海拔700~1800m的山坡林缘、灌丛、草地及疏林中。

功用价值： 全株可入药；茎皮纤维坚韧，可用于制作人造棉。

果期

果皮

茎、叶、花序

花序

苦绳 *Dregea sinensis* Hemsl.　　　　　**南山藤属** *Dregea* E. Mey.

形态特征： 木质藤本；茎具皮孔，幼枝被褐色茸毛。叶对生，纸质，卵状心形或近圆形，正面被短柔毛，老时毛渐脱落，背面密被茸毛。伞形聚伞花序腋生，着花多达20朵；花萼5裂，内面基部具5个腺体；花冠紫红色，外面白色，花冠裂片5个，具睫毛；副花冠5裂，生于花药背面，肉质肿胀，顶端锐尖；花粉块每室1个，直立；子房无毛；柱头顶端2裂。蓇葖果狭披针形，外果皮具波纹，被短柔毛；种子扁平，卵状矩圆形，端部具白绢质种毛。花期4—8月；果期7—12月。

分　　布： 河南大别山和伏牛山南部均有分布；多见于山地疏林中或灌丛中。

功用价值： 全株可入药；茎皮纤维可制人造棉；种毛可作填充物。

保护类别： 中国特有种子植物。

植株　　花序　　茎、叶、花序　　花

▶ 茄科 Solanaceae ||||||||||||||||||||||||||||||||||||||||||||||||||||||

单花红丝线 *Lycianthes lysimachioides* (Wallich) Bitter　　**红丝线属** *Lycianthes* (Dunal) Hassl.

形态特征： 多年生草本。茎纤细，茎部常匍匐，从节上生不定根，茎上疏生白色柔毛。叶常一大一小或近等大双生，卵状披针形，近全缘，有缘毛，两面疏生白色柔毛；叶柄长5~12mm。花单生于叶腋，花梗长0.8~1cm；花萼杯状钟形，长5mm，直径7mm，有10条脉，萼齿10，钻状条形，稍不等长，有柔毛；花冠白色至淡黄色，星状，直径1.8cm，檐部深5裂，裂片披针形；雄蕊5；子房近球形。浆果球形。花期7—8月；果期9—10月。

分　　布： 河南伏牛山南部分布；多生于林下或路旁。

植株　　花　　浆果　　花侧面

枸杞 *Lycium chinense* Miller

枸杞属 *Lycium* L.

形态特征：灌木，高1m多。枝细长，柔弱，常弯曲下垂，有棘刺。叶互生或簇生于短枝上，卵形、卵状菱形或卵状披针形，全缘；叶柄长3~10mm。花常1~4朵簇生于叶腋；花梗细，长5~16mm；花萼钟状，长3~4mm，3~5裂；花冠漏斗状，筒部稍宽但短于檐部裂片，长9~12mm，淡紫色，裂片有缘毛；雄蕊5，花丝基部密生茸毛。浆果卵状或长椭圆状卵形，长5~15mm，红色；种子肾形，黄色。花果期6—11月。

分　　布：河南各地均有分布；多见于山坡、荒地、丘陵地、盐碱地、路旁及村边宅旁。

功用价值：果实及根皮可入药；嫩叶可作蔬菜；种子油可制润滑油或食用油。

植株　　茎、叶、刺　　浆果　　花

漏斗泡囊草 *Physochlaina infundibularis* Kuang

脬囊草属 *Physochlaina* G. Don

形态特征：多年生草本，高0.2~0.6m。根圆锥状，肉质。茎单一或分枝，被白色长柔毛。叶互生，草质，心形、戟形，稀卵形，全缘或浅波状，有时有疏而不规则的齿；叶柄长4~11cm。顶生伞房式聚伞花序；花萼筒状钟形，长6~8mm，5中裂；花冠漏斗状，黄色，有时在筒部带紫色，5浅裂；雄蕊5；子房近圆形，2室。蒴果近球形，直径0.8cm，自中部以上盖裂，被增大成漏斗状的宿萼包围，宿萼长1.7cm，直径1.5cm，干膜质，有不甚明显的10条纵肋；种子肾形，淡黄色。花期3—4月；果期4—6月。

分　　布：河南大别山、伏牛山、太行山区均有分布；多见于海拔1000m以上的山谷林下。

功用价值：根部可入药。

植株　　肉质根　　蒴果、宿存花萼　　花序

江南散血丹 *Physaliastrum heterophyllum* (Hemsley) Migo

散血丹属 *Physaliastrum* Makino

形态特征： 多年生草本，植株高达60cm。幼茎疏被细毛，茎节稍肿大。叶宽椭圆形、卵形或椭圆状披针形，基部歪斜，楔形下延，全缘或稍波状，两面疏被细毛，侧脉5~7对；叶柄长1~6cm。花单生或双生。花梗长1~1.5cm；花萼短钟状，长5~7mm，直径0.6~1cm，疏被柔毛，5中裂，裂片窄三角形，不等长，具缘毛，花后增人成近球状，直径约2cm；花冠宽钟状，白色，长1.2~1.5cm，直径1.5~2cm，冠檐5浅裂，裂片扁三角形，具缘毛；雄蕊长为花冠的1/2。花丝疏被柔毛。浆果径约1.8mm，果柄长3~5cm。花期5—8月；果期8—9月。

分　布： 河南大别山、桐柏山、伏牛山区均有分布；多见于山坡林下、山谷潮湿处。

功用价值： 根部可入药。

保护类别： 中国特有种子植物。

果期　　　　　　　　　　枝、叶　　　花　　花侧面　　肉质根

酸浆 *Alkekengi officinarum* Moench

酸浆属 *Alkekengi* Mill.

形态特征： 多年生草本，高达80cm。茎被柔毛，幼时较密。叶长卵形或宽卵形，稀菱状卵形，基部不对称窄楔形，下延至叶柄，全缘波状或具粗牙齿，有时疏生不等大三角形牙齿，两面被柔毛，脉上较密，正面毛常不脱落。花梗初直伸，后下弯，密被柔毛；花萼宽钟状，密被柔毛，萼齿三角形，边缘被硬毛；花冠辐状，白色，裂片开展，先端骤窄成三角形尖头，被短柔毛及缘毛。宿萼卵圆形，薄革质，网脉明显，纵肋10，橙色或红色，被柔毛，顶端闭合，基部凹下。浆果球形，橙红色，被柔毛。种子肾形，淡黄色。花期5—9月；果期6—10月。

分　布： 河南各山区均有分布；多见于山坡草丛、荒地、村边、路旁。

功用价值： 果可入药，亦可食用。

植株　　　　　　　花　　果萼　　浆果与果萼

挂金灯 *Alkekengi officinarum* var. *franchetii* (Mast.) R. J. Wang 　酸浆属 *Alkekengi* Mill.

形态特征： 与酸浆的区别：茎较粗壮，茎节膨大；叶仅叶缘有短毛；花梗近无毛或仅有稀疏柔毛，果时无毛；花萼裂片毛较密，萼筒毛稀疏，宿萼无毛。

分　　布： 河南各山区均有分布；多见于山坡路旁、河坝及草丛中。

功用价值： 果可入药，亦可食用。

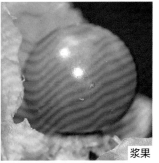

叶、花　　果萼　　浆果

野海茄 *Solanum japonense* Nakai 　茄属 *Solanum* L.

形态特征： 草质藤本，长0.5~1.2m，近无毛或小枝有疏柔毛。叶三角状宽披针形或卵状披针形，边缘波状，有时3~5裂，两面近无毛或有疏柔毛，侧脉通常每边5条；叶柄长0.5~2.5cm。聚伞花序顶生或腋外生；花梗长6~8mm；花萼浅杯状，直径约2.5mm；花冠紫色，直径约1cm，檐部长约5mm，基部有5个绿色斑点，5深裂，裂片披针形，长4mm；雄蕊5；子房卵形。浆果球状，直径约1cm，熟时红色；种子肾形。花期夏秋间；果熟期秋末。

分　　布： 河南伏牛山、太行山、桐柏山区均有分布；多见于海拔600~1600m的山谷、荒坡、路旁和疏林下。

果序　　浆果　　花　　植株

光白英 Solanum kitagawae Schonbeck Temesy　　　茄属 Solanum L.

形态特征： 攀缘亚灌木，基部木质化，少分枝，茎土黄带青白色，具纵条纹及分散突起的皮孔，高30~70cm。叶互生，薄膜质，卵形至广卵形，先端渐尖，基部宽心脏形至圆形下延到叶柄，边全缘，绝不分裂，正面绿色，光滑无毛，唯叶脉及边缘逐渐被微硬毛，边缘具细小而粗糙的缘毛，背面无毛；叶柄上部具狭翅，尤毛。聚伞花序腋外生，多花；萼杯状，外面被毛，萼齿5个；花冠紫色，花冠筒隐于萼内，先端5深裂，裂片披针形；雄蕊5个，着生于花冠筒喉部，花丝分离，花药连合成筒，顶孔向上；子房卵形，花柱丝状，柱头头状。浆果熟时红色；种子卵形，两侧压扁。花果期秋季。

分　　布： 河南伏牛山区及太行山区均有分布；多见于海拔1300m以下的山坡林下、水边阴湿处。

花　　果实　　叶、花　　茎、叶、花序

白英 Solanum lyratum Thunberg　　　茄属 Solanum L.

形态特征： 草质藤本，长0.5~1m；茎及小枝密生具节的长柔毛。叶多为琴形，基部常3~5深裂或少数全缘，裂片全缘，侧裂片顶端圆钝，中裂片较大，卵形，两面均被长柔毛；叶柄长1~3cm。聚伞花序，顶生或腋外生，疏花；花梗长8~15mm；花萼杯状，直径约3mm，萼齿5；花冠蓝紫色或白色，直径1.1cm，5深裂；雄蕊5；子房卵形。浆果球形，成熟时黑红色，直径8mm。花期夏秋，果熟期秋末。

分　　布： 河南伏牛山、桐柏山、大别山区均有分布；多见于海拔500~1000m的山坡路旁、灌木丛和山谷阴湿处。

功用价值： 全草可入药。

果序　　浆果　　植株　　花　　茎、叶

龙葵 Solanum nigrum L.　　茄属 Solanum L.

形态特征： 一年生直立草本，高0.3~1m。茎直立，多分枝。叶卵形，全缘或有不规则的波状粗齿，两面光滑或有疏短柔毛；叶柄长1~2cm。花序短蝎尾状，腋外生，有4~10朵花，总花梗长1~2.5cm；花梗长约5mm；花萼杯状，直径1.5~2mm；花冠白色，辐状，裂片卵状三角形，长约3mm；雄蕊5；子房卵形，花柱中部以下有白色茸毛。浆果球形，直径约8mm，熟时黑色；种子近卵形，压扁状。花期5—8月；果期7—11月。

分　　布： 河南各地均有分布；多见于田边、路旁、草地上。

功用价值： 全草可入药。

植株　花序　花　果实

珊瑚樱 Solanum pseudocapsicum L.　　茄属 Solanum L.

形态特征： 灌木，高达2m。植株无毛。叶窄长圆形或披针形，长1~6cm，基部窄楔形下延，全缘或波状，侧脉4~7对；叶柄长2~5mm。花单生，稀双生或呈短总状花序与叶对生或腋外生，花序梗无或极短。花梗长3~4mm；花白色，直径0.8~1.5cm，花萼绿色，直径约4mm，裂片长约1.5mm；冠檐裂片卵形，长约3.5mm；花丝长不及1mm，花药长约2mm，花柱长约2mm，柱头平截。浆果橙红色，直径1~2cm，果柄长约1cm。种子盘状，直径2~3mm。花期初夏；果期秋末。

分　　布： 河南各地有栽培。

功用价值： 可作庭院观赏植物。

果实　枝、叶、果实　枝、叶、花

曼陀罗 *Datura stramonium* L.

形态特征： 直立草本，高1~2m。叶宽卵形，顶端渐尖，基部不对称楔形，缘有不规则波状浅裂，裂片三角形，有时有疏齿，脉上有疏短柔毛；叶柄长3~5cm。花常单生于枝分叉处或叶腋，直立；花萼筒状，有5棱角，长4~5cm；花冠漏斗状，下部淡绿色，上部白色或紫色；雄蕊5；子房卵形，不完全4室。蒴果直立，卵状，长3~4cm，直径2~3.5cm，表面生有坚硬的针刺，或稀仅粗糙而无针刺，成熟后4瓣裂。花期6—10月；果期7—11月。

分　　布： 河南各地均有分布；多见于山坡、路旁、草地和宅旁附近。

功用价值： 全株可入药或用于庭院观赏；全株有毒；种子油可制肥皂或掺和油漆用。

枝、叶、蒴果

植株

花

▶ 旋花科 Convolvulaceae ||||||||||||||||||||||||||||||||||||||||||||||||||||||||

菟丝子 *Cuscuta chinensis* Lam.

形态特征： 一年生寄生草本。茎细，缠绕，黄色，无叶。花多数，簇生，花梗粗壮；苞片2，有小苞片；花萼杯状，长约2mm，5裂，裂片卵圆形或矩圆形；花冠白色，壶状或钟状，长为花萼的2倍，顶端5裂，裂片向外反曲；雄蕊5个，花丝短，与花冠裂片互生；鳞片5，近矩圆形，边缘流苏状；子房2室，花柱2个，直立，柱头头状，宿存。蒴果近球形，稍扁，成熟时被花冠全部包住，长约3mm，盖裂；种子2~4个，淡褐色，表面粗糙，长约1mm。花果期6—8月。

分　　布： 河南各地均有分布；多寄生于大豆、蒿属等植物上。

功用价值： 种子可入药。

植株与寄主

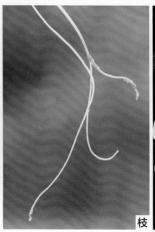
枝

花序

花

金灯藤 *Cuscuta japonica* Choisy　　　　　　　　**菟丝子属 *Cuscuta* L.**

形态特征： 一年生寄生草本。茎较粗壮，黄色，常带紫红色瘤状斑点，多分枝，无叶。花序穗状，基部常多分枝；苞片及小苞片鳞片状，卵圆形，顶端尖；花萼碗状，长约2mm，5裂，裂片卵圆形，相等或不等，顶端尖，常有紫红色瘤状突起；花冠钟状，绿白色，长3~5mm，顶端5浅裂，裂片卵状三角形；雄蕊5，花药卵圆形，花丝无或几无；鳞片5，矩圆形，边缘流苏状；子房2室，花柱长，合生为一，柱头2裂。蒴果卵圆形，近基部盖裂，长约5mm；种子1~2个，光滑，褐色，长0.3~0.5cm。花期8月；果期9月。

分　　布： 河南太行山、伏牛山、大别山和桐柏山区均有分布；多见于海拔700~2000m的山坡、山谷的多种草本植物或灌木中。

功用价值： 种子可入药。

植株　　　　　　　　花序　　　　　花　　　　茎　　　　茎枝与寄主

打碗花 *Calystegia hederacea* Wall.　　　　　　　　**打碗花属 *Calystegia* R. Br.**

形态特征： 一年生草本，高30（~40）cm。全株无毛。茎平卧，具细棱。茎基部叶长圆形，长2~3（~5.5）cm，先端圆，基部戟形；茎上部叶三角状戟形，侧裂片常2裂，中裂片披针形或卵状三角形；叶柄长1~5cm。花单生叶腋，花梗长2.5~5.5cm；苞片2，卵圆形，长0.8~1cm，包被花萼，宿存；萼片长圆形；花冠漏斗状，粉红色，长2~4cm。蒴果卵圆形，长约1cm。种子黑褐色，被小疣。花期3—9月；果期6—9月。

分　　布： 河南太行山、伏牛山、大别山和桐柏山均有分布；多见于海拔300~1500m的山坡、荒地、路旁。

功用价值： 全草可入药；嫩茎叶可作野菜食用。

植株　　　　　　　　苞片包被花萼　　　　　　　　花

藤长苗 *Calystegia pellita* (Ledeb.) G. Don　　　打碗花属 *Calystegia* R. Br.

形态特征： 多年生草本。茎缠绕，密被短柔毛，圆柱形，少分枝，节间较叶为短。叶互生，矩圆形，两面被毛，全缘，顶端锐尖，有小尖凸，基部截形或近圆形；叶柄短，有毛，长不超过1cm。花单生叶腋，具花梗，长3.5~5cm；苞片2，卵圆形，包住花萼，有毛；萼片5，矩圆状卵形，几无毛；花冠漏斗状，粉红色，光滑，长4.5~5cm，5浅裂；雄蕊5，长为花冠的1/2，子房2室，柱头2裂。蒴果球形；种子近圆形，黑褐色。花期7—9月；果期8—10月。

分　　布： 河南各地均有分布；多见于海拔300~1800m的山坡、耕地、田边、灌丛、林缘。

功用价值： 全草可入药。

植株

花侧面、苞片

花

旋花 *Calystegia sepium* (L.) R. Br.　　　打碗花属 *Calystegia* R. Br.

形态特征： 多年生草本，全株光滑。茎缠绕或匍匐，有棱角，分枝。叶互生，正三角状卵形，顶端急尖，基部箭形或戟形，两侧具浅裂片或全缘；叶柄长3~5cm。花单生叶腋，具长花梗，具棱角；苞片2，卵状心形，长2~2.5cm，顶端钝尖或尖；萼片5，卵圆状披针形，顶端尖；花冠漏斗状，粉红色，长4~6cm，5浅裂；雄蕊5，花丝基部有细鳞毛；子房2室，柱头2裂。蒴果球形；种子黑褐色，卵圆状三棱形，光滑。花期5—9月；果期7—10月。

分　　布： 河南太行山、伏牛山、大别山和桐柏山区均有分布；多见于海拔300~1500m的山坡、荒地、路旁。

功用价值： 根部可入药。

叶
蒴果、果萼、苞片

花侧面、苞片

植株、花

牵牛 *Ipomoea nil* (Linnaeus) Roth

番薯属 *Ipomoea* Choisy

形态特征：一年生草本，长2~5m。各部被开展微硬毛或硬毛。茎缠绕。叶宽卵形或近圆形，3或5裂，先端渐尖，基部心形；叶柄长2~15cm。花序腋生，单一或通常2朵着生于花序梗顶，花序梗长1.5~18.5cm；苞片线形或丝状，小苞片线形。花梗长2~7mm；萼片披针状线形，2片较窄，密被开展刚毛；花冠蓝紫色或紫红色，筒部色淡，长5~10cm，无毛；雄蕊及花柱内藏；子房3室。蒴果近球形。种子卵状三棱形，黑褐色或米黄色，长5~6mm，被微柔毛。花果期6—10月。

分　　布：河南各地普遍种植并逸为野生；多见于山坡灌丛、园边宅旁、路旁。

功用价值：种子可入药，植株可栽培于庭院供观赏。

植株

茎、叶、花侧面

花

蒴果

圆叶牵牛 *Ipomoea purpurea* Lam.

番薯属 *Ipomoea* Choisy

形态特征：一年生草本，全株被粗硬毛。茎缠绕，多分枝。叶互生，心形，具掌状脉，顶端尖，基部心形；叶柄长4~9cm。花序有花1~5朵，总花梗与叶柄近等长，小花梗伞形，结果时上部膨大；苞片2，条形；萼片5，卵状披针形，长1.2~1.5cm，顶端钝尖，基部有粗硬毛；花冠漏斗状，紫色、淡红色或白色，长4~5cm，顶端5浅裂；雄蕊5，不等长，花丝基部有毛；子房3室，柱头头状，3裂。蒴果球形；种子卵圆形，无毛。花果期6—10月。

分　　布：河南各地多种植，也常逸生于荒地和村旁。

功用价值：种子可入药；植株可栽培于庭院供观赏。

植株

花侧面

茎、叶、花

▶ 紫草科 Boraginaceae ||||||||||||||||||||||||||||||||||||||||||

厚壳树 *Ehretia acuminate* R. Brown

厚壳树属 *Ehretia* L.

形态特征： 乔木，高3~15m；小枝无毛。叶纸质，椭圆形、狭倒卵形或狭椭圆形，边缘有细锯齿，正面疏生短伏毛，背面近无毛；叶柄长0.8~2.2cm。花序圆锥状，顶生或腋生，长达20cm，疏生短毛；花在花序分枝上密集，有香气；花萼钟状，长约1.5mm，5浅裂；花冠白色，裂片5，长2~3mm，筒长约1mm；雄蕊5，着生在花冠筒上，长约3mm；花柱2裂。核果橘红色，近球形，直径约4mm。花果期4—6月。

分　　布： 河南大别山、桐柏山、伏牛山南部均有分布；多见于丘陵或山地林中。

功用价值： 可作行道树供观赏；木材可供建筑及家具用；树皮可作染料；嫩芽可食用；叶、心材、树枝可入药。

植株

叶

枝、叶、花序

田紫草（麦家公） *Lithospermum arvense* L.

紫草属 *Lithospermum* L.

形态特征： 一年生草本。茎高20~35cm，有糙伏毛，自基部或上部分枝。叶无柄或近无柄，倒披针形、条状倒披针形或条状披针形，两面有短糙伏毛。花序长达10cm，有密糙伏毛；苞片条状披针形，长达1.5cm；花有短梗；花萼长约4.5mm，5裂近基部，裂片披针状条形；花冠白色，筒长约5mm，檐部直径约3mm，5裂；雄蕊5，生花冠筒中部之下，花药顶端具短尖；子房4裂，柱头近球形，顶端不明显2裂。小坚果4，长约3mm，淡褐色，无柄，有瘤状突起。花果期4—8月。

分　　布： 河南各地均有分布；多见于麦田、荒地、丘陵、低山草坡等处。

功用价值： 根部可入药。

叶、花

植株

坚果

茎、叶

梓木草 Lithospermum zollingeri A. DC.   紫草属 Lithospermum L.

形态特征：多年生匍匐草本。匍匐茎长达30cm，有伸展的糙毛；生花的茎高5~20cm。基生叶倒披针形或匙形，两面都有短硬毛，背面的毛较密；茎生叶似基生叶，但较小，常近无柄。花序长约5cm；苞片无柄，披针形；花有细梗；花萼5裂近基部，裂片披针状条形；花冠蓝色，筒长约7.5mm，内面上部有5条具短毛的纵褶，檐部直径约1cm，5裂；雄蕊5，生花冠筒中部之下，顶端有短尖；子房4裂，柱头2浅裂。小坚果椭圆形，长约3mm，白色，光滑。花果期5—8月。

分　　布：河南各山区均有分布；多见于海拔700~1300m的山坡路旁、林下灌丛中。

功用价值：果实可入药。

坚果　植株　叶、花　花

狼紫草 Anchusa ovate Lehmann   牛舌草属 Anchusa L.

形态特征：一年生草本。茎高10~40cm，常自下部分枝，有开展的长硬毛。茎下部叶具柄，其他的无柄，匙形、倒披针形或条状矩圆形，边缘有微波状小牙齿，两面疏生硬毛。花序有苞片；苞片狭卵形至条状披针形，下部的长达5.5cm；花萼5裂，近基部裂片条状披针形；果期不等地增大，星状开展，有硬毛；花冠紫色，裂片5，中部之下弯曲，喉部有5附属物；雄蕊5，着生筒的中部之下。小坚果4，狭卵形，长约3mm，有皱棱和小疣点。花果期5—7月。

茎、叶、花

分　　布：河南伏牛山、太行山区均有分布；多见于海拔400~2000m的丘陵草坡、路旁和农田中。

功用价值：种子富含油脂，可榨油供食用。

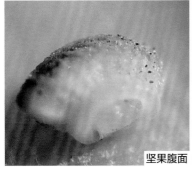

坚果腹面　坚果　花

附地菜 *Trigonotis peduncularis* (Trev.) Benth. ex Baker et Moore 　　附地菜属 *Trigonotis* Steven

形态特征： 一年生草本。茎1至数条，直立或渐升，高8~38cm，常分枝，有短糙伏毛。基生叶有长柄；叶片椭圆状卵形、椭圆形或匙形，两面有短糙伏毛。茎下部叶似基生叶，中部以上的叶有短柄或无柄。花序长达20cm，只在基部有2~3个苞片，有短糙伏毛；花有细梗；花萼5深裂，裂片矩圆形或披针形；花冠直径1.5~2mm，蓝色，喉部黄色，5裂，喉部附属物5；雄蕊5，内藏；子房4裂。小坚果4，四面体形，长约0.8mm，有稀疏的短毛或无毛，有短柄，棱尖锐。花果期4—7月。

分　　布： 河南各地均有分布；多见于麦田、油麦田、菜地、果园、路旁、沟渠和荒地。

功用价值： 全草可入药；嫩叶可供食用；花美观可用以点缀花园。

花

基生叶、花序

植株

花序

钝萼附地菜 *Trigonotis peduncularis* var.*amblyosepala* (Nakai et Kitagawa) W. T. Wang 　　附地菜属 *Trigonotis* Steven

形态特征： 一年生草本。茎1至数条，直立或斜升，高7~25cm，分枝，有短伏毛。茎下部叶有柄；叶片匙形、狭倒卵形或狭椭圆形，顶端圆形，两面有短伏毛。花序长达20cm，只在基部有苞片，有短伏毛；花有细梗；花萼长约1.5mm，5深裂，裂片倒卵状矩圆形；花冠，蓝色，喉部黄色，5裂，裂片长约1.8mm，喉部附属物5，筒长约1.2mm；雄蕊5，内藏；子房4裂。小坚果4，四面体形，长约1mm，有短毛，腹面近基部处有短柄。花果期4—7月。

分　　布： 河南伏牛山南部及太行山区均有分布；多见于海拔1200~1700m的山坡林下。

功用价值： 全草可入药；嫩叶可作野菜。

茎、叶、花

花序、花萼

花

浙赣车前紫草 *Sinojohnstonia chekiangensis* (Migo) W. T. Wang 　　车前紫草属 *Sinojohnstonia* Hu

形态特征：多年生草本，根状茎细，长达15cm。茎数条，高达30cm，常斜升。基生叶窄卵形，先端渐尖，基部心形，两面密被短糙毛，叶柄长达12cm；茎生叶较小。花序密被短伏毛。花萼裂至基部，长约6mm，裂片线状披针形，密被短伏毛，腹面稍被毛；花冠漏斗状，白色或稍淡红色，长约1cm，无毛，冠筒较花萼长，冠檐较冠筒短2倍，裂片卵形，喉部附属物高约1mm；雄蕊生于喉部附属物以下，稍伸出，花丝长约3mm，花药长圆形，长约0.9mm；花柱长约6mm。小坚果长3~5mm，碗状突起边缘内折。花果期4—5月。

分　　布：河南伏牛山南部分布；多见于海拔2200m以下的林下或阴湿的岩石旁。

保护类别：中国特有种子植物。

叶、花

植株

花

花序、花筒长于花冠裂片

斑种草 *Bothriospermum chinense* Bge. 　　斑种草属 *Bothriospermum* Bunge

形态特征：一年生或二年生草本。茎高20~40cm，斜升或直立，通常分枝，有开展的硬毛。基生叶和茎下部叶有柄，匙形或倒披针形，长3.5~12cm，边缘皱波状，两面有短糙毛。花序长达25cm，有苞片；苞片卵形或狭卵形，下部苞片边缘皱波状；花梗长2~8mm；花萼裂片5，狭披针形，长3~5mm；花冠淡蓝色，直径约5mm，筒长约4mm，喉部有5个附属物；雄蕊5，内藏；子房4裂，花柱内藏。小坚果4枚，生在平的花托上，肾形，长约2.5mm，有网状皱褶，内面有横凹陷。花果期4—7月。

分　　布：河南各地均有分布；多见于路旁、河滩、麦田、油菜田、菜园、果园等地。

功用价值：全草可入药。

保护类别：中国特有种子植物。

叶、花

果实

茎、叶、花

琉璃草 *Cynoglossum furcatum* Wallich

琉璃草属 *Cynoglossum* L.

形态特征： 草本。茎高50~100cm，有短毛，分枝。基生叶和下部叶有柄，矩圆形，长达25cm，宽达5cm，两面密生短柔毛或短糙毛；茎中部以上叶无柄，矩圆状披针形或披针形。花序分枝成钝角叉状分开，无苞片；花梗长1~1.5mm，结果时几不增长；花萼长1.5~2.2mm，外面密生短毛，裂片卵形；花冠淡蓝色，檐部直径4~6mm，5裂，喉部有5个梯形附属物；雄蕊5，内藏；子房4裂。小坚果4，卵形，长2~2.8mm，密生锚状刺。花果期5—10月。

分　　布： 河南大别山、伏牛山、桐柏山区均有分布；多见于山地草坡、路旁。

功用价值： 根、叶可入药。

果实
花

花序

茎、叶、花序

植株、花果序

弯齿盾果草 *Thyrocarpus glochidiatus* Maxim.

盾果草属 *Thyrocarpus* Hance

形态特征： 一年生草本，茎1条至数条，细弱，斜升或外倾，高10~30cm，常自下部分枝，有伸展的长硬毛和短糙毛。基生叶有短柄，匙形或狭倒披针形，两面都有具基盘的硬毛；茎生叶较小，无柄，卵形至狭椭圆形。苞片卵形至披针形，花生苞腋或腋外；花萼长约3mm，先端钝，两面都有毛；花冠淡蓝色或白色，与萼几等长，筒部比檐部短1.5倍，喉部附属物线形，长约1mm，先端截形或微凹；雄蕊5，着生花冠筒中部，内藏，花丝很短，花药宽卵形。小坚果4，长约2.5mm，黑褐色，外层突起色较淡，齿长约与碗高相等，齿的先端明显膨大并向内弯曲，内层碗状突起显著向里收缩。花果期4—6月。

分　　布： 河南各地均有分布；多见于丘陵草地、路边、洼地、田边、果园等地。

功用价值： 全草可入药。

保护类别： 中国特有种子植物。

坚果

植株

花

马鞭草科 Verbenaceae ||||||||||||||||||||||||||||||||||||||||||||||||||||||||||

马鞭草 *Verbena officinalis* L.　　　马鞭草属 *Verbena* L.

形态特征: 多年生草本,高30~80cm;茎四方形。叶对生,卵圆形至矩圆形,长2~8cm,宽1~4cm,基生叶的边缘通常有粗锯齿和缺刻,茎生叶多数3深裂,裂片边缘有不整齐的锯齿,两面有粗毛。穗状花序顶生或腋生,每朵花有1苞片,苞片和萼片都有粗毛;花冠淡紫色或蓝色。果为蒴果,长约2mm,外果皮薄,成熟时裂为4个小坚果。花期6—8月;果期7—10月。

分　布: 河南各地均有分布;多见于山坡草地、村边、路旁及荒地。

功用价值: 全草可入药。

茎、叶

花果期

茎、叶、花序

紫珠 *Callicarpa bodinieri* Levl.　　　紫珠属 *Callicarpa* L.

形态特征: 灌木,高1~2m,小枝有毛。叶椭圆形至卵状椭圆形,长5~17cm,宽2.5~10cm,顶端渐尖,基部楔形,正面略有细毛,背面有黄褐色或灰褐色星状毛,两面都有红色腺点;叶柄长0.5~1cm。聚伞花序5~7次分歧,总花梗长约1cm;花萼有星状毛和红色腺点,萼齿钝三角形;花冠紫红色;有腺点;药室纵裂。果实紫红色,光滑。花期6—7月;果期8—11月。

分　布: 河南各山区均有分布;多见于海拔800m以下的林下、沟谷及灌丛中。

功用价值: 根及全株可入药。

枝、叶、花序

枝、叶、果实

叶背红色腺点

花

浆果状核果

老鸦糊 *Callicarpa giraldii* Hesse ex Rehd.

紫珠属 *Callicarpa* L.

形态特征： 灌木。小枝圆，被星状毛。叶宽椭圆形或披针状长圆形，长5~15cm，先端渐尖，基部楔形或窄楔形，具锯齿，正面近无毛，背面疏被星状毛，密被黄腺点；叶柄长1~2cm。花序4~5歧分枝，直径2~3cm。花萼钟状，被星状毛及黄腺点，萼齿钝三角形；花冠紫色，长约3mm，疏被星状毛及黄腺点；雄蕊伸出花冠，花药卵圆形，药室纵裂；子房被星状毛。果球形，紫色，直径2~3mm，幼时被毛，后脱落。花期5—6月；果期7—11月。

分　　布： 河南大别山、桐柏山及伏牛山南部均有分布；多见于海拔200~2000m的疏林、沟谷及山坡灌丛中。

功用价值： 全草可入药。

保护类别： 中国特有种子植物。

枝、叶、花序

叶背面星状毛及黄色腺点

果实

花

黄荆 *Vitex negundo* L.

牡荆属 *Vitex* L.

形态特征： 灌木或小乔木，枝四方形，密生灰白色茸毛。掌状复叶，小叶5片，间有3片，中间小叶最大，两侧依次渐小；小叶片椭圆状卵形以至披针形，顶端渐尖，基部楔形，通常全缘或每边有少数锯齿，背面密生灰白色细茸毛。圆锥花序顶生，长10~27cm；花萼钟状，顶端有5裂齿；花冠淡紫色，外面有茸毛，顶端5裂，2唇形。果实球形，黑色。花期4—6月；果期7—10月。

分　　布： 河南各地均有分布；多见于低山丘陵的路旁、山坡、河岸及灌丛中。

功用价值： 茎、叶、种子可入药；茎皮可造纸及制人造棉；花、枝和叶可提取芳香油。

枝、叶、花序

叶

花

植株

牡荆 *Vitex negundo* var. *cannabifolia* (Sieb.et Zucc.) Hand.-Mazz.　　**牡荆属** *Vitex* L.

形态特征： 落叶灌木或小乔木；小枝四棱形。叶对生，掌状复叶，小叶5，少有3；小叶片披针形或椭圆状披针形，顶端渐尖，基部楔形，边缘有粗锯齿，表面绿色，背面淡绿色，通常被柔毛。圆锥花序顶生，长10~20cm；花冠淡紫色。果实近球形，黑色。花期6—7月；果期8—11月。

分　　布： 河南各地均有分布；多见于山坡路边灌丛中。

功用价值： 茎、叶、种子可入药；茎皮可造纸及制人造棉；花、枝和叶可提取芳香油。

核果

植株

花序

花

枝、叶、花序

海州常山 *Clerodendrum trichotomum* Thunb.　　**大青属** *Clerodendrum* L.

形态特征： 灌木；嫩枝和叶柄多少有黄褐色短柔毛，枝内白色中髓有淡黄色薄片横隔。叶片宽卵形、卵形、三角状卵形或卵状椭圆形，顶端渐尖，基部截形或宽楔形，很少近心形，全缘或有波状齿，两面疏生短柔毛或近无毛；叶柄长2~8cm。伞房状聚伞花序顶生或腋生；花萼紫红色，5裂几达基部；花冠白色或带粉红色；花柱不超出雄蕊。核果近球形，成熟时蓝紫色。花果期6—11月。

分　　布： 河南各山区均有分布；多见于山坡、林下及灌丛中。

功用价值： 根、茎、叶、花可入药；嫩芽可食。

核果、宿存花萼　花侧面

果熟期

花

三花莸 Caryopteris terniflora Maxim.　莸属 Caryopteris Bunge

形态特征：小灌木，高16~70cm；枝四方形，密生灰白色短柔毛。叶卵形或长卵形，顶端钝，基部宽楔形或近截形，边缘有锯齿，两面有短柔毛和金黄色腺点。聚伞花序腋生，通常有花3~5朵，极少在茎的下部叶腋为1朵；苞片细小；花萼钟状，有毛和腺点，顶端5裂，裂片卵状披针形；花冠2唇形，顶端5裂，裂片全缘，紫红色或淡红色；雄蕊4；子房顶端有毛。果实成熟后分裂为4个小坚果。花果期6—9月。

分　　布：河南各山区均有分布；多见于低山丘陵的山坡、岗地或河岸边。

功用价值：全草可入药。

保护类别：中国特有种子植物。

蒴果

植株

花侧面

花序

▶唇形科 Lamiaceae ||||||||||||||||||||||||||||||||||||||||||||||||||||||||||||

血见愁 Teucrium viscidum Bl.　香科科属 Teucrium L.

形态特征：多年生直立草本。茎高30~70cm，上部被混生腺毛的短柔毛。叶柄长约为叶片长的1/4，叶片卵状矩圆形，长3~10cm，宽1.5~4.5cm，两面近无毛或被极稀的微柔毛。假穗状花序顶生及腋生，顶生者自基部多分枝，密被腺毛；苞片全缘；花长不及1cm；花萼筒状钟形，5齿近相等；花冠白、淡红色或淡紫色，筒为花冠全长1/3以上，檐部单唇形，中裂片最大，正圆形，侧裂片卵状三角形；雄蕊伸出；花盘盘状，4浅裂；花柱先端2裂。小坚果扁圆形，合生面超过果长的1/2。花果期6—9月。

分　　布：河南伏牛山、大别山区均有分布；多见于林下阴湿处。

功用价值：全草可入药。

植株

花

茎、叶、花序

筋骨草 *Ajuga ciliate* Bunge

形态特征： 多年生草本。茎高25~40cm，紫红色或绿紫色，通常无毛，幼嫩部分被灰白色长柔毛。叶具短柄，卵状椭圆形至狭椭圆形，两面略被糙伏毛。轮伞花序多花，密集排成顶生假穗状花序；苞片叶状，有时呈紫红色，卵圆形，长1~1.5cm；花萼漏斗状钟形，10脉，齿5，近相等；花冠紫色，具蓝色条纹，筒近基部具一毛环，檐部近于二唇形，上唇直立，顶端圆形，微凹，下唇伸延，中裂片倒心形；雄蕊4，二强，伸出；花盘小，环状，前方具1指状腺体。小坚果矩圆状三棱形，背部具网状皱纹，合生面几与果轴等长。花期4—8月；果期7—9月。

分　　布： 河南太行山、大别山、桐柏山及伏牛山区均有分布；多见于海拔700m以上的山谷溪旁、山坡林下及草丛中。

功用价值： 全草可入药。

保护类别： 中国特有种子植物。

花序轴、苞片、花萼

叶背面

植株

花序

花

花萼

金疮小草 *Ajuga decumbens* Thunb.

形态特征： 一年生或二年生草本，平卧或斜上升，具匍匐茎，全体略被白色长柔毛。基生叶较茎生叶长而大，叶柄具狭翅；叶片匙形或倒卵状披针形，两面被疏糙伏毛。轮伞花序多花，排列成间断的假穗状花序；苞片大，匙形至披针形；花萼漏斗状，10脉，齿5，近相等；花冠淡蓝色或淡红紫色，稀白色，近基部具毛环，檐部近于二唇形，上唇直立，圆形，微凹，下唇伸延，中裂片狭扇形或倒心形；雄蕊4，二强，伸出；花盘环状，前方具1指状腺体。小坚果倒卵状三棱形，背部具网状皱纹，合生面达果轴长2/3。花期3—7月；果期5—11月。

分　　布： 河南大别山、桐柏山和伏牛山南部均有分布；多见于海拔300~1500m的山沟溪旁、林下、草地。

功用价值： 全草可入药。

叶背面

植株

花序

花

紫背金盘 *Ajuga nipponensis* Makino

筋骨草属 *Ajuga* L.

形态特征： 一年生或二年生草本。茎通常直立，稀平卧，常从基部分枝而无基生叶，高10cm以上，全体被疏柔毛。茎生叶具柄；叶片宽椭圆形或倒卵状椭圆形，两面被疏糙伏毛。轮伞花序下部者远隔，向上渐密集成顶生假穗状花序；苞片小，卵形至宽披针形；花萼钟状，10脉，齿5，近相等；花冠淡蓝色或蓝紫色，稀白色或白绿色，具深色条纹，近基部具毛环，檐部近二唇形，上唇短，2浅裂，下唇伸延，中裂片扇形；雄蕊4，二强，伸出；花盘环状。小坚果卵圆状三棱形，背部具网状皱纹，合生面达果轴长的3/5。花期4—6月；果期6—7月。

分　　布： 河南各山区均有分布；多见于海拔400~2000m的山坡、路旁、草地、疏林下。

功用价值： 全草可入药。

茎、叶、花序

花

植株

京黄芩 *Scutellaria pekinensis* Maxim.

黄芩属 *Scutellaria* L.

形态特征： 一年生直立草本。茎高24~40cm，基部常带紫色，疏被上曲的白色小柔毛。叶具柄，柄长0.5~2cm，叶片卵形或三角状卵形，两面疏被贴伏的小柔毛。花对生，排列成长4.5~11.5cm的顶生总状花序；苞片除最下一对叶较大外均细小，狭披针形；花萼长约3mm，盾片高1.5mm，果时增大；花冠蓝紫色，筒前方基部略呈膝曲状，下唇中裂片宽卵圆形；雄蕊4，二强；花盘肥厚，前方隆起。小坚果卵形，腹面中下部具1果脐。花期6—8月；果期7—10月。

分　　布： 河南太行山、伏牛山、大别山均有分布；多见于海拔700~1800m的山谷或林下。

功用价值： 根部可入药；茎秆有芳香油，也可泡茶用。

茎、叶、花序

果期

花

夏至草 *Lagopsis supina* (Steph. ex Willd.) Ik.-Gal. ex Knorr.　　**夏至草属** *Lagopsis* Bunge ex Benth

形态特征：多年生上升草本。茎高15~35cm，密被微柔毛，常在基部多分枝。叶具长柄，轮廓为圆形，直径1.5~2cm，3深裂，通常越冬叶远较宽大，正面疏生微柔毛，背面沿脉上有长柔毛，其余部分有腺点。轮伞花序疏花，直径约1cm；苞片刺状，弯曲；花萼筒状钟形，5脉，齿5，三角形，顶端有刺状尖头，果时2齿稍大；花冠白色，稀粉红色，花冠筒内无毛环，仅在花丝基部偶有微柔毛，上唇全缘，下唇3裂，中裂片宽椭圆形；雄蕊4，二强，着生于花冠筒中部，均内藏。小坚果长卵形，有鳞秕。花期3—4月；果期5—6月。

分　　布：河南各地均有分布；多见于平原、山地草坡、田边、果园、荒地。

功用价值：全草可入药，药效同益母草。

花期

花

茎、叶、轮伞花序

藿香 *Agastache rugosa* (Fisch. et Mey.) O. Ktze.　　**藿香属** *Agastache* Clayt. in Gronov.

形态特征：多年生直立草本。茎高0.5~1.5m，上部被极短的细毛。叶具长柄，心状卵形至矩圆状披针形。轮伞花序多花，在主茎或侧枝上组成顶生密集圆筒状的假穗状花序；苞片披针状条形；花萼筒状倒锥形，被具腺微柔毛及黄色小腺体，常染有浅紫色或紫红色，喉部微斜向；齿5，三角状披针形，前2齿稍短；花冠淡紫蓝色，上唇微凹，下唇3裂，中裂片最大，顶端微凹，边缘波状；雄蕊4，二强，伸出；花盘厚环状；花柱顶端等2裂。小坚果卵状矩圆形，腹面具棱，顶端具短硬毛。花期6—9月；果期9—11月。

分　　布：河南各山区均有分布，平原有栽培；多见于山沟、灌丛、林缘，常栽于庭院。

功用价值：全草可入药；果可作香料；叶及茎均富含挥发性芳香油，有浓郁的香味，为芳香油原料。

叶

植株

花序

日本活血丹 *Glechoma grandis* (A. Gray) Kupr.　　　活血丹属 *Glechoma* L.

形态特征： 多年生草本，高约20cm，具匍匐茎，逐节生根。茎丛生，初直立，后平卧，上升，四棱形，基部通常带紫色，被短柔毛。叶草质，肾形，茎基部的较大，具长柄，被硬毛，茎上部的较大，先端圆形，基部阔心形，边缘具圆齿，正面被糙伏毛，背面仅脉上被疏柔毛，叶脉隆起，叶柄被长柔毛。轮伞花序2花，稀4花；苞片及小苞片线状钻形，具纤毛。花萼管状，上部微微膨大，呈二唇形，上唇3齿较长，下唇2齿较短，边缘具缘毛。花冠淡紫色，直伸，漏斗状。花柱无毛，先端2裂。小坚果深褐色，长圆状卵形，顶端浑圆，基部微三棱形，果脐不甚明显。花期4—5月；果期6月。
分　　布： 河南伏牛山南部、大别山区均有分布；多见于海拔1000m左右的山谷林下阴湿地方。
功用价值： 全草可入药。

叶、花　　　　叶　　　　花　　叶背面　　茎、叶

活血丹 *Glechoma longituba* (Nakai) Kupr.　　　活血丹属 *Glechoma* L.

形态特征： 多年生上升草本，具匍匐茎。茎高10~20cm，幼嫩部分被疏长柔毛。茎下部叶较小，心形或近肾形，上部者较大，心形，正面被疏粗伏毛，背面常带紫色，被疏柔毛；叶柄长为叶片的1~2倍。轮伞花序少花；苞片刺芒状；花萼筒状，长0.9~1.1cm，齿5，长披针形，顶端芒状，呈二唇形，上唇3齿较长，下唇2齿，略短；花冠淡蓝色至紫色，下唇具深色斑点，筒有长短两型，檐部二唇形，下唇中裂片肾形。小坚果矩圆状卵形。花期4—5月；果期5—6月。
分　　布： 河南各山区均有分布；多见于海拔1000m左右的山沟溪旁潮湿地方。
功用价值： 全草可入药。

花序　　　　花　　　　植株　　　　茎、叶

山菠菜 *Prunella asiatica* Nakai　　　　　　　夏枯草属 *Prunella* L.

形态特征： 多年生草本，茎紫红色，多数，高达60cm，疏被柔毛。叶卵形或卵状长圆形，长3~4.5cm，先端钝尖，基部楔形，疏生波状齿或圆齿状锯齿，正面被平伏微柔毛或近无毛，背面脉被柔毛；叶柄长1~2cm。穗状花序顶生；苞叶宽披针形，苞片先端带红色，扁圆形，脉疏被柔毛。花萼先端红色或紫色，被白色柔毛，萼筒陀螺形，上唇近圆形，先端具3个近平截短齿，下唇齿披针形，具小刺尖；花冠淡紫色、深紫色或白色，上唇长圆形，龙骨状，下唇长约8mm，中裂片近圆形，具流苏状小裂片，侧裂片长圆形。小坚果卵球形，长1.5mm。花期5—7月；果期8—9月。

分　　布： 河南太行山和大别山区均有分布；多见于山坡草地、灌丛及潮湿地方。

功用价值： 全草可入药；可做茶饮。

植株　　　　　　　　花　　　　　　　　花果序

夏枯草 *Prunella vulgaris* L.　　　　　　　　夏枯草属 *Prunella* L.

形态特征： 多年生上升草本。茎高10~30cm，被稀疏糙毛或近于无毛。叶柄长0.7~2.5cm，叶片卵状矩圆形或卵形，长1.5~6cm。轮伞花序密集组成顶生长2~4cm的穗状花序，每一轮伞花序下承以苞片；苞片心形，具骤尖头；花萼钟状，长10mm，二唇形，上唇扁平，顶端几截平，有3个不明显的短齿，中齿宽大，下唇2裂，裂片披针形，果时花萼由于下唇2齿斜伸而闭合；花冠紫色、蓝紫色或红紫色，长约13mm，下唇中裂片宽大，边缘具流苏状小裂片；花丝二齿，一齿具药。小坚果矩圆状卵形。花期4—6月；果期7—10月。

分　　布： 河南各山区均有分布；多见于海拔300~2000m的山坡路旁、草地及潮湿地方。

功用价值： 全草可入药。

基生叶　　　　　　　　植株　　　　　　　　花序

435

糙苏 *Phlomis umbrosa* Turcz.

橙花糙苏属 *Phlomis* Moench

形态特征： 多年生草本；高达1.5m。根粗壮，长达30cm，直径约1cm。茎疏被倒向短硬毛，有时上部被星状短柔毛，带紫红色，多分枝。叶圆卵形或卵状长圆形，具锯齿状牙齿，或不整齐圆齿，两面疏被柔毛及星状柔毛，背面有时毛较密；叶柄长1~12cm，密被短硬毛。花萼管形，被星状微柔毛，有时脉疏被刚毛，萼齿具长约1.5mm刺尖，齿间具双齿，齿端内面被族生毛；花冠粉红或紫红色，稀白色，下唇具红斑，冠筒背部上方被短柔毛，余无毛，内具毛环，上唇具不整齐细牙齿，被绢状柔毛，内面被髯毛，下唇密被绢状柔毛，3裂，裂片卵形或近圆形。花期6—9月；果期9月。

分　　布： 河南太行山和伏牛山区均有分布；多见于海拔1000m以上的山坡林下或山谷阴湿处。

功用价值： 根部可入药。

植株　　枝、叶、花序　　花　　轮伞花序

宝盖草 *Lamium amplexicaule* L.

野芝麻属 *Lamium* L.

形态特征： 一年生或二年生草本植物。茎高10~30cm，几无毛。叶无柄，圆形或肾形，长1~2cm，宽0.7~1.5cm，两面均被疏生的伏毛。轮伞花序6~10花，其中常有闭花授精型的花；苞片披针状钻形，具睫毛；花萼筒状钟形，长4~5mm，齿5，近等大；花冠粉红色或紫红色，长1.7cm，筒细长，内无毛环，上唇直立，下唇3裂，中裂片倒心形，顶端深凹，基部收缩；雄蕊花丝无毛，花药被长硬毛；花柱丝状，先端不相等2浅裂。小坚果倒卵状三棱形，表面有白而大的疣突。花期3—5月；果期7—8月。

分　　布： 河南各地均有分布；多见于田边、果园、山坡和山谷草地。

功用价值： 全草可入药。

果期　　茎、叶、花序　　花序

野芝麻 *Lamium barbatum* Sieb. et Zucc. 　　　　野芝麻属 *Lamium* L.

形态特征： 多年生直立草本；根状茎有地下长匍匐枝。茎高达1m，几无毛。叶片卵形、卵状心形至卵状披针形，长4.5~8.5cm，两面均被短硬毛；叶柄长1~7cm，向上渐短。轮伞花序4~14花，生于茎顶部叶腋内；苞片狭条形，具睫毛；花萼钟状，长约1.5cm，齿5，披针状钻形，具睫毛；花冠白色或淡黄色，长约2cm，筒内有毛环，上唇直伸，下唇3裂，中裂片倒肾形，顶端深凹，基部急收缩，侧裂片浅圆裂片状，顶端有一针状小齿；药室平叉开，有毛。小坚果倒卵形。花期4—6月；果期7—8月。

分　　布： 河南各山区均有分布；多见于海拔500~2000m的山坡林下、山谷沟岸草丛中。

功用价值： 全草可入药。

叶、花　　坚果、宿存花萼　　轮伞花序　　植株

益母草 *Leonurus japonicas* Houttuyn 　　　　益母草属 *Leonurus* L.

形态特征： 一年生或二年生直立草本。茎高30~120cm，有倒向糙伏毛。茎下部叶轮廓卵形，掌状3裂，其上再分裂，中部叶通常3裂成矩圆形裂片，花序上的叶呈条形或条状披针形，全缘或具稀少牙齿，最小裂片宽在3mm以上；叶柄长2~3cm至近无柄。轮伞花序轮廓圆形，直径2~2.5cm，下有刺状小苞片；花萼筒状钟形，长6~8mm，5脉，齿5，前2齿靠合；花冠粉红色至淡紫红色，长1~1.2cm，花冠筒内有毛环，檐部二唇形，上唇外被柔毛，下唇3裂，中裂片倒心形。小坚果矩圆状三棱形。花期6—9月；果期9—10月。

分　　布： 河南各山区均有分布；多见于海拔1000m以下的山坡草地、路旁、荒野。

功用价值： 全草可入药。

轮伞花序　　果期　　植株　　总花序

丹参 Salvia miltiorrhiza Bunge　　　　　　　　　　**鼠尾草属 Salvia L.**

形态特征： 多年生草本；根肥厚，外红内白。茎高40~80cm，被长柔毛。叶常为单数羽状复叶；侧生小叶1~2（~3）对，卵形或椭圆状卵形，两面被疏柔毛。轮伞花序6至多花，组成顶生或腋生假总状花序，密被腺毛及长柔毛；苞片披针形，具睫毛；花萼钟状，长约1.1cm，外被腺毛及长柔毛，11脉，二唇形，上唇三角形，顶端有3个聚合小尖头，下唇2裂；花冠紫蓝色，檐部二唇形，下唇中裂片扁心形。小坚果椭圆形。花期4—8月，花后见果。

分　　布： 河南各山区均有分布；多见于海拔300~1500m的山坡、山沟林下、灌丛、草地。

功用价值： 根部可入药。

茎、叶、花序

花序

肉质根

花

花侧面

荔枝草 Salvia plebeian R. Br.　　　　　　　　　　**鼠尾草属 Salvia L.**

形态特征： 直立草本。茎高15~90cm，被下向的疏柔毛。叶椭圆状卵形或披针形，长2~6cm，正面疏被微硬毛，背面被短疏柔毛；叶柄长0.4~1.5cm，密被疏柔毛。轮伞花序具6花，密集成顶生假总状或圆锥花序；苞片披针形，细小；花萼钟状，长2.7mm，外被长柔毛，上唇顶端具3个短尖头，下唇2齿，花冠淡红色至蓝紫色，稀白色，长4.5mm，筒内有毛环，下唇中裂片宽倒心形；能育雄蕊2，着生于下唇基部，略伸出花冠外，花丝长1.5mm，药隔长约1.5mm，弯成弧形，上臂和下臂等长，上臂具药室，二下臂不育，膨大，互相联合。小坚果倒卵圆形，光滑。花期4—5月；果期6—7月。

分　　布： 河南各地均有分布；多生于田边、荒地、果园、山坡、山沟、路旁等。

功用价值： 全草可药用。

基生叶

总花序

茎、叶、花序

花

果期

荫生鼠尾草 *Salvia umbratica* Hance

鼠尾草属 *Salvia* L.

形态特征： 一年生或二年生草本。茎高达1.2m，被长柔毛，间有腺毛。叶片三角形或卵状三角形，正面被长柔毛或短硬毛，背面被长柔毛及腺点；叶柄长1~9cm，被长柔毛。轮伞花序多由2花组成，疏离，组成腋生及顶生的假总状花序；苞片叶状至披针形，被毛；花萼钟状，开花时长7~10mm，外被长柔毛，内有短硬毛，二唇形，上唇三角形，顶端具3个聚合短尖头，下唇浅裂为2齿；花冠蓝紫色或紫色，长2.3~2.8cm，花冠筒内面具毛环，下唇中裂片宽扇形。小坚果椭圆形。花期8—10月；果期9—11月。

分　　布： 河南太行山和伏牛山区均有分布；多见于海拔700~2000m的山谷林下阴湿处。

保护类别： 中国特有种子植物。

坚果、花萼　　花　　叶

花序

茎、叶、花序

灯笼草 *Clinopodium polycephalum* (Vaniot) C. Y. Wu et Hsuan ex P. S. Hsu

风轮菜属 *Clinopodium* L.

形态特征： 多年生直立草本，茎高达1m，多直立，基部有时匍匐，多分枝，被平展糙伏毛及腺毛。叶卵形，长2~5cm，基部宽楔形或近圆，疏生圆齿状牙齿，两面被糙伏毛；叶柄长达1cm。轮伞花序具多花，球形，组成圆锥花序；苞片针状，长3~5mm。花萼圆筒形，具13脉，脉被长柔毛及腺微柔毛，喉部疏被糙硬毛，果萼基部一边肿胀，直径达2mm，上唇3齿三角形，尾尖，下唇2齿芒尖；花冠紫红色，长约8mm，被微柔毛；冠筒伸出，上唇直伸，先端微缺，下唇3裂；雄蕊内藏，后对短，花药小，前对伸出，能育。小坚果褐色，卵球形，长约1mm，平滑。花期7—8月；果期9月。

分　　布： 河南太行山、伏牛山、大别山和桐柏山区均有分布；多见于海拔300~2000m的山坡、山谷林下、草地。

功用价值： 全草可入药。

保护类别： 中国特有种子植物。

总花序　　茎、叶　　轮伞花序

牛至 *Origanum vulgare* L. 牛至属 *Origanum* L.

形态特征： 多年生草本。茎高25~60cm，被倒向或微卷曲的微柔毛。叶片卵形或矩圆状卵形，长1~4cm，被柔毛及腺点；叶柄短，被毛。花序为伞房状圆锥花序，开张，由多数圆柱形、在果时多少伸长的小假穗状花序所组成；苞片矩圆状倒卵形至倒卵形或倒披针形，绿色或带红晕；花萼钟状，长3mm，外面被小硬毛或近于无毛，内面在喉部有白色柔毛环，13脉，齿5，三角形，等大；花冠紫红色至白色，内面在喉部下疏被微柔毛，上唇直立，顶端2浅裂，下唇3裂，中裂片较大。小坚果卵圆形。花期7—9月；果期10—12月。

分　　布： 河南伏牛山、大别山和桐柏山区均有分布；多见于山坡、草地、山谷沟岸、道旁等阴湿地方。

功用价值： 全草可入药；全草可提芳香油，亦用作酒曲配料；是良好的蜜源植物。

植株　　花序　　花

薄荷 *Mentha canadensis* Linnaeus 薄荷属 *Mentha* L.

形态特征： 多年生草本，高达60cm。茎多分枝，上部被微柔毛，下部沿棱被微柔毛。具根状茎。叶卵状披针形或长圆形，基部以上疏生粗牙齿状锯齿，两面被微柔毛；叶柄长0.2~1cm。轮伞花序腋生，球形，直径约1.8cm，花梗长不及3mm。花梗细，长2.5mm；花萼管状钟形，长约2.5mm，被微柔毛及腺点，10脉不明显，萼齿窄三角状钻形；花冠淡紫色或白色，长约4mm，稍被微柔毛，上裂片2裂，余3裂片近等大，长圆形，先端钝；雄蕊长约5mm。小坚果黄褐色，被洼点。花期7~9月；果期10月。

分　　布： 河南各山区均有分布，多见于海拔300~1500m的山沟溪旁，平原各地有栽培。

功用价值： 幼嫩茎尖可作野菜食；全草可入药。

植株　　花果期　　茎、花序　　轮伞花序　　花

地笋 Lycopus lucidus Turcz. | **地笋属 Lycopus L.**

形态特征： 多年生草本；根状茎横走，顶端膨大呈圆柱形，此时在节上有鳞叶及少数须根，或侧生有肥大的具鳞叶的地下枝。茎高0.6~1.7m。叶片矩圆状披针形，长4~8cm，背面有凹腺点；叶柄极短或近于无。轮伞花序无梗，球形，多花密集；小苞片卵形至披针形；花萼钟状，长3mm，齿5，披针状三角形；花冠白色，长3mm，内面在喉部有白色短柔毛，不明显二唇形，上唇顶端2裂，下唇3裂。小坚果倒卵圆状三棱形。花期6—9月；果期8—11月。

分　　布： 河南太行山和伏牛山北部均有分布；多见于海拔300~1500m的沼泽地、水边、沟边等潮湿地方。

功用价值： 全草可入药。

根状茎　　花序　　植株

香薷 Elsholtzia ciliate (Thunb.) Hyland. | **香薷属 Elsholtzia Willd.**

形态特征： 一年生草本。茎高30~50cm，被倒向疏柔毛，下部常脱落。叶片卵形或椭圆状披针形，疏被小硬毛，背面满布橙色腺点；叶柄被毛。轮伞花序多花，组成偏向一侧、顶生的假穗状花序，花序轴被疏柔毛；苞片宽卵圆形，多半褪色，长宽约3mm，顶端针芒状，具睫毛，外近无毛而被橙色腺点；花萼钟状，长约1.5mm，外被毛，齿5，三角形，前2齿较长，齿端呈针芒状；花冠淡紫色，外被柔毛，上唇直立，顶端微凹，下唇3裂，中裂片半圆形。小坚果矩圆形。花期7—10月；果期10月至翌年1月。

分　　布： 河南各山区均有分布；多见于海拔500~2000m的山坡荒地、山谷沟岸、路旁。

功用价值： 全草可入药；嫩叶可喂猪。

枝、叶、花序　　植株　　花

野香草 *Elsholtzia cyprianii* (Pavolini) S. Chow ex P. S. Hsu　　　　香薷属 *Elsholtzia* Willd.

形态特征： 草本，高0.1~1m。茎、枝绿色或紫红色，钝四棱形，具浅槽，密被下弯短柔毛。枝及茎密被倒向短柔毛。叶卵形或长圆形，基部宽楔形，下延至叶柄，具圆齿状锯齿，正面被微柔毛，背面密被短柔毛及腺点；叶柄上部具三角形窄翅，密被短柔毛。穗状花序圆柱形，被短柔毛；苞片线形；花萼管状钟形，密被短柔毛，内面齿稍被微柔毛；花冠淡红色，被微柔毛，冠筒漏斗形，喉部径达1.5mm；上唇全缘或稍微缺。小坚果黑褐色，长圆状椭圆形，稍被毛。花果期8—11月。

分　　布： 河南大别山、桐柏山和伏牛山区均有分布；多见于海拔300~2000m的山坡林缘、路旁、沟旁或疏林中。

功用价值： 全草可入药；鲜株含芳香油。

植株　　　　花序　　　　　　　　　　花序、苞片

木香薷 *Elsholtzia stauntonii* Benth.　　　　香薷属 *Elsholtzia* Willd.

形态特征： 直立半灌木，高0.7~1.7m。茎上部多分枝，带紫红色，被灰白微柔毛。叶披针形或椭圆状披针形，具锯齿状圆齿，正面无毛，仅边缘及中脉被微柔毛，背面无毛，密被腺点，仅脉稍被微柔毛；叶柄带紫色，被微柔毛。穗状花序偏向一侧，被灰白色微柔毛，轮伞花序5~10花；苞片披针形或线状披针形，带紫色；花萼管状钟形，密被灰白色茸毛，内面无毛，仅齿被灰白色茸毛，萼齿卵状披针形，近等大；花冠淡红紫色。小坚果椭圆形，光滑。花果期7—10月。

分　　布： 河南太行山、桐柏山、伏牛山区均有分布；多见于山坡、山谷路旁、沟岸、林缘。

功用价值： 鲜株含芳香油。

植株　　　　花序　　　花　枝、叶

显脉香茶菜 Isodon nervosus (Hemsley) Kudo

香茶菜属 Isodon (Benth.) Kudo

形态特征： 多年生草本。茎高达1m，密被倒向微柔毛。叶片狭披针形，侧脉两面隆起，正面仅脉上有微柔毛，背面近无毛；叶柄被微柔毛。聚伞花序具梗，5~11花，于茎顶组成疏松的圆锥花序，花序轴及花梗均密被微柔毛；苞片狭披针形，小苞片条形，细小；花萼钟状，外密被微柔毛，齿5，披针形，锐尖，与筒等长，果时萼增大，呈宽钟状；花冠蓝色，筒近基部上面浅囊状，上唇4等裂，下唇舟形；雄蕊及花柱略伸出。小坚果倒卵形，被微柔毛。花期7—10月；果期8—11月。

分　　布： 河南大别山、桐柏山和伏牛山区均有分布；多见于海拔300~1500m的山沟溪旁、河岸等湿地。

功用价值： 茎、叶可入药。

保护类别： 中国特有种子植物。

花序

果期

叶

花

车前科 Plantaginaceae

车前 Plantago asiatica L.

车前属 Plantago L.

形态特征： 多年生草本，高20~60cm，有须根。基生叶直立，卵形或宽卵形，长4~12cm，宽4~9cm，顶端圆钝，边缘波状、全缘或中部以下有锯齿、牙齿或裂齿，两面无毛或有短柔毛。花葶数个，直立，有短柔毛；穗状花序占上端1/3~1/2处，具绿白色疏生花；苞片宽三角形，较萼裂片短，二者均有绿色宽龙骨状突起；花萼有短柄，裂片倒卵状椭圆形至椭圆形，长2~2.5mm；花冠裂片披针形，长1mm。蒴果椭圆形，长约3mm，周裂；种子5~6，稀7~8，矩圆形，黑棕色。花期4—8月；果期6—9月。

分　　布： 河南各地均有分布；多见于路旁沟旁、田埂及荒地。

功用价值： 全草和种子可入药；嫩叶可食。

须根系

果期

植株

花序

花

平车前 *Plantago depressa* Willd.
车前属 *Plantago* L.

形态特征： 一年生草本，高5~20cm；有圆柱状直根。基生叶直立或平铺，椭圆形、椭圆状披针形或卵状披针形，边缘有远离小齿或不整齐锯齿，有柔毛或无毛，纵脉5~7条；叶柄基部有宽叶鞘及叶鞘残余。花葶少数，弧曲，疏生柔毛；穗状花序长4~10cm，顶端花密生，下部花较疏；苞片三角状卵形，和萼裂片均有绿色突起；萼裂片椭圆形；花冠裂片椭圆形或卵形，顶端有浅齿；雄蕊稍超出花冠。蒴果圆锥状，长3mm，周裂；种子5，矩圆形，长1.5mm，黑棕色。花期5—7月；果期7—9月。

分　　布： 河南各地均有分布；多见于路旁、操场、荒地、山坡、田埂及河边。

功用价值： 种子可入药；嫩叶可食。

果期　　植株　　直根系　　花序

▶ 玄参科 Scrophulariaceae ||||||||||||||||||||||||||||||||||||||||||||

毛泡桐 *Paulownia tomentosa* (Thunb.) Steud.
泡桐属 *Paulownia* Siebold et Zucc.

形态特征： 落叶乔木，高可达20m；幼枝、幼果密被黏质短腺毛，叶柄及叶背面较少，树皮暗灰色，不规则纵裂，枝上皮孔明显。叶对生，具长柄；叶片心形，全缘或波状浅裂，正面疏被星状毛，背面多少密被灰黄色星状茸毛，毛有长柄。聚伞圆锥花序的侧枝不很发达，小聚伞花序有花3~5朵，有与花梗等长的总花梗，均被星状茸毛；花萼浅钟状，密被星状茸毛，5裂至中部；花冠淡紫色。蒴果卵圆形，长3~4cm，外果皮硬革质。花期4—5月；果期8—9月。

分　　布： 河南各山区均有分布，各地有栽培。

功用价值： 材质优良，可制家具、农具、胶合板等；根、皮、花、叶可入药。

枝、叶　　植株　　蒴果　　萼深裂过半　　花序

楸叶泡桐 *Paulownia catalpifolia* Gong Tong 　　泡桐属 *Paulownia* Siebold et Zucc.

形态特征： 大乔木，树冠为高大圆锥形，树干通直。叶通常卵状心形，长约为宽的2倍，先端长渐尖，基部心形，全缘或波状而有角，正面无毛，背面密被星状绒。花序枝的侧枝不发达，花序金字塔形或窄圆锥形，长一般不超过35cm；小聚伞花序有明显的总花梗，总花梗约与花梗近等长。花萼浅钟形，浅裂达1/3~2/5处；萼齿三角形或卵形；花冠浅紫色，较细，管状漏斗形，内部常密被紫色细斑点。喉部基部向前弓曲，檐部二唇形。蒴果椭圆形，幼时被星状茸毛，果皮厚2~3mm。花期4月；果期7—8月。

分　　布： 河南各地有零星栽培。

功用价值： 材质优良，可制家具、农具、胶合板等；可作园林绿化树种。

保护类别： 中国特有种子植物。

枝、叶、花序　　植株　　花　　果实　　花序

玄参 *Scrophularia ningpoensis* Hemsl. 　　玄参属 *Scrophularia* L.

形态特征： 多年生大草本，高约1m。根数条，纺锤状或胡萝卜状。茎方形，有沟纹。下部的叶对生，柄长达4cm，上部的有时互生，柄短；叶片卵形至披针形，基部楔形、圆形或近心形，边缘具细锯齿，齿缘反卷，多少软骨质，并有突尖。聚伞圆锥花序大而疏散，通常在各轴上有腺毛，小聚伞花序常二至四回分枝，总花梗长1~3cm；花梗略短；花萼长2~3mm，5裂几达基部，裂片圆形，覆瓦状排列，边缘膜质；花冠褐紫色，长8~9mm，上唇明显长于下唇；退化雄蕊近于圆形。蒴果卵形，长8~9mm。花期6—10月；果期9—11月。

分　　布： 河南各山区均有分布；多见于海拔400~700m的竹林、溪旁、丛林、路旁等地。

功用价值： 根部可入药。

保护类别： 中国特有种子植物。

植株　　花果序　　花

四川沟酸浆 Mimulus szechuanensis Pai 沟酸浆属 *Mimulus* Spach

形态特征： 多年生直立草本，有时疏被柔毛。根状茎长。茎四方形，角处有狭翅，高可达60cm，常分枝。叶柄长达1.5cm；叶片卵形，长2~6cm，边缘有疏齿。花单生叶腋，花梗细长，1~3cm；花萼筒状，长1~1.5cm；果期囊泡状，5棱，棱处及口缘有多细胞睫毛，口斜截形，萼齿5个，后方1个略大；花冠黄色，喉部有紫斑，长约2cm，略呈唇形，上唇2裂，下唇3裂，有两条纵毛列。蒴果长椭圆形；种子有网纹。花期6—8月；果期7—10月。

分　　布： 河南伏牛山、桐柏山区均有分布；多见于海拔1000~2000m的林下潮湿处、水沟边、溪旁。

保护类别： 中国特有种子植物。

叶、花

根状茎

花侧面

花

通泉草 Mazus pumilus (N. L. Burman) Steenis 通泉草属 *Mazus* Lour.

形态特征： 一年生草本，无毛或疏生短柔毛。茎高5~30cm，直立或倾斜，不具匍匐茎，通常自基部多分枝。叶对生或互生，倒卵形至匙形，长2~6cm，基部楔形，下延成带翅的叶柄，边缘具不规则粗齿。总状花序顶生，比带叶的茎段长，有时茎仅生1~2片叶即生花；花梗果期长达10mm，上部的较短；花萼花期长约6mm；果期多少增大，有时长达10mm，直径可达15~20mm；花冠紫色或蓝色，长约10mm，上唇短直，2裂，裂片尖，下唇3裂，中裂片倒卵圆形，平头。蒴果球形，与萼筒平。花果期4—10月。

分　　布： 河南各地均有分布；多见于潮湿的草坡、沟旁、路旁、林缘。

功用价值： 全草可入药。

叶、花

花序

植株

花

地黄 *Rehmannia glutinosa* (Gaert.) Libosch. ex Fisch. et Mey.　　**地黄属** *Rehmannia* Libosch. ex Fisch. et Mey.

形态特征： 多年生直立草本，高10~30cm，全体密被白色长腺毛。根肉质。叶多基生，莲座状，柄长1~2cm，叶片倒卵状披针形至长椭圆形，长3~10cm，边缘齿钝或尖；茎生叶无或有且远比基生叶小。总状花序顶生，有时自茎基部生花；花萼筒部坛状，萼齿5个，反折，后面1个略长；花冠紫红色，长约4cm，中端略向下曲，上唇裂片反折，下唇3裂片伸直，长方形，顶端微凹，长0.8~1cm；子房2室，花后渐变1室。蒴果卵形。花果期4—7月。
分　　布： 河南各地均有分布；多见于山坡、山脚、路旁、砂质土壤、墙边。
功用价值： 根状茎可入药。
保护类别： 中国特有种子植物。

花序　　蒴果　　根状茎　　植株

草本威灵仙 *Veronicastrum sibiricum* (L.) Pennell　　**草灵仙属** *Veronicastrum* Heist. ex Fabr.

形态特征： 多年生草本。根状茎横走，长达13cm，节间短，根多而须状。茎圆柱状，不分枝，无毛或多少被长柔毛。叶4~6轮生，长圆形至宽线形，长8~15cm，宽1.5~4.5cm，无毛或两面疏被硬毛。花序顶生，长尾状，各部无毛。花萼裂片长度不超过花冠的1/2，钻形；花冠红紫色、紫色或淡紫色，长5~7mm，裂片长1.5~2mm。蒴果卵圆形，长3.5mm。种子椭圆形。花期7—9月；果期8—10月。
分　　布： 河南太行山、伏牛山区均有分布；多见于海拔1200~2000m的山坡路旁或阴湿处。
功用价值： 全草可入药。

叶轮生　　花果序　　茎、叶

北水苦荬 Veronica anagallis-aquatica Linnaeus　　　　婆婆纳属 *Veronica* L.

形态特征： 多年生草本，常全体无毛，稀花序轴、花梗、花萼、蒴果有疏腺毛。根状茎斜走。茎直立或基部倾斜，高10~100cm。叶对生，无柄，上部的叶半抱茎，卵状矩圆形至条状披针形，全缘或有疏而小的锯齿。总状花序腋生，比叶长，多花；花梗上升，与花序轴成锐角，与苞片近等长；花萼4深裂，裂片卵状披针形，长约3mm，急尖；花冠浅蓝色、淡紫色或白色，直径4~5mm，筒部极短，裂片宽卵形。蒴果卵圆形，顶端微凹，长宽近相等，与花萼近等长，花柱长约2mm。花期4—9月；果期5—10月。

分　　布： 河南各地均有分布；多见于水边、沼泽地、山谷阴湿处。

功用价值： 全草可入药；嫩苗可蔬食。

植株

花序

茎、叶、花序

花

阿拉伯婆婆纳 Veronica persica Poir.　　　　婆婆纳属 *Veronica* L.

形态特征： 铺散多分枝草本，高达50cm。茎密生两列柔毛。叶2~4对（腋内生花的称苞片）；卵形或圆形，长0.6~2cm，基部浅心形，平截或浑圆，边缘具钝齿，两面疏生柔毛；具短柄。总状花序很长；苞片互生，与叶同形近等大。花梗长于苞片，有的超过1倍；花萼长3~5mm；果期增大达8mm，裂片卵状披针形，有睫毛；花冠蓝色、紫色或蓝紫色，长4~6mm，裂片卵形或圆形，喉部疏被毛；雄蕊短于花冠。蒴果肾形，长约5mm，宽大于长，初被腺毛，后近无毛，网脉明显，凹口角度超过90°，裂片钝，宿存花柱超出凹口。种子背面具深横纹。花期3—5月；果期4—7月。

分　　布： 河南各地均有分布；多见于荒野杂草丛中。

植株

雌蕊、雄蕊

花

果实

山罗花 *Melampyrum roseum* Maxim.　　　　山罗花属 *Melampyrum* L.

形态特征： 一年生直立草本，全体疏被鳞片状短毛，有时茎上有两列柔毛。茎多分枝，高15~80cm，多少四方形。叶片卵状披针形至长条形。总状花序顶生；苞片下部的与叶同形，向上渐小，全缘，基部具尖齿到边缘全部具芒状齿，绿色或紫红色；花梗短；花萼钟状，萼齿正三角形至钻状长渐尖，脉上具多细胞柔毛；花冠红色至紫色，2齿裂，裂片翻卷，边缘密生须毛，下唇3齿裂，药室长而尾尖。蒴果长13mm，卵状长渐尖，略侧扁，室背2裂；种子2~4枚。花果期夏秋。

分　　布： 河南各山区均有分布；多见于山坡灌丛或草丛中。

功用价值： 全草可入药。

  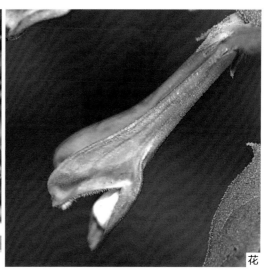

叶、花序　　植株　　花

松蒿 *Phtheirospermum japonicum* (Thunb.) Kanitz　　松蒿属 *Phtheirospermum* Bunge

形态特征： 一年生直立草本，全体被多细胞腺毛。茎高（10~）30~80cm，多分枝。叶片轮廓卵形至卵状披针形，下端羽状全裂，向上渐变为深裂至浅裂，裂片长卵形。穗状花序顶生，花疏；花萼钟状，长约6mm；果期增大，萼齿5个，裂片长卵形，上端羽状齿裂；花冠粉红色或紫红色，上唇直，稍盔状，2浅裂，裂片边缘外卷，下唇有两条横的大皱褶，上有白色长柔毛；雄蕊4个，药室基部延成短芒。蒴果卵状圆锥形，长约1cm，室背2裂。花果期6—10月。

分　　布： 河南各山区均有分布；多见于海拔150~2000m的山坡灌丛阴湿处。

功用价值： 全草可入药。

植株　　茎、叶、花　　花序　　花　　花侧面

穗花马先蒿 *Pedicularis spicata* Pall.

马先蒿属 *Pedicularis* L.

形态特征：一年生草本；根木质化。茎常在上部有4条轮生的分枝，有白色柔毛。叶基出者常早枯，茎生者多4个轮生；叶片矩圆状披针形至条状狭披针形，两面有毛，羽状浅裂至深裂，边缘有具刺尖的锯齿。穗状花序；花萼短，钟状，长3~4mm，前方仅微开裂，齿后方1个小，其余4个两两结合，三角形，钝或微缺；花冠红色。花期7—9月；果熟期8—10月。

分　　布：河南太行山及伏牛山区均有分布；多见于海拔1400~2000m的山坡草地、溪流旁及灌丛中。

叶　花侧面　植株　花序、轮生叶　花

阴行草 *Siphonostegia chinensis* Benth.

阴行草属 *Siphonostegia* Benth.

形态特征：一年生草本，高30~80cm，全体密被锈色短毛。茎上部多分枝，稍具棱角。叶对生，无柄或有短柄；叶片二回羽状全裂，裂片约3对，条形或条状披针形，宽1~2mm，有小裂片1~3个。花对生于茎枝上部，呈疏总状花序；花梗极短，有一对小苞片；萼筒有10条显著的主脉，齿5，长为筒部的1/4~1/3；花冠上唇红紫色，下唇黄色，筒部伸直，上唇镰状弓曲，额稍圆，背部密被长纤毛；下唇顶端3裂，褶襞高隆成瓣状；雄蕊2强，花丝基部被毛。蒴果包于宿存萼内，披针状矩圆形，顶端稍偏斜；种子黑色。花期6—8月；果期7—10月。

分　　布：河南各山区均有分布；多见于海拔700~1500m的山坡、草地、路旁、丘陵等地。

植株　花序　花　茎下部叶　花侧面

▶ 苦苣苔科 Gesneriaceae

西藏珊瑚苣苔 *Corallodiscus lanuginosus* (Wallich ex R. Brown) B. L. Burtt   **珊瑚苣苔属** *Corallodiscus* Batalin

形态特征： 多年生草本。叶多数，都基生，密集，外部的有柄，内部的无柄；叶片菱状卵形或菱形，边缘有小钝齿，正面散生长柔毛或变无毛，背面常红紫色，只沿脉有锈色茸毛，脉在正面下陷，在背面隆起；叶柄扁。花葶2~4条，和花序有锈色毛，后变无毛；聚伞花序伞状，有4~8花，苞片不明显；花萼长约2.5mm，无毛，5裂近基部，裂片狭卵形；花冠堇色，长9~11mm，外面无毛，上唇短，2浅裂，下唇3裂；能育雄蕊两对，内藏，花药成对连着；雌蕊无毛。蒴果条形，无毛。花期4—10月；果期6—12月。

分　　布： 河南太行山及伏牛山区均有分布；多见于海拔1000m以上的山坡林缘岩石及石缝中。

功用价值： 全草可入药。

叶　　花序　　花

半蒴苣苔 *Hemiboea subcapitata* Clarke   **半蒴苣苔属** *Hemiboea* C. B. Clarke

形态特征： 多年生草本。茎肉质，散生紫褐色斑点；叶对生，稍肉质，干时草质，椭圆形至倒卵状披针形，全缘或中部以上具浅钝齿，顶端急尖或渐尖，基部楔形或下延，常不相等，正面深绿色，背面淡绿色或紫红色；聚伞花序腋生或假顶生，具3~10朵花，萼片5，长椭圆形，花冠白色，具紫斑，上唇2浅裂，下唇3浅裂。蒴果线状披针形，多少弯曲。花期9—10月；果期10—12月。

分　　布： 河南伏牛山南坡、大别山、桐柏山区均有分布；多见于海拔1000~2000m的山谷林下石上或沟旁阴湿处。

功用价值： 全草可入药；可作猪饲料。

总苞
花

果序

花序

植株

叶柄基部合生

叶背面

总苞、花

叶柄基部分离

旋蒴苣苔 *Dorcoceras hygrometricum* Bunge　　旋蒴苣苔属 *Dorcoceras* Bunge

形态特征： 多年生草本。叶都基生，密集，无柄，肉质，近圆形、圆卵形或卵形，有时倒卵形，边缘有牙齿或波状浅齿，正面有贴伏的白色长柔毛，背面有白色或淡褐色茸毛，脉不明显。花葶1~5条，高7~14cm，有短腺毛；聚伞花序有2~5花，密生短腺毛；苞片卵形，长达2mm；花萼长约2mm，5裂近基部，裂片披针形；花冠淡蓝紫色，长1~1.5cm，筒长5~7mm，上唇2裂，下唇3裂；能育雄蕊2，花药连着；子房密生短毛，花柱伸出。蒴果长3~4cm，螺旋状扭曲。花期7—8月；果熟期9月。

分　　布： 河南各山区均有分布；多见于海拔1500m以下的山坡路旁岩石上。

功用价值： 全草可入药。

保护类别： 中国特有种子植物。

植株、花序

花

蒴果
（螺旋状卷曲）

吊石苣苔 *Lysionotus pauciflorus* Maxim.　　吊石苣苔属 *Lysionotus* D. Don

形态特征： 半灌木；茎长7~30cm，不分枝或分枝，幼枝常有短毛。叶对生或3~5叶轮生，有短柄或近无柄；叶片革质，楔形或楔状条形，有时狭矩圆形、狭卵形或倒卵形，边缘在中部以上有牙齿，无毛，侧脉不明显。花序腋生，有1~2花，苞片小，披针形；花萼近无毛，5裂近基部，裂片三角状条形；花冠白色，常带紫色，无毛，上唇2裂，下唇3裂；能育雄蕊2，花药连着，退化雄蕊2；花盘杯状，4裂，雌蕊无毛。蒴果长7.5~9cm；种子小，有长珠柄，顶端有1长毛。花期6—8月；果熟期8—11月。

分　　布： 河南大别山、桐柏山及伏牛山南部均有分布；多见于海拔600~2100m的山坡、林下石缝、岩石或树干上。

功用价值： 全草可入药。

叶

枝、叶、蒴果

枝、叶背面、蒴果

蒴果

▶ 爵床科 Acanthaceae

爵床 *Justicia procumbens* Linnaeus　　　　爵床属 *Justicia* L.

形态特征： 细弱草本；茎基部匍匐，通常有短硬毛，高20~50cm。叶椭圆形至椭圆状矩圆形，顶端尖或钝，常生短硬毛。穗状花序顶生或生于上部叶腋，长1~3cm，宽6~12mm；苞片1，小苞片2，均披针形，长4~5mm，有睫毛；花萼裂片4，条形，约与苞片等长，有膜质边缘和睫毛；花冠粉红色，长约7mm，二唇形，下唇3浅裂；雄蕊2，药室不等高，较低1室具距。蒴果长约5mm，上部具4枚种子，下部实心似柄状；种子表面有瘤状皱纹。花期8—10月；果期10—11月。

分　　布： 河南大别山、伏牛山、桐柏山区均有分布；多见于路旁、沟边、林下或旷野。

功用价值： 全草可入药。

叶、花　　花

茎、叶、花果序　　花序

白接骨 *Asystasia neesiana* (Wall.) Nees　　　　十万错属 *Asystasia* Blume

形态特征： 多年生草本，具白色、富黏液的根状茎，茎高达1m，略呈四棱形。叶卵形至椭圆状矩圆形，顶端尖至渐尖，边缘微波状至具浅齿。花序穗状或基部有分枝，顶生，长6~12cm；花单生或双生；苞片微小，长1~2mm；花萼裂片5，长约6mm，有腺毛；花冠淡紫红色，漏斗状，外疏生腺毛，花冠筒细长，长3.5~4cm，裂片5，略不等，长约1.5cm；雄蕊2强，着生于花冠喉部，2药室等高。蒴果长18~22mm，上部具4枚种子，下部实心细长似柄。花期7—10月；果期8—11月。

分　　布： 河南大别山、伏牛山南部均有分布；多见于阴湿的山坡林下、溪旁、路边草丛及田边。

功用价值： 叶和根状茎可入药。

花序　　花

茎、叶、花

植株　　蒴果

▶ 透骨草科 Phrymaceae ‖‖‖‖‖‖‖‖‖‖‖‖‖‖‖‖‖‖‖‖‖‖‖‖‖‖‖‖‖‖‖‖‖

透骨草 *Phryma leptostachya* subsp. *asiatica* (Hara) Kitamura　　透骨草属 *Phryma* L.

形态特征： 多年生草本，高80~100cm。茎四棱形，不分枝或于上部有带花序的分枝，分枝叉开，绿色或淡紫色，茎遍布倒生短柔毛或于茎上部有开展的短柔毛，稀近无毛。叶卵状长圆形、卵状披针形等，边缘有3~5至多数锯齿，两面散生但沿脉较密的短柔毛，侧脉每侧4~6；叶柄被短柔毛，有时上部叶柄极短或无柄。穗状花序被微柔毛或短柔毛；苞片钻形或线形。小苞片2，生于花梗基部，与苞片同生，具短梗，花后反折；花萼筒状，有5纵棱，外面常有微柔毛，萼齿直立。上方萼齿3，钻形，下方萼齿2，三角形；花冠蓝紫色、淡红色或白色，漏斗状筒形。瘦果窄椭圆形，包藏于棒状宿存花萼内，反折并贴近果序轴。种子1，基生，种皮与果皮合生。花期6—10月；果期8—12月。

分　　布： 河南各山区均有分布；多见于山坡、沟边阴湿处。

功用价值： 全草可入药。

花果序

花

植株

叶

▶ 紫葳科 Bignoniaceae ‖‖‖‖‖‖‖‖‖‖‖‖‖‖‖‖‖‖‖‖‖‖‖‖‖‖‖‖‖‖‖‖‖

楸 *Catalpa bungei* C. A. Mey　　梓属 *Catalpa* Scop.

形态特征： 落叶乔木，树干耸直，高达15m。叶对生，三角状卵形至宽卵状椭圆形，顶端渐尖，基部截形至宽楔形，全缘，有时基部边缘有1~4对尖齿或裂片，两面无毛；柄长2~8cm。总状花序呈伞房状，有花3~12朵；萼片顶端有2尖齿；花冠白色，内有紫色斑点，长约4cm。蒴果长25~50cm，宽约5mm；种子狭长椭圆形，长约1cm，宽约2mm，两端生长毛。花期5—6月；果期6—10月。

分　　布： 河南各山区均有分布；多见于浅山丘陵、肥沃山地；平原也有零星栽培。

功用价值： 良好的用材树种；叶、树皮及种子均可入药。

保护类别： 中国特有种子植物。

植株

花序

花

梓 *Catalpa ovate* G. Don

形态特征： 落叶乔木，高约6m；嫩枝无毛或具长柔毛。叶对生，有时轮生，宽卵形或近圆形，先端常3~5浅裂，基部圆形或心形，正面尤其是叶脉上疏生长柔毛；叶柄长，嫩时有长柔毛。花多数，呈圆锥花序，花序梗稍有毛，长10~25cm；花冠淡黄色，内有黄色线纹和紫色斑点，长约2cm。蒴果长20~30cm，宽4~7mm，嫩时疏生长柔毛；种子长椭圆形，长8~10mm，宽约3mm，两端生长毛。花期5—6月；果期6—10月。

分　　布： 河南各山区均有分布；多见于海拔1000m以下的山谷、溪旁、河岸。

功用价值： 良好的用材树种；叶、树皮及种子均可入药。

叶　花　植株　花序　蒴果

▶ 桔梗科 **Campanulaceae** ||||||||||||||||||||||||||||||||||||||||||||

羊乳 *Codonopsis lanceolata* (Sieb. et Zucc.) Trautv.

形态特征： 草质缠绕藤本，有白色乳汁。根圆锥形或纺锤形，长达15cm，有少数须根。茎无毛，有多数短分枝。在主茎上的叶互生，小，菱状狭卵形，无毛；在小枝顶端通常2~4叶簇生，而近于对生或轮生状，有短柄，菱状卵形或狭卵形，无毛。花单生或对生于小枝顶端，无毛；萼筒长约5mm，裂片5，卵状三角形；花冠黄绿色带紫色或紫色，宽钟状，5浅裂；雄蕊5；子房半下位，柱头3裂。蒴果有宿存花萼，上部3瓣裂；种子有翅。花果期7—8月。

分　　布： 河南伏牛山、桐柏山、大别山区均有分布；多见于山坡、山谷林下、灌丛中。

功用价值： 根可入药。

花　枝、叶、花　茎、叶　雌蕊、雄蕊　根　果期

党参 *Codonopsis pilosula* (Franch.) Nannf. 　党参属 *Codonopsis* Wall.

形态特征： 草质缠绕藤本，有白色乳汁。根胡萝卜状圆柱形，长约30cm，常在中部分枝。茎长约1.5m，分枝多，无毛。叶互生；叶片卵形或狭卵形，边缘有波状钝齿，两面有密或疏的短伏毛；叶柄长0.6~2.5cm，常疏生开展的短毛。花1~3朵生分枝顶端；花萼无毛，裂片5，狭矩圆形或矩圆状披针形，长1.6~1.8cm；花冠淡黄绿色，宽钟状，长1.8~2.4cm，无毛，5浅裂，裂片正三角形，急尖；雄蕊5；子房半下位，3室。蒴果3瓣裂，有宿存花萼。花果期7—10月。

分　　布： 河南各山区均有分布；多见于山坡灌丛及林缘，或人工栽培。

功用价值： 根可入药。

花序　肉质根　枝、花　茎、枝、叶　花

桔梗 *Platycodon grandiflorus* (Jacq.) A. DC. 　桔梗属 *Platycodon* A. DC.

形态特征： 多年生草本，有白色乳汁。根胡萝卜形，长达20cm，皮黄褐色。茎高40~120cm，无毛，通常不分枝或有时分枝。叶3个轮生，对生或互生，无柄或有极短柄，无毛；叶片卵形至披针形，边缘有尖锯齿，背面被白粉。花1至数朵生于茎或分枝顶端；花萼无毛，有白粉，裂片5，三角形至狭三角形，长2~8mm；花冠蓝紫色，宽钟状，直径4~6.5cm，长2.5~4.5cm，无毛，5浅裂；雄蕊5，花丝基部变宽，内面有短柔毛；子房下位，5室，胚珠多数，花柱5裂。蒴果倒卵圆形，顶部5瓣裂。花期7—9月；果期8—10月。

分　　布： 河南各山区均有分布；多见于海拔400~1200m的山坡林下或草丛地，也有栽培。

功用价值： 根可入药。

花　蒴果　花序　肉质根　茎、叶

紫斑风铃草 *Campanula punctate* Lamarck

风铃草属 *Campanula* L.

形态特征： 多年生草本，全体被刚毛；具细长而横走的根状茎。茎直立，粗壮，高达1m，常在上部分枝。基生叶具长柄，心状卵形；茎生叶下部的有带翅的长柄，上部的无柄，三角状卵形或披针形，边缘具不整齐钝齿。花生于主茎及分枝顶端，下垂；花萼裂片长三角形，裂片间有一个卵形至卵状披针形而反折的附属物，边缘有芒状长刺毛；花冠白色，带紫斑，筒状钟形，裂片有睫毛。蒴果半球状倒锥形，脉明显。种子灰褐色，长圆状，稍扁。花期6~9月；果期9~10月。

分　　布： 河南各山区均有分布；多见于1000~2000m的山坡林下或山沟河边草地上。

功用价值： 全草可入药。

植株

花期

花

杏叶沙参 *Adenophora petiolata* subsp. *hunanensis* (Nannfeldt) D. Y. Hong et S. Ge

沙参属 *Adenophora* Fisch.

形态特征： 多年生草本，有白色乳汁。茎高60~120cm，有短毛或无毛。茎生叶互生，下部的有短柄，中部以上的无柄；叶片卵形或狭卵形，基部宽楔形或近截形，有时条状披针形，长达14cm，边缘有不整齐的锯齿，正面疏生短毛，背面有疏或密的短毛。花序狭长，下部有短或长的分枝，有短毛或近无毛；花萼常有或疏或密的白色短毛，裂片5，卵形或狭卵形，基部稍合生，端钝；花冠淡紫蓝色，钟状，外面无毛，5浅裂；雄蕊5，基部变宽，边缘密生柔毛；花盘宽圆筒状；子房下位，花柱与花冠近等长。花期7—9月；果期8—10月。

分　　布： 河南伏牛山、大别山区均有分布；多见于海拔1000~1600m的山坡草地或树林下。

功用价值： 根可入药。

植株

肉质根

花序

花

石沙参 Adenophora polyantha Miq.

沙参属 Adenophora Fisch.

形态特征： 多年生草本，有白色乳汁。根近胡萝卜形，长达30cm。茎通常数条自根抽出，高25~80cm，有密或疏的短毛，有时近无毛。茎生叶互生，无柄，薄革质或纸质，条形、条状披针形至狭卵形，边缘有长或短的尖齿，两面有疏或密的短毛，偶尔无毛。花序不分枝，总状，或下部有分枝而呈圆锥状，常有短毛；花常偏于一侧；花萼外面有疏或密的短毛，裂片5，狭三角状披针形；花冠深蓝色，钟状，外面无毛，5浅裂；雄蕊5，花丝下部变宽，有柔毛；花盘短圆筒状，有疏毛；子房下位，花柱与花冠近等长或伸出。花期8—10月；果期9—11月。

分　　布： 河南伏牛山的卢氏、嵩县、灵宝、伊川、嵩山、西峡、桐柏及太行山和大别山区诸地均有分布；多见于海拔700~2100m的山坡草地或灌丛中。

功用价值： 根可入药。

肉质根

花序　植株

沙参 Adenophora stricta Miq.

沙参属 Adenophora Fisch.

形态特征： 多年生草本。茎高40~80cm，不分枝，常被长柔毛，稀无毛。基生叶心形，大而具长柄；茎生叶无柄，或仅下部的叶有极短而带翅的柄，叶椭圆形或窄卵形，两面被长柔毛或长硬毛，稀无毛，长3~11cm。花序常不分枝而呈假总状花序，或有短分枝而呈极窄的圆锥花序，稀具长分枝而为圆锥花序。花梗长不及5mm；花萼被极密的硬毛，萼筒常倒卵状，稀倒卵状圆锥形，裂片多为钻形，稀线状披针形，长6~8mm；花冠宽钟状，蓝色或紫色，外面被短硬毛，特别是在脉上，长1.5~2.3cm，裂片长为全长的1/3，花盘短筒状，无毛；花柱常稍长于花冠，稀较短。蒴果椭圆状球形。种子稍扁，有1条棱。花期8—10月；果期9—11月。

分　　布： 河南大别山及伏牛山区均有分布；多见于海拔700~2100m的山坡草地或山林下。

功用价值： 根可入药。

植株

肉质根

花侧面

花

▶ 茜草科 Rubiaceae ||||||||||||||||||||||||||||||||||||||||||||

细叶水团花 *Adina rubella* Hance

水团花属 *Adina* Salisb.

形态特征： 小灌木，高60~100cm；小枝红褐色，被柔毛。叶对生，纸质，卵状披针形或矩圆形，干后边缘外卷，正面近无毛或在中脉上有疏短毛，背面沿脉上被疏毛；叶柄极短或无；托叶2深裂，披针形，长约2mm，外反。头状花序顶生，通常单个，盛开时直径1.5~2cm；总花梗长2~3cm，被柔毛；花5数，长4~5mm，直径约2mm；花冠裂片上部有黑色的点。蒴果长4mm。花果期5—12月。

分　　布： 河南大别山、桐柏山及伏牛山南部均有分布；多见于山沟溪旁。

功用价值： 茎皮含纤维，可制作绳索；枝干、花可药用；可作庭院观花、观果树木，同时也是传统的盆景材料。

枝、叶、花序　　　　　　植株　　　　　　球形头状花序

鸡仔木 *Sinoadina racemosa* (Sieb. et Zucc.) Ridsd.

鸡仔木属 *Sinoadina* Ridsdale.

形态特征： 乔木，高6~14m；树皮厚，灰黑色，粗糙，具纵横短裂纹；枝光亮，深褐色。叶对生，纸质，卵形或椭圆形，顶端短渐尖，基部浑圆或稍偏斜；侧脉整齐而明显，正面无毛，有光泽，背面仅在脉腋有束毛；叶柄长2~3cm，稍粗壮；托叶2裂，裂片圆形，早落。头状花序顶生，总状花序式排列，盛开时直径2~2.3cm；总花梗长2.5~3cm，光滑；花5数，被毛，长8~9mm，直径约2mm。蒴果长4~5mm，直径1.5mm。花果期5—12月。

分　　布： 河南大别山、桐柏山和伏牛山南部均有分布；多见于海拔1000m以下的山坡疏林中。

功用价值： 树形优美，是良好的用材植物。

果序　　　　　　枝、叶、花果序　　　　　　枝、叶

香果树 *Emmenopterys henryi* Oliv.　　　　　　　　**香果树属 *Emmenopterys* Oliv.**

形态特征： 落叶大乔木，高达30m；小枝有皮孔。叶对生，有长柄，革质，宽椭圆形至宽卵形，长约20cm；托叶大，三角状卵形，早落。聚伞花序排呈顶生大型圆锥花序状，常疏松；花大，黄色，5数，有短梗；花萼近陀螺状，裂片顶端截平，脱落，但一些花的萼裂片中的1片扩大成叶状，色白而宿存于果上；花冠漏斗状，白色或黄色，长约2cm，被茸毛，裂片覆瓦状排列。蒴果近纺锤状，有直线棱，成熟时红色，室间开裂为2果瓣；种子很多，小而有阔翅。花期6—8月；果期8—11月。

分　　布： 河南大别山、桐柏山及伏牛山南部均有分布；多见于海拔1000m以下的山坡及山谷。

功用价值： 花美丽，可作园林观赏树种。

保护类别： 中国特有种子植物；国家二级重点保护野生植物；国家一级珍贵树种。

花序、萼裂片　花　变态的叶状萼裂片　叶、蒴果　叶　植株　花序

鸡屎藤 *Paederia foetida* L.　　　　　　　　**鸡屎藤属 *Paederia* L.**

形态特征： 藤本，通常长3~5m，多分枝。叶对生，纸质，形状和大小变异很大，宽卵形至披针形，顶端急尖至渐尖，基部宽楔形、圆形至浅心形，两面无毛或背面稍被短柔毛；托叶三角形。聚伞花序排成顶生带叶的大圆锥花序或腋生而疏散少花，末回分枝常延长，一侧生花；花和果与广西鸡矢藤相似，但较大，花冠长10~12mm。核果直径达7mm。花期5—6月；果期7—12月。

分　　布： 河南大别山、桐柏山及伏牛山区均有分布；多见于海拔300~1500m的山坡荒地、河谷及路旁灌丛中。

功用价值： 全草可药用。

花序　茎、节、花序　花　植株

茜草 *Rubia cordifolia* L.

茜草属 *Rubia* L.

形态特征： 草质攀缘藤本；根紫红色或橙红色；小枝有明显的4棱，棱上有倒生小刺。叶4片轮生，纸质、卵形至卵状披针形，顶端渐尖，基部圆形至心形，正面粗糙，背面脉上和叶柄常有倒生小刺，基部三或五出脉；叶柄长短不齐，长的达10cm，短的仅1cm。聚伞花序通常排成大而疏松的圆锥花序状，腋生和顶生；花小，黄白色，5数，有短；花冠辐状。浆果近球状，直径5~6mm，黑色或紫黑色，有1枚种子。花期8—9月；果期10—11月。

分　　布： 河南各地均有分布；多见于灌丛、林下、路旁草丛、山谷、河边、荒地等地。

功用价值： 根可入药。

茎、叶

花序

花

叶

四叶葎 *Galium bungei* Steud.

拉拉藤属 *Galium* L.

形态特征： 多年生丛生近直立草本，高达50cm，有红色丝状根；茎通常无毛或节上被微毛。叶4片轮生，近无柄，卵状矩圆形至披针状长圆形，长通常0.8~2.5cm，顶端稍钝，中脉和边缘有刺状硬毛。聚伞花序顶生和腋生，稠密或稍疏散；花小，黄绿色，有短梗；花冠无毛。果爿近球状，直径1~2mm，通常双生，有小鳞片。花期4—9月；果期5—10月。

分　　布： 河南各山区均有分布；多见于山沟、路旁、草地及阴湿处。

花

花序

植株

六叶葎 *Galium hoffmeisteri* Ehrendorfer et Schonbeck-Temesy ex R. R. Mill

拉拉藤属 *Galium* L.

形态特征： 一年生草本，常直立，有时披散状，高10~60cm，近基部分枝，有红色丝状的根；茎直立，柔弱，具4角棱，具疏短毛或无毛。叶片薄，纸质或膜质，多见于茎中部以上的常6片轮生，生于茎下部的常4~5片轮生，长圆状倒卵形、倒披针形、卵形或椭圆形，正面散生糙伏毛，常在近边缘处较密，背面有时亦散生糙伏毛，中脉上有或无倒向的刺，边缘有时有刺状毛，具1中脉，近无柄或有短柄。聚伞花序顶生和生于上部叶腋，少花，2~3次分枝，常广歧式叉开，总花梗长可达6cm，无毛；苞片常成对；花小；花冠白色或黄绿色，裂片卵形；雄蕊伸出。果爿近球形，单生或双生，密被钩毛；果柄长达1cm。花期4—8月；果期5—9月。

分　　布： 河南各山区均有分布；多见于山沟、路旁、草地及阴湿处。

叶、花序

茎、叶

叶

花

拉拉藤（猪殃殃） *Galium spurium* L.

拉拉藤属 *Galium* L.

形态特征： 一年生多枝、蔓生或攀缘状草本，高达90cm；茎有4棱；棱上、叶缘、叶中脉均有倒生小刺毛。叶纸质或近膜质，4~8片轮生带状倒披针形或长圆状倒披针形，先端有针状凸尖头，基部渐窄，两面常有紧贴刺毛，1脉；近无柄。聚伞花序腋生或顶生。花4数，花梗纤细；花萼被钩毛；花冠黄绿色或白色，辐状，裂片长圆形，长不及1mm，镊合状排列。果干燥，有1或2个近球状分果瓣，直径达5.5mm，肿胀，密被钩毛，果柄直，长达2.5cm。花期3—7月；果期4—11月。

分　　布： 河南各地均有分布；多见于麦田、路旁或草坡。

功用价值： 全草可药用；麦田常见杂草。

果期

植株

茎、叶、花

花

▶忍冬科 Caprifoliaceae ||||||||||||||||||||||||||||||||||||||||||||||

接骨草 *Sambucus javanica* Blume
接骨木属 *Sambucus* L.

形态特征： 高大草本至半灌木，高达3m；髓心白色。单数羽状复叶；小叶（3~）5~9，无柄至具短柄，披针形，顶端渐尖，边具锯齿，基部钝至圆形。大型复伞房状花序顶生，各级总梗和花梗无毛至多少有毛，具由不孕花变成的黄色杯状腺体；花小，白色；萼筒杯状，长约1.5mm，萼齿三角形；花冠辐状，裂片5，长约1.5mm，稍短于裂片；柱头3裂。浆果状核果近球形，直径3~4mm，红色；核2~3枚，卵形，表面有小瘤状突起。花期4—5月；果期8—9月。

分　　布： 河南各山区均有分布；多见于海拔700~2000m的山坡林下、灌丛或草丛中。

功用价值： 根及叶可入药。

叶

浆果状核果

花序

茎、叶、花序

花

接骨木 *Sambucus williamsii* Hance
接骨木属 *Sambucus* L.

形态特征： 灌木至小乔木，高达6m；老枝有皮孔，髓心淡黄棕色。叶单数羽状复叶；小叶3~11，椭圆形至矩圆状披针形，长5~12cm，顶端尖至渐尖，基部常不对称，边有锯齿，揉碎后有臭味。圆锥花序顶生，长达7cm，花序轴及各级分枝均无毛；花小，白色至淡黄色；萼筒杯状，长约1mm，萼齿三角状披针形，稍短于萼筒；花冠辐状，裂片5，长约2mm；雄蕊5，约与花冠等长。浆果状核果近球形，直径3~5mm，黑紫色或红色；核2~3颗，卵形至椭圆形，略有皱纹。花期4—5月；果熟期9—10月。

分　　布： 河南各山区均有分布；多见于海拔500~1600m的山坡、灌丛、沟边、路旁。

功用价值： 茎皮、根皮及叶可药用。

花序

浆果状核果

植株

枝、叶、果序

莛子藨 Triosteum pinnatifidum Maxim.　　　　　**莛子藨属 Triosteum L.**

形态特征： 多年生草本。茎高达60cm，被刺刚毛和腺毛。叶3~4对，近无柄，轮廓倒卵形至倒卵状椭圆形，长8~20cm，羽状分裂，稀全缘，两面具刺刚毛，但背面较疏。穗状花序顶生，具3~4轮，每轮有6花，聚伞花序对生，各具3朵花，无总花梗；萼筒长约4mm，有腺毛，萼齿5，微小；花冠长约10mm，黄绿色，外有腺毛，筒基部具囊，裂片二唇形，上4下1，裂片里面带紫斑点；雄蕊5，与花柱均稍短于花冠。核果近球形，直径8~10mm，有腺毛，白色，核3枚。花期5~6月；果期8~9月。

分　　布： 河南伏牛山和太行山区均有分布；多见于海拔1000m以上的山坡及山谷林下阴湿处。

功用价值： 全草可入药。

果序、浆果状核果

叶、花序

花

植株

桦叶荚蒾 Viburnum betulifolium Batal.　　　　　**荚蒾属 Viburnum L.**

形态特征： 灌木至小乔木，高2~5m；幼枝紫褐色。叶卵形、宽卵形至卵状矩圆形或近菱形，顶端尖至渐尖，边有牙齿，两面无毛或正面有叉毛，背面密生星状毛，近基部两侧有少数腺体；侧脉4~6对，伸达齿端；叶柄长0.8~2.5cm，有钻形托叶，有时托叶不显。花序复伞形状，近无毛至密生星状毛；萼筒具腺体至密生星状毛，萼檐具5微齿；花冠白色，辐状，外面无毛或有星状毛；雄蕊5，稍短至稍长于花冠。核果近球形，红色，核扁，背具2，腹具1浅槽。花期6~7月；果期9~10月。

分　　布： 河南伏牛山南北坡均有分布；多见于海拔1200m以上的山谷林中或山坡灌丛中。

保护类别： 中国特有种子植物。

核果

果序

枝、叶、花序

花

花序

鸡树条（鸡树条荚蒾）*Viburnum opulus* subsp. *calvescens* (Rehder) Sugimoto

荚蒾属 *Viburnum* L.

形态特征： 树落叶灌木，高可达4m。冬芽卵圆形，有柄，无毛，叶片轮廓圆卵形至广卵形或倒卵形，通常3裂，掌状，无毛，裂片顶端渐尖，边缘具不整齐粗牙齿，椭圆形至矩圆状披针形而不分裂，边缘疏生波状牙齿，叶柄粗壮，无毛，复伞形式聚伞花序，周围有大型的不孕花，总花梗粗壮，无毛，花生于第二至第三级辐射枝上，花梗极短；萼齿三角形，均无毛；花冠白色，辐状，花药黄白色，不孕花白色，果实红色，近圆形。花期5~6月；果熟期9—10月。

分　　布： 河南伏牛山及太行山均有分布；多见于海拔1000~2000m的杂木林中或林缘。

果序

核果

枝、叶、花序

花序

枝、叶

植株

陕西荚蒾 *Viburnum schensianum* Maxim.

荚蒾属 *Viburnum* L.

形态特征： 灌木，高达3m；幼枝具星状毛，老枝灰黑色，冬芽不具鳞片。叶卵状椭圆形，长3~6cm，顶端钝或略尖，边有浅齿，正面或疏生短毛，背面疏生星状毛，侧脉5~6对，侧脉近叶缘前互相网结或部分伸至齿端。花序有多花，直径5~8cm，第一级辐射枝通常5条；萼筒长约3mm，萼檐长约1mm，具5微齿；花冠白色，辐状，长约4mm，花冠筒长约1mm；雄蕊5，着生近花冠筒基部，稍长于花冠。核果短椭圆形，长约8mm，先红色熟后黑色；核背部略隆起，腹具3浅槽。花期5—7月；果熟期8—9月。

分　　布： 河南伏牛山南北坡及太行山区均有分布；多见于海拔700~2200m的山谷林中或山坡灌丛中。

保护类别： 中国特有种子植物。

果序、核果

花序

枝、叶、果序

枝、叶、花序

叶背面

烟管荚蒾 *Viburnum utile* Hemsl. 　　　　　　荚蒾属 *Viburnum* L.

形态特征： 常绿灌木，高达2m；幼枝密被淡灰褐色星状毛，老枝棕褐色，冬芽无鳞片。叶革质，椭圆状卵形至卵状矩圆形，顶端钝，稀略尖，背面被灰白色星状毡毛，具5~6对隆起的侧脉。花序复伞形状，有星状毛；萼筒无毛，萼檐具5钝齿；花冠白色，在未开放前略带粉红色，辐状，花冠筒长1.5mm；雄蕊5，着生近花冠筒基部，约等长于花冠。核果椭圆形，长约7mm，先红色熟后黑色；核扁，有2条极浅背沟和3条腹沟。花期3—4月；果期8月。

分　　布： 河南伏牛山南部分布；多见于海拔500~1800m的山坡林缘或灌丛中。

保护类别： 中国特有种子植物。

核果

花

花序　　　　枝、叶、果序　　　叶背面

猬实 *Kolkwitzia amabilis* Graebn. 　　　　猬实属 *Kolkwitzia* Graebn.

形态特征： 多分枝直立灌木，高达3m；幼枝红褐色，被短柔毛及糙毛，老枝光滑，茎皮剥落。叶椭圆形至卵状椭圆形，顶端尖或渐尖，全缘，少有浅齿状，正面深绿色，两面散生短毛，脉上和边缘密被直柔毛和睫毛。伞房状聚伞花序具长1~1.5cm的总花梗，花梗几不存在；苞片披针形，紧贴子房基部；萼筒外面密生长刚毛，上部缢缩似颈，裂片钻状披针形，有短柔毛；花冠淡红色，基部甚狭，中部以上突然扩大，外有短柔毛，裂片不等，其中2个稍宽短，内面具黄色斑纹；花药宽椭圆形；花柱有软毛，柱头圆形，不伸出花冠筒外。果实密被黄色刺刚毛，顶端伸长如角，冠以宿存的萼齿。花期5—6月；果熟期8—9月。

分　　布： 河南伏牛山、太行山区均有分布；多见于海拔350~1500m的山坡、路边和灌丛中。

功用价值： 可作观赏植物。

保护类别： 中国特有种子植物；河南省重点保护野生植物。

果实、萼外刺刚毛

花序

瘦果状核果
枝、叶、花
花

六道木 *Zabelia biflora* (Turcz.) Makino

六道木属 *Zabelia* (Rehder) Makino

形态特征： 灌木，高达3m；幼枝被倒向刺刚毛。叶矩圆形至矩圆状披针形，长2~6cm，顶端尖至渐尖，基部钝至渐狭，全缘至羽状浅裂，两面脉上有柔毛，边有睫毛；叶柄基部膨大，有刺刚毛。花白色、淡黄色或带红色，2朵并生于小枝末端；总花梗近不存在；花萼疏生短刺刚毛，裂片4，倒卵状矩圆形，长约1cm；花冠钟状高脚碟形，外生短柔毛杂有倒向刺刚毛，筒长约7mm，裂片4，长约2mm；雄蕊2长2短，内藏。瘦果状核果，微弯曲，冠以宿存而略有增大的4裂片。花期早春；果期8~9月。

分　布： 河南太行山、伏牛山区均有分布；多见于海拔1000m以上的山坡灌丛、林下及沟旁。

花、宿存花萼裂片　　　　花序无总花梗

枝、叶、花　　　　叶　　　枝、叶背面

南方六道木 *Zabelia dielsii* (Graebn.) Makino

六道木属 *Zabelia* (Rehder) Makino

形态特征： 落叶灌木。当年生小枝红褐色，老枝灰白色。叶长卵形、倒卵形、椭圆形或披针形，嫩时正面散生柔毛，背面叶脉基部被白色粗硬毛，余无毛，全缘或有1~6对齿牙，具缘毛。花2朵生于侧枝顶部叶腋；总花梗长1.2cm。花梗极短或几无；萼筒长约8mm，散生硬毛，萼檐4裂，裂片卵状披针形或倒卵形，基部楔形；花冠白色，后浅黄色，4裂，裂片圆，长约为冠筒1/5~1/3，筒内有柔毛；雄蕊4，二强，内藏，花柱细长，与花冠等长，不伸出花冠筒外。果长1~1.5cm。种子柱状。花期4月下旬至6月上旬；果期8—9月。

分　布： 河南各山区均有分布；多见于海拔800m以上的山坡灌丛中、路旁林下。

保护类别： 中国特有种子植物。

枝、叶、瘦果（具宿存4萼裂）

花序具总花梗　　　　花

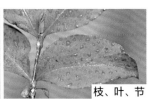

枝、叶、节

花

蒲梗花 *Abelia uniflora* R. Brown　　六道木属 *Abelia* (Rehder) Makino

形态特征： 落叶灌木。幼枝红褐色，被柔毛，老枝皮条裂脱落。叶圆卵形、窄卵圆形、菱形、窄长圆形或披针形，长1.5~4cm，先端渐尖或长渐尖，基部楔形或钝，疏生锯齿，有时近全缘，具纤毛，两面疏被柔毛，背面基部叶脉密被白色长柔毛；叶柄长2~4mm。花生于侧生短枝顶端叶腋，呈聚伞花序状。萼筒细长，萼檐2裂，裂片椭圆形，长约1cm，与萼筒等长；花冠红色，窄钟形，5裂，稍二唇形，上唇3裂，下唇2裂，冠筒基部两侧不等，具浅囊；花柱与雄蕊等长，柱头头状，稍伸出花冠喉部。果长圆柱形，具2个宿存萼裂片。花期5—6月；果期8—9月。

分　　布： 河南伏牛山分布；多见于海拔520~1640m的沟边、灌丛、山坡林下或林缘。

功用价值： 幼叶可做凉粉；可作观赏树种。

枝、叶、花　　　　花序　　枝、叶　　瘦果、宿存萼裂片　　花

金花忍冬 *Lonicera chrysantha* Turcz.　　忍冬属 *Lonicera* L.

形态特征： 灌木，高达2m；冬芽狭卵形，顶端尖，鳞片具睫毛，背部疏生柔毛。叶菱状卵形至菱状披针形，长4~10cm，顶端渐尖。总花梗长1.2~3cm；相邻两花的萼筒分离，有腺毛萼，檐有明显的圆齿；花冠先白色后黄色，长1.5~1.8cm，外疏生微毛，唇形，花冠筒3倍短于唇瓣；雄蕊5，与花柱均稍短于花冠。浆果红色，直径5~6mm。花期5—6月；果期7—9月。

分　　布： 河南太行山及伏牛山均有分布；多见于海拔250~2000m的沟谷、林下或林缘灌丛中。

功用价值： 可作盆景材料。

花序　　　果期、浆果　　枝、叶、果实　　花

北京忍冬 *Lonicera elisae* Franch.

忍冬属 *Lonicera* L.

形态特征： 落叶灌木，高约3m。幼枝无毛或连同叶柄和总花梗均被糙毛、刚毛和腺毛，2年生小枝常有深色小瘤状突起。冬芽近卵圆形，有数对亮褐色、圆卵形外鳞片。叶纸质，两面被硬伏毛，背面被较密绢丝状长糙伏毛和糙毛。花叶同放，总花梗生于2年生小枝顶端苞腋；苞片背面被小刚毛。相邻两萼筒分离，有腺毛和刚毛或几无毛，萼檐有不整齐钝齿，1个较长，有硬毛及腺缘毛或无毛；花冠白色或带粉红色，长漏斗状，外被糙毛或无毛，冠筒细长，基部有浅囊，裂片稍不整齐，长为筒1/3；雄蕊不高出花冠裂片；花柱稍伸出，无毛。果熟时红色，椭圆形，疏被腺毛和刚毛或无毛。花期4—5月；果期5—6月。

分　　布： 河南太行山及伏牛山区均有分布；多见于海拔500~2000m的沟谷、山坡林中或灌丛中。

保护类别： 中国特有种子植物。

枝、叶

浆果

花序

花

黏毛忍冬 *Lonicera fargesii* Franchet

忍冬属 *Lonicera* L.

形态特征： 落叶灌木，高达4m；幼枝、叶柄和总花梗都被开展的污白色柔毛状糙毛及具腺糙毛。冬芽外鳞片约4对，卵形，无毛。叶纸质，倒卵状椭圆形、倒卵状矩圆形至椭圆状矩圆形，边缘不规则波状起伏，有睫毛，正面疏生糙伏毛，有时散生短腺毛，背面脉上密生伏毛及散生短腺毛。总花梗长3~5cm；苞片叶状，卵状披针形或卵状矩圆形，两侧稍不等，有柔毛和睫毛；小苞片小，圆形，2裂，有腺缘毛；相邻两萼筒全部合生或稀上端分离，萼齿短，三角形，有腺缘毛；花冠红色或白色，唇形，外被柔毛，筒部有深囊，上唇裂片极短，下唇反曲；花丝下部有柔毛，花药稍伸出；花柱比雄蕊短。果实红色，卵圆形，内含2~3枚种子；种子橘黄色，椭圆形，稍扁，一面稍凹入。花期5—6月；果熟期9—10月。

分　　布： 河南伏牛山、大别山、太行山区均有分布；多见于山坡、山谷林中或灌丛中。

保护类别： 中国特有种子植物。

枝、叶、花序

枝、叶、花

花

花侧面

郁香忍冬 *Lonicera fragrantissima* Lindl. et Paxt.　忍冬属 *Lonicera* L.

形态特征： 半常绿灌木，高达2m；幼枝有刺刚毛。叶倒卵状椭圆形至卵状矩圆形，长4~10cm，顶端尖或凸尖，近革质。总花梗长0.5~1cm，从当年枝基部苞腋中生出；相邻两花萼筒合生达中部以上，萼檐环状；花芳香，先于叶开放；花冠白色或带粉红色，唇形，花冠筒长约5mm，基部具浅囊，上唇具4裂片，下唇长约1cm。浆果红色，椭圆形，长约1cm，熟时可食。花期2月中旬至4月；果期4月下旬至5月。

分　　布： 河南伏牛山南坡西峡、内乡均有分布；多见于海拔200~700m的山坡灌丛中。

功用价值： 可作庭院观赏植物。

保护类别： 中国特有种子植物。

浆果　果序　枝、叶、花　枝、叶　花

苦糖果 *Lonicera fragrantissima* var. *lancifolia* (Rehder) Q. E. Yang　忍冬属 *Lonicera* L.

形态特征： 落叶灌木。小枝和叶柄有时具短糙毛。叶卵形、椭圆形或卵状披针形，呈披针形或近卵形者较少，通常两面被刚伏毛及短腺毛或至少背面中脉被刚伏毛，有时中脉下部或基部两侧夹杂短糙毛。花柱下部疏生糙毛。花期1月下旬至4月上旬；果熟期5—6月。

分　　布： 河南大别山、桐柏山、伏牛山、太行山区均有分布；多见于向阳山坡林中、灌丛中或溪涧旁。

功用价值： 可作庭院观赏植物。

叶　浆果　花序　花侧面　花

忍冬 *Lonicera japonica* Thunb.　　　　　　　　　　　　**忍冬属** *Lonicera* L.

形态特征： 攀缘灌木；幼枝密生柔毛和腺毛。叶宽披针形至卵状椭圆形，长3~8cm，顶端短渐尖至钝，基部圆形至近心形，幼时两面有毛，后正面无毛。总花梗单生上部叶腋；苞片叶状，长达2cm；萼筒无毛；花冠长3~4cm，先白色略带紫色后转黄色，芳香，外面有柔毛和腺毛，唇形，上唇具4裂片而直立，下唇反转，约等长于花冠筒；雄蕊5，和花柱均稍超过花冠。浆果球形，黑色。花期4—6月（秋季常开花）；果期10—11月。

分　　布： 河南各山区均有分布；多见于山坡灌丛中、疏林中、乱石堆、山脚路旁及村庄篱笆旁边。

功用价值： 花可入药；可作盆景。

枝、叶、果序　　浆果　　花序　　花

金银忍冬 *Lonicera maackii* (Rupr.) Maxim.　　　　　　　**忍冬属** *Lonicera* L.

形态特征： 灌木，高达5m；幼枝具微毛，小枝中空。叶卵状椭圆形至卵状披针形，长5~8cm，顶端渐尖，两面脉上有毛；叶柄长3~5mm。总花梗短于叶柄，具腺毛；相邻两花的萼筒分离，萼檐长2~3mm，具裂达中部之齿；花冠先白色后黄色，长达2cm，芳香，外面下部疏生微毛，唇形，花冠筒2~3倍短于唇瓣；雄蕊5，与花柱均短于花冠。浆果红色，直径5~6mm；种子具小浅凹点。花期5—6月；果期8—10月。

分　　布： 河南伏牛山及大别山区均有分布；多见于海拔250~2000m的沟谷、林下或林缘灌丛中。

功用价值： 可作庭院观赏树种。

花侧面

浆果

果序　　枝、叶、花　　花

红脉忍冬 Lonicera nervosa Maxim.

忍冬属 Lonicera L.

形态特征： 落叶灌木。幼枝和总花梗均被微直毛和微腺毛。叶纸质，初带红色，椭圆形或卵状长圆形，正面中脉、侧脉和细脉均带紫红色，两面无毛或正面被微糙毛或微腺。总花梗长约1cm；苞片钻形；杯状小苞长约为萼筒的1/2，有时裂成两对，具腺缘毛或无毛；相邻两萼筒分离，萼齿三角状钻形，具腺缘毛；花冠先白色后黄色，长约1cm，外面无毛，内面基部密被柔毛，冠筒稍短于裂片，基部具囊；雄蕊与花冠上唇近等长；花柱端部具柔毛。果熟时黑色，圆形，直径5~6mm。花期6—7月；果期8—9月。

分　　布： 河南伏牛山区分布；多见于山麓林下灌丛中或山坡草地上。

功用价值： 可作庭院观赏树木。

保护类别： 中国特有种子植物。

叶、浆果　　枝、叶、果序　　花序

唐古特忍冬 Lonicera tangutica Maxim.

忍冬属 Lonicera L.

形态特征： 小灌木，高达2m。叶倒卵形、椭圆形至倒卵状矩圆形，长1~5cm，边常具睫毛。总花梗通常细长、下垂，长1.5~3cm；相邻两萼筒中部以上至全部合生；花冠黄白色或略带粉色，筒状漏斗形至半钟状，长10~12mm，裂片5而直立，筒基部稍一侧肿大或浅囊，外无毛或有时疏生糙毛，里面生柔毛；雄蕊5，着生花冠筒中部，花药内藏；花柱伸出花冠之外。浆果红色，直径6~7mm。花期5—6月；果期7—8月。

分　　布： 河南伏牛山南坡分布；多见于海拔1600m以上的山坡林下、灌丛中。

枝、叶、果实

枝、叶、花序　　花　　浆果

盘叶忍冬 *Lonicera tragophylla* Hemsl.

形态特征： 藤本。叶具短柄，矩圆形至椭圆形，顶端锐尖至钝，基部楔形，背面粉绿色而密生柔毛或至少沿中脉下部有柔毛，花序下的一对叶片基部合生成盘状，3花的聚伞花序集合成头状，生分枝顶端，共有花9~18朵；萼齿小，花冠黄色至橙黄色，上部外面略带红色，筒部2~3倍长于裂片，裂片唇形，上唇直立而顶略反转，具4裂片，下唇反转；雄蕊5，伸出花冠之外；花柱等长至稍长于雄蕊。浆果红色，近球形，直径约1cm。花期6—7月；果熟期9—10月。

分　　布： 河南各山区均有分布；多见于林下、灌丛中或河滩旁岩石缝中。

功用价值： 花蕾和带叶嫩枝可供药用；可作园林垂直绿化植物。

保护类别： 中国特有种子植物。

花序、叶

花

花序

茎、叶

华西忍冬 *Lonicera webbiana* Wall. ex DC.

形态特征： 落叶灌木；幼枝常秃净或散生红色腺，老枝具深色圆形小突起。冬芽外鳞片约5对，顶突尖，内鳞片反曲。叶纸质，卵状椭圆形至卵状披针形，顶端渐尖或长渐尖，基部圆形、微心形或宽楔形，边缘常不规则波状起伏或有浅圆裂，有睫毛，两面有疏或密的糙毛及疏腺。苞片条形；小苞片甚小，分离，卵形至矩圆形，长1mm以下；相邻两萼筒分离，无毛或有腺毛，萼齿微小，顶钝，波状或尖；花冠紫红色或绛红色，很少白色或由白色变黄色，唇形，外面有疏短柔毛和腺毛或无毛，筒甚短，基部较细，具浅囊，向上突然扩张，上唇直立，具圆裂，下唇比上唇长1/3，反曲；雄蕊长约等于花冠，花丝和花柱下半部有柔毛。果实先红色后转黑色，圆形；种子椭圆形，有细凹点。花期5—6月；果熟期8月中旬至9月。

分　　布： 河南伏牛山分布；多见于山坡林中或灌丛林中。

枝、叶、花

枝、叶、花序

花

▶ 败酱科 Valerianaceae ‖‖‖‖‖‖‖‖‖‖‖‖‖‖‖‖‖‖‖‖‖‖‖‖‖‖‖‖

墓头回（异叶败酱）Patrinia heterophylla Bunge　　　败酱属 Patrinia Juss.

形态特征： 多年生草本，高30~60cm。茎少分枝，稍被短毛。基生叶有长柄，边缘圆齿状；茎生叶互生，茎基叶常2~3对羽状深裂，中央裂片较两侧裂片稍大或近等大；中部叶1~2对，中央裂片最大，卵形、卵状披针形或近菱形，顶端长渐尖，边缘圆齿状浅裂或具大圆齿，被疏短毛；上部叶较窄，近无柄。花黄色，呈顶生及腋生密花聚伞花序，总花梗下苞片条状3裂，分枝下者不裂，与花序等长或稍长；花萼不明显；花冠筒状，筒内有白毛，5裂片稍短于筒；雄蕊4，稍伸出；子房下位，花柱顶稍弯。瘦果长方形或倒卵形，顶端平；苞片矩圆形至宽椭圆形，长达12mm。花期7~9月；果期8—10月。

分　　布： 河南大别山、桐柏山和伏牛山南部均有分布；多见于海拔1000m以下的山坡草地、林缘及灌丛。

功用价值： 全草及根状茎可入药。

花序

果期　总花序

花　茎、叶

少蕊败酱（单蕊败酱）Patrinia monandra C. B. Clarke　　　败酱属 Patrinia Juss.

形态特征： 多年生草本，高达1.5m，全体被灰白色粗毛，后毛渐脱落。单叶对生，长方椭圆形，不分裂或基部有一对小裂片，边缘有粗圆齿，两面有稀疏粗毛；叶柄长约1cm，向上渐短近无柄。聚伞圆锥花序顶生及腋生，常聚生于枝端呈宽大伞房状；花黄色，极小，多花聚成密花小聚伞花序；花萼小，5齿状；花冠漏斗状，筒短，基部对称，无偏突，上端5裂；雄蕊1或2~3，但1条最长大；子房下位，长柱状，基部有小苞片贴生。瘦果卵圆形，不发育2子房室扁平，边缘有白毛，背部贴生增大的苞片；苞片薄膜质，近圆形，顶端常微呈极浅3裂状，直径约5mm，脉网细而清晰。花期8—9月；果期9—10月。

分　　布： 河南伏牛山区分布；多见于山坡草地、林下或溪旁。

花序

花果期

植株　花

▶ 川续断科 Dipsacaceae

川续断 *Dipsacus asper* Wallich ex Candolle　　　川续断属 *Dipsacus* L.

形态特征： 多年生草本，高达90cm。主根1至数条，圆锥柱状，黄褐色。茎具6~8棱，棱有疏弱刺毛。基生叶有长柄，叶片琴状羽裂，顶裂卵形，较大，侧裂3~5对，矩圆形；茎生叶对生，中央裂片特长，椭圆形或宽披针形，有疏粗齿，两侧裂片1~2对，较小，两面被短毛和刺毛，柄短或近无柄。头状花序圆形；总苞片窄条形，被短毛；苞片倒卵形，顶端有尖头状长缘，被短毛；花萼浅盘状，4裂较深；花冠白色，基部有较短细筒，向上较宽，顶端4裂，裂片2大2小，外被短毛；雄蕊4，伸出。果时苞片刺状喙较短于片部，少毛，小总苞4棱，倒卵柱状，长3~4mm，顶端有微齿，淡褐色；瘦果顶端外露。花期7—9月；果期9—11月。

分　　布： 河南各地均有分布；多见于沟边草丛和林边。

功用价值： 根可入药。

茎、叶、花序　　茎、叶　　果序　　花序

蓝盆花（窄叶蓝盆花、华北蓝盆花） *Scabiosa comosa* Fisch. ex Roem. et Schult.　　蓝盆花属 *Scabiosa* L.

形态特征： 二年生至多年生草本，高达60cm；茎数枝，被短毛。不育叶成丛，叶片窄椭圆形，羽状全裂，稀齿裂，裂片条形，叶柄长；茎生叶对生，一至二回羽状深裂，裂片条形至窄披针形；柄短。头状花序三出顶生，基部有钻状条形总苞片；花萼5裂细长针状；边花花冠唇形，筒部短，外被密毛，上唇长大，3裂，中裂较长，三角状倒卵形，下唇短，2全裂；中央花冠较小，5裂，上片较大；雄蕊4；子房包于杯状小总苞内。果序椭圆形，小总苞方柱状，4棱明显，中棱常较细弱，顶端有8凹穴，冠檐膜质；萼刺5，超出小总苞外甚多。花期5—7月；果熟期8—9月。

分　　布： 河南伏牛山、太行山区均有分布；多见于沙质山坡及沙地草丛中。

功用价值： 花可入药。

植株　　果序　　头状花序　　花　　叶　　花序总苞片

▶菊科 Asteraceae ‖‖‖‖‖‖‖‖‖‖‖‖‖‖‖‖‖‖‖‖‖‖‖‖‖‖‖‖‖‖‖‖‖‖‖‖

狗娃花 Aster hispidus Thunb.

紫菀属 Aster L.

形态特征： 直立草本，高30~50cm，有时达150cm，多少被粗毛。叶互生，狭矩圆形或倒披针形，长4~13cm，宽0.5~1.5cm，顶端渐尖或钝，基部渐狭成叶柄，通常全缘，有疏毛，上部叶小，条形。头状花序直径3~5cm，单生于枝顶排成圆锥伞房状；总苞片2层，草质，内层边缘膜质，有粗毛；舌状花约30个，舌片浅红色或白色，条状矩圆形；筒状花有5裂片，其中1裂片较长。瘦果倒卵圆形，扁，有细边肋，被密毛；冠毛在舌状花极短，白色，膜片状或部分带红色，糙毛状，在筒状花糙毛状，白色后变红色，与花冠近等长。花期7—9月；果期8—9月。

分　　布： 河南各山区均有分布；多见于海拔1500m以下的山坡草地、林缘、路旁。

总花序

枝、叶、头状花序

头状花序

总苞片

马兰 Aster indicus L.

紫菀属 Aster L.

形态特征： 多年生草本，高30~70cm。茎直立。叶互生，薄质，倒披针形或倒卵状矩圆形，长3~10cm，宽0.8~5cm，顶端钝或尖，基部渐狭无叶柄，边缘有疏粗齿或羽状浅裂，上部叶小，全缘。头状花序直径约2.5cm，单生于枝顶排成疏伞房状；总苞片2~3层，倒披针形或倒披针状矩圆形，上部草质，有疏短毛，边缘膜质，有睫毛；舌状花1层，舌片淡紫色；筒状花多数，筒部被短毛。瘦果倒卵状矩圆形，极扁，长1.5~2mm，褐色，边缘浅色而有厚肋，上部被腺及短柔毛；冠毛长0.1~0.3mm，易脱落，不等长。花期5—9月；果期8—10月。

分　　布： 河南各山区均有分布；多见于海拔1800m以下的山坡草地、林缘、山谷、山沟、河岸、路旁。

头状花序

茎、叶

植株

蒙古马兰（北方马兰）Aster mongolicus Franch.

形态特征： 多年生草本。茎被向上糙伏毛，上部分枝。叶纸质或近膜质，中部及下部叶倒披针形或长圆形，长5~9cm，羽状中裂，两面疏生硬毛或近无毛，边缘具硬毛，裂片线状长圆形，上部分叶线状披针形，长1~2cm。头状花序单生分枝顶端；总苞半球形，总苞片3层，无毛，椭圆形或倒卵形，有白色或带紫红色膜质缝缘。舌状花淡蓝紫色、淡蓝色或白色；管状花黄色。瘦果倒卵圆形，长约3.5mm，熟时黄褐色，有黄绿色边肋；冠毛淡红色，舌状花瘦果冠毛长约0.5mm，管状花瘦果冠毛长1~1.5mm。花果期7—9月。

分　　布： 河南太行山和伏牛山区均有分布；多见于山坡灌丛、田边。

头状花序

植株

茎、叶

总苞片

全叶马兰 Aster pekinensis (Hance) Kitag.

形态特征： 草本，高50~120cm。茎直立，帚状分枝。叶密，互生，条状披针形或倒披针形，顶端钝或尖，基部渐狭，无叶柄，全缘，两面密被粉状短茸毛。头状花序单生于枝顶排成疏伞房状，直径1~2cm；总苞片3层，上部草质，有短粗毛及腺点；舌状花1层，舌片淡紫色，长6~11mm，宽1~2mm，筒状花长约3mm。瘦果倒卵形，长约2mm，浅褐色，扁平，有浅色边肋，或一面有肋呈三棱形，上部有短毛及腺点；冠毛褐色，不等长，易脱落。花期6—10月；果期7—11月。

分　　布： 河南各山区均有分布；多见于山坡、林缘、灌丛、路旁。

头状花序

植株

舌状花、管状花、花序托

三脉紫菀 Aster trinervius subsp. ageratoides (Turczaninow) Grierson 　　**紫菀属** Aster L.

形态特征： 多年生草本，高40~100cm。茎直立，有柔毛或粗毛。下部叶宽卵形，急狭成长柄，在花期枯落；中部叶椭圆形或矩圆状披针形，顶端渐尖，基部楔形，边缘有3~7对浅或深锯齿；上部叶渐小，有浅齿或全缘；全部叶纸质，正面有短糙毛，背面有短柔毛，或两面有短茸毛，背面沿脉有粗毛，有离基三出脉，侧脉3~4对。头状花序排列成伞房状或圆锥伞房状；总苞倒锥状或半球形；总苞片3层，条状矩圆形，上部绿色或紫褐色，下部干膜质；舌状花10多个，舌片紫色、浅红色或白色；筒状花黄色。瘦果；冠毛浅红褐色或污白色。花果期7—12月。

分　　布： 河南各山区均有分布；多见于山坡路旁、草地、山谷沟岸、林下及草丛中。

功用价值： 全草可入药。

头状花序

茎、叶

总花序　　植株

一年蓬 Erigeron annuus (L.) Pers. 　　**飞蓬属** Erigeron L.

形态特征： 一年生或二年生草本。茎直立，高30~100cm，上部有分枝，茎下部被长硬毛，上部被上弯短硬毛。叶互生，基生叶矩圆形或宽卵形，边缘有粗齿，基部渐狭成具翅的叶柄，中部和上部叶较小，矩圆状披针形或披针形，具短柄或无叶柄，边缘有不规则的齿裂，最上部叶通常条形，全缘，具睫毛。头状花序排列成伞房状或圆锥状；总苞半球形；总苞片3层，革质，密被长的直节毛；舌状花2层，白色或淡蓝色，舌片条形；两性花筒状，黄色。瘦果披针形，压扁；冠毛异形，雌花的冠毛极短，膜片状连成小冠，两性花的冠毛2层，外层鳞片状，内层为10~15条长约2mm的刚毛。花期6—9月；果期7—10月。

分　　布： 河南各山区均有分布；多见于山坡草地、旷野路旁。

功用价值： 全草可入药。

头状花序

茎、叶、花序

总花序

植株

小蓬草 *Erigeron Canadensis* L.　　　　　　　　　**飞蓬属** *Erigeron* L.

形态特征： 一年生草本；具锥形直根。茎直立，高50~100cm，有细条纹及粗糙毛，上部多分枝。叶互生，条状披针形或矩圆状条形，基部狭，无明显叶柄，顶端尖，全缘或具微锯齿，边缘有长睫毛。头状花序多数直径约4mm，有短梗，密集作圆锥状或伞房圆锥状；总苞半球形，直径约3mm；总苞片2~3层，条状披针形，边缘膜质，几无毛；舌状花直立，白色微紫，条形至披针形；两性花筒状，5齿裂。瘦果矩圆形；冠毛污白色，刚毛状。花果期5—9月。

分　　布： 河南各地均有分布；多见于荒野、山坡、田边、路旁。

功用价值： 嫩茎、叶可作猪饲料；全草可入药。

果期　　　　　头状花序　　　　　植株　　　　　茎、叶

钻叶紫菀 *Symphyotrichum subulatum* (Michx.) G.L.Nesom　　　**联毛紫菀属** *Symphyotrichum* Nees

形态特征： 一年生草本植物，高可达150cm。主根圆柱状，向下渐狭，茎单一，直立，茎和分枝具粗棱，光滑无毛，基生叶在花期凋落；茎生叶多数，叶片披针状线形，极稀狭披针形，先端锐尖或急尖，基部渐狭，边缘通常全缘，稀有疏离的小尖头状齿，两面绿色，光滑无毛，中脉在背面突起，侧脉数对，不明显或有时明显，上部叶渐小，近线形，全部叶无柄。头状花序极多数，花序梗纤细、光滑，总苞钟形，总苞片外层披针状线形，内层线形，边缘膜质，光滑无毛。雌花花冠舌状，舌片淡红色、红色、紫红色或紫色，线形，两性花花冠管状，冠管细，瘦果线状长圆形，长1.5~2mm，稍扁。花果期6—10月。

分　　布： 河南各地均有分布；多见于山坡灌丛中、草坡、沟边、路旁或荒地。

功用价值： 全草可入药。

茎、叶　　　　　总苞片　　　　　总花序　　　　　头状花序　　　　　瘦果、冠毛

479

薄雪火绒草 *Leontopodium japonicum* Miq.　　　　　**火绒草属** *Leontopodium* R.Br.ex Cass.

形态特征： 多年生草本。根状茎分枝稍长，有数个簇生的花茎和不育茎。茎直立，高10~50cm，上部被白色薄绵毛，全部有等距的叶，节间长1~2cm。叶开展，狭披针形、卵状披针形或下部叶倒卵状披针形，边缘平，正面有疏蛛丝状毛或无毛，背面被银白色或灰白色薄层密茸毛。苞叶多数，卵形或矩圆形，两面被茸毛或蛛丝状毛，排成疏散的直径达4cm的苞叶群或直径达10cm的复苞叶群。头状花序直径3.5~4.5mm；总苞钟形或半球形，被密茸毛；冠毛白色，基部稍红色。瘦果有乳突或短粗毛。花期6—9月；果期9—10月。

分　　布： 河南各山区均有分布；多见于海拔1000m以上的山坡灌丛、草地和林下。

功用价值： 全草可入药。

总花序　　　　　　　　　　　　　　　植株　　　　　　　　　　苞叶、头状花序

黄腺香青 *Anaphalis aureopunctata* Lingelsheim et Borza　　　**香青属** *Anaphalis* DC.

形态特征： 多年生草本。根状茎有长匍枝；茎被白色或灰白色蛛丝状绵毛，叶较疏，节间长4~11cm；莲座状叶，宽匙状椭圆形，下部渐窄成长柄，常被密绵毛；茎下部叶匙形或披针状椭圆形，有具翅的柄；中部叶基部沿茎下延成翅；上部叶披针状线形；叶正面被具柄腺毛及易脱落的蛛丝状毛；叶背面被白色或灰白色蛛丝状毛及腺毛，或无毛，有离基三或五出脉。头状花序多数或极多数，密集成复伞房状；花序梗纤细；总苞钟状或狭钟状；总苞片约5层，卵圆形，被绵毛；内层白色或黄白色，在雄株顶端宽圆形，在雌株顶端钝或稍尖，最内层较短狭，匙形或长圆形有长达全长2/3的爪部。瘦果长达1mm，被微毛。花期7—9月；果期9—10月。

分　　布： 河南太行山和伏牛山区均有分布；多见于海拔800~2000m的林缘、林下及草地。

功用价值： 全草可入药。

保护类别： 中国特有种子植物。

头状花序　　　　　　　　　　　　　　　　总花序　　　　　　　　　　植株

鼠曲草 *Pseudognaphalium affine* (D.Don) Anderberg　鼠曲草属 *Pseudognaphalium* Kirp.

形态特征： 二年生草本，高10~50cm。茎直立，簇生，不分枝或少有分枝，密生白色绵毛。叶互生，基部叶花期枯萎，下部和中部叶倒披针形或匙形，顶端具小尖，基部渐狭，下延，无叶柄，全缘，两面有灰白色绵毛。头状花序多数，通常在顶端密集成伞房状；总苞球状钟形；总苞片3层，金黄色，干膜质，顶端钝，外层总苞片较短，宽卵形，内层矩圆形；花黄色，外围的雌花花冠丝状；中央的两性花花冠筒状，长约2mm，顶端5裂。瘦果矩圆形，有乳头状突起；冠毛黄白色。花期3—5月；果期4—6月。

分　　布： 河南各山区均有分布；多见于海拔1000m以下的山坡、路旁潮湿处。

功用价值： 茎、叶可入药。

头状花序、总苞　　总花序　　植株

欧亚旋覆花 *Inula britannica* Linnaeus　旋覆花属 *Inula* L.

形态特征： 多年生草本，高20~70cm；茎直立，被长柔毛。叶矩椭圆状披针形，基部宽大，心形或有耳，半抱茎，边缘有疏浅齿或近全缘；正面无毛或被疏伏毛，背面被密伏柔毛，有腺点。头状花序1~8个，生茎或枝端；总花梗长1~4cm，被密长柔毛；总苞片4~5层，条状披针形，被毛、睫毛和腺点；舌状花黄色，舌片条形，长10~20mm；筒状花有5个三角状披针形裂片。瘦果圆柱形，长1~1.2mm，有浅沟，被短毛；冠毛白色，与筒状花约等长，有20~25条微糙毛。花期6—10月；果期9—11月。

分　　布： 河南各地均有分布；多见于河岸、沙地田边及山坡。

功用价值： 根、叶及花可入药。

头状花序　　总花序、叶基心形或有耳　　茎、叶、花序

旋覆花 *Inula japonica* Thunb.   旋覆花属 *Inula* L.

形态特征： 多年生草本，高30~70cm，被长伏毛。叶狭椭圆形，基部渐狭或有半抱茎的小耳，无叶柄，边缘有小尖头的疏齿或全缘，背面有疏伏毛和腺点。头状花序直径2.5~4cm，排成疏散伞房状，梗细；总苞片5层，条状披针形，仅最外层披针形而较长；舌状花黄色，顶端有3小齿；筒状花长约5mm。瘦果长1~1.2mm，圆柱形，有10条沟，顶端截，被疏短毛；冠毛白色，有20余条微糙毛，与筒状花近等长。花期6—10月；果期9—11月。

分　　布： 河南各地均有分布；多见于海拔2000m以下的山坡、荒地、路旁、沟、河两岸。

功用价值： 根、叶及花可入药。

叶基部楔形

头状花序

总花序

茎、叶

天名精 *Carpesium abrotanoides* L.   天名精属 *Carpesium* L.

形态特征： 多年生草本，高50~100cm。茎直立，上部多分枝，密生短柔毛，下部近无毛。下部叶宽椭圆形或矩圆形，顶端尖或钝，基部狭成具翅的叶柄，边缘有不规则的锯齿，或全缘，正面有贴短毛，背面有短柔毛和腺点，上部叶渐小，矩圆形，无叶柄。头状花序多数，沿茎枝腋生，有短梗或近无梗，平立或稍下垂；总苞钟状球形；总苞片3层，外层极短，卵形，顶端尖，有短柔毛，中层和内层矩圆形，顶端圆钝，无毛；花黄色，外围的雌花花冠丝状，3~5齿裂，中央的两性花花冠筒状，顶端5齿裂。瘦果条形，具细纵条，顶端有短喙，有腺点。花期8—10月；果期10—12月。

分　　布： 河南太行山、大别山、桐柏山和伏牛山区均有分布；多见于山坡草地、灌丛中。

功用价值： 全草可入药。

茎、叶

头状花序

枝、叶、花序

烟管头草 *Carpesium cernuum* L.　　　　　天名精属 *Carpesium* L.

形态特征： 多年生草本。茎直立，高50~100cm，分枝，被白色长柔毛，上部毛较密。下部叶匙状矩圆形，基部楔状收缩成具翅的叶柄，边缘有不规则的锯齿，两面有白色长柔毛和腺点；中部叶向上渐小，矩圆形或矩圆状披针形，叶柄短。头状花序在茎和枝顶端单生，下垂；基部有数个条状披针形不等长的苞片；总苞杯状；总苞片4层，外层卵状矩圆形，有长柔毛，中层和内层干膜质，矩圆形，钝，无毛；花黄色，外围的雌花筒状，3~5齿裂；中央的两性花有5个裂片。瘦果条形，长约5mm，有细纵条，顶端有短喙和腺点。花期6—8月；果期9—10月。

分　　布： 河南各山区均有分布；多见于山坡、山谷草地及林缘。

功用价值： 全草可入药。

头状花序　　　　头状花序、总苞片　　　　茎、叶、花序

大花金挖耳 *Carpesium macrocephalum* Franch. et Sav.　　　天名精属 *Carpesium* L.

形态特征： 多年生草本；茎直立，高50~120m，有密短柔毛或下部近无毛。下部叶宽卵形，基部下延成具宽翅的叶柄，边缘有不规则的重齿，两面有短柔毛，中部和上部叶渐小，倒卵状矩圆形或卵状披针形。头状花序单生于茎端和枝顶端，直径2.5~3.5cm，下垂，基部有叶状苞片；总苞杯状；总苞片3层，外层与苞片相似，中层矩圆状条形，密生短柔毛，内层条状匙形，有睫毛；外围的雌花5裂，中央的两性花有5裂片。瘦果圆柱状，稍弯，长6~7mm，顶端收缩成喙，有腺点。花期7—9月；果期9—10月。

分　　布： 河南太行山和伏牛山区均有分布；多见于海拔2000m以下的山坡林缘、山谷草丛、灌丛中。

功用价值： 全草可入药；花及果实可提芳香油。

基生叶　　　　头状花序　　　　植株

粗毛牛膝菊 *Galinsoga quadriradiata* Ruiz et Pav.

牛膝菊属 *Galinsoga* Ruiz et Pav.

形态特征： 一年生草本。茎枝被开展稠密的长柔毛。单叶对生，具叶柄，卵形至卵状披针形，叶边缘有粗锯齿或犬齿。头状花多数，顶生，具花梗，呈伞形状排列，总苞近球形，绿色，舌状花5，白色，筒状花黄色，多数，具冠毛，果实为瘦果，黑色。花期7—10月；果期8—11月。

分　　布： 河南伏牛山区分布；多见于农田、路旁、村旁。

功用价值： 全草可入药。

叶

叶、头状花序

总花序

植株

和尚菜 *Adenocaulon himalaicum* Edgew.

和尚菜属 *Adenocaulon* Hook.

形态特征： 多年生草本。根状茎匍匐。茎高30~100cm，分枝粗壮，被蛛丝状茸毛。下部茎生叶肾形或圆形，正面沿脉被尘状柔毛，背面密被蛛丝状毛，叶柄长5~17cm，宽0.3~1cm，有狭或较宽的翅，翅全缘或有不规则的钝齿；中部茎生叶较大，向上渐小。头状花序圆锥状排列；果期梗伸长，长2~6cm，密被稠密头状有柄腺毛；总苞半球形，总苞片果期向外反曲；雌花白色，两性花淡白色。瘦果长6~8mm，中部以上被多数头状具柄的腺毛，无冠毛。花期6—8月；果期9—11月。

分　　布： 河南太行山和伏牛山区均有分布；多见于海拔1000m以上的山坡林下及山谷阴湿处。

叶

头状花序

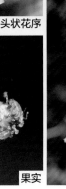

果实

果期

植株

苍耳 *Xanthium strumarium* L.

苍耳属 *Xanthium* L.

形态特征： 一年生草本，高20~80cm，全株被白色糙伏毛。叶三角状卵形或心形，先端尖或钝，基部稍心形或截形，边缘具不规则的缺刻或粗锯齿，或3浅裂，而裂片边缘有小齿牙，两面被糙伏毛，背面较密，基部三出脉。雌雄花序均头状，顶生或腋生；花序梗极短或无；雄性头状花序位于上部，由多数筒状花组成，呈球形，总苞片长圆状披针形，花序托柱状，托片披针形，花冠5裂，花药伸出，具退化雌蕊；雌性头状花序位于下部，外层总苞片长圆状披针形，密被短毛，内层总苞片呈囊状，表面密被钩刺，内藏2雌花。果实成熟后囊状苞片变坚硬，连同喙部长10~18mm，钩刺长1.5~2mm，瘦果2个，倒卵形。花期7—8月；果熟期9—10月。

分　　布： 河南各地均有分布；多见于山坡、路旁、河滩、荒地及田间。

功用价值： 果实可入药。

头状花序（上为雄花序，最下为雌花序）

植株

果期

茎、叶、花序

豨莶 *Sigesbeckia orientalis* Linnaeus

豨莶属 *Sigesbeckia* L.

形态特征： 一年生草本；茎高30~100cm，被白色柔毛。茎中部叶三角状卵形或卵状披针形，长4~10cm，宽1.8~6.5cm，两面被毛，背面有腺点，边缘有不规则的浅齿或粗齿，基部宽楔形下延成翅柄。头状花序多数排成圆锥状；总苞片2层，背面被紫褐色头状有柄腺毛；雌花舌状，黄色，两性花筒状。瘦果长3~3.5mm，无冠毛。花期4—9月；果期6—11月。

分　　布： 河南各山区均有分布；多见于海拔1500m以下的山坡、山谷和路旁。

功用价值： 全草可入药。

总苞片

头状花序

总花序

茎、叶

叶、头状花序

鳢肠 *Eclipta prostrate* (L.) L.

鳢肠属 *Eclipta* L.

形态特征： 一年生草本，高15~60cm。茎直立或平卧，被伏毛，着土后节上易生根。叶披针形、椭圆状披针形或条状披针形，长3~10cm，全缘或有细锯齿，无叶柄或基部叶有叶柄，被糙伏毛。头状花序直径约9mm，有梗，腋生或顶生；总苞片5~6个，草质，被毛；托片披针形或刚毛状；花杂性；舌状花雌性，白色，舌片小，全缘或2裂；筒状花两性，有4裂片。筒状花的瘦果三棱状，舌状花的瘦果扁四棱形；表面具瘤状突起，无冠毛。花期6—9月；果期8—11月。

分　　布： 河南各地均有分布；多见于山坡、路旁、河滩、农田间。

功用价值： 全草可入药。

头状花序

果期

植株

婆婆针 *Bidens bipinnata* L.

鬼针草属 *Bidens* L.

形态特征： 一年生草本。茎无毛或上部疏被柔毛。叶对生，长5~14cm，二回羽状分裂，顶生裂片窄，先端渐尖，边缘疏生不规则粗齿，两面疏被柔毛，叶柄长2~6cm。头状花序径0.6~1cm，花序梗长1~5cm；总苞杯形，外层总苞片5~7，线形，草质，被稍密柔毛，内层膜质，椭圆形，长3.5~4mm，背面褐色，被柔毛。舌状花1~3，不育，舌片黄色，椭圆形或倒卵状披针形；盘花筒状，黄色，冠檐5齿裂。瘦果线形，具3~4棱，长1.2~1.8cm，具瘤状凸起及小刚毛，顶端芒刺3~4，稀2，具倒刺毛。花期8—9月；果期9—10月。

分　　布： 河南各地均有分布；多见于路边荒地、山坡或田间。

功用价值： 全草可入药。

头状花序、总苞片

瘦果、冠毛

枝、叶

头状花序

金盏银盘 Bidens biternata (Lour.) Merr. et Sherff   鬼针草属 Bidens L.

形态特征： 一年生草本，高30~90cm。叶对生，上部叶有时互生，一至二回羽状分裂，小裂片卵形至卵状披针形，顶端短渐尖或急尖，边缘有锯齿或有时半羽裂，两面被疏柔毛；有叶柄。头状花序直径5~8mm，具长梗；总苞基部有柔毛；总苞片2层，外层条形，7~10个，被柔毛；舌状花3或无，不育，舌片白色；筒状花黄色。瘦果条形，具4棱，被糙伏毛，顶端具3~4枚芒状冠毛。花期7—9月；果期8—10月。

分　　布： 河南太行山及伏牛山区均有分布；多见于海拔1300m以下的山坡、林缘。

功用价值： 全草可入药。

头状花序

瘦果、冠毛

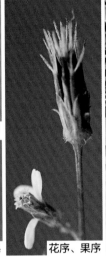
花序、果序

茎、叶

大狼杷草 Bidens frondosa L.   鬼针草属 Bidens L.

形态特征： 一年生草本。茎直立，分枝，高20~120cm，被疏毛或无毛，常带紫色。叶对生，具柄，为一回羽状复叶，小叶3~5个，披针形，先端渐尖，边缘有粗锯齿，通常背面被稀疏短柔毛，至少顶生者具明显的柄。头状花序单生茎端和枝端，连同总苞苞片直径12~25mm，高约12mm。总苞钟状或半球形，外层苞片5~10个，通常8个，披针形或匙状倒披针形，叶状，边缘有缘毛，内层苞片长圆形，长5~9mm，膜质，具淡黄色边缘，无舌状花或舌状花不发育，极不明显，筒状花两性，花冠长约3mm，冠檐5裂；瘦果扁平，狭楔形，长5~10mm，近无毛或是糙伏毛，顶端芒刺2枚，长约2.5mm，有倒刺毛。花期8—10月；果期9—11月。

分　　布： 河南各地均有分布；多见于田野湿润处。

功用价值： 全草可药用。

头状花序

瘦果、芒刺2枚

小花

果期

总花序

鬼针草（白花鬼针草）*Bidens pilosa* L.

鬼针草属 *Bidens* L.

形态特征： 一年生草本，高20~80cm。茎4棱，有分枝，稍微短柔毛。叶通常为羽状复叶，中部叶通常三出羽状复叶，稀5小叶或单叶，顶生小叶柄长5~15mm，叶片卵形或卵状椭圆形，叶缘有锯齿，侧生小叶卵形，远小于顶生小叶；上部叶通常3出小叶或3分裂或不分裂。头状花序单生枝顶；舌状花5~7个，白色，不结实；筒状花多数，黄色，先端5裂，结实。果实线性，扁四棱形，微被短糙伏毛；冠毛通常3条，长1.5~2.5mm。花期8—10月；果熟期9—11月。

分　　布： 河南各地均有分布；多见于山坡、山沟、路旁或山地农田间。

功用价值： 全草可入药。

茎、叶、花序

头状花序、总苞片

头状花序

瘦果

管状花

野菊 *Chrysanthemum indicum* Linnaeus

菊属 *Chrysanthemum* L.

形态特征： 多年生草本，高25~100cm。根状茎粗厚分枝，有长或短的地下匍匐枝。茎直立或基部铺展。基生叶脱落。茎生叶卵形或矩圆状卵形，羽状深裂，顶裂片大，侧裂片常两对，卵形或矩圆形，全部裂片边缘浅裂或有锯齿；上部叶渐小；全部叶正面有腺体及疏柔毛，背面灰绿色，毛较多，下部渐狭成具翅的叶柄，基部有具锯齿的托叶。头状花序直径2.5~5cm，在茎枝顶端排成伞房状圆锥花序或不规则伞房花序；总苞直径8~20mm，长5~6mm；总苞片边缘宽膜质；舌状花黄色，雌性；盘花两性，筒状。瘦果全部同型，有5条极细几明显的纵肋，无冠状冠毛。花果期6—11月。

分　　布： 河南各地均有分布；多见于山谷路旁、林缘、灌丛中。

功用价值： 全草可入药。

头状花序、总苞片

头状花序

总花序

茎、叶

甘菊 *Chrysanthemum lavandulifolium* (Fischer ex Trautvetter) Makino 　菊属 *Chrysanthemum* L.

形态特征：多年生草本。茎密被柔毛，下部毛渐稀至无毛。基生及中部茎生叶菱形、扇形或近肾形，两面绿色或淡绿色，二回掌状或掌式羽状分裂，一至二回全裂；最上部及接花序下部的叶羽裂或3裂，小裂片线形或宽线形，宽0.5~2mm；叶背面疏被柔毛，有柄。头状花序径2~4cm，单生茎顶，稀茎生2~3头状花序；总苞浅碟状，直径1.5~3.5cm，总苞片4层，边缘棕褐色或黑褐色宽膜质，外层线形，长椭圆形或卵形，长5~9mm，中内层长卵形、倒披针形，中外层背面疏被长柔毛。舌状花白色、粉红色，舌片先端3齿或微凹。花果期6—8月。

分　　布：河南各地均有分布；多见于海拔1000m以上的山坡草地、林缘。

功用价值：全草可入药。

头状花序　　　　总花序　　　　植株

毛华菊 *Chrysanthemum vestitum* (Hemsley) Stapf 　菊属 *Chrysanthemum* L.

形态特征：多年生草本，高约80cm。茎坚硬，基部木质，密被灰白色茸毛，有被密茸毛的腋芽或腋芽发育成短缩的营养枝。叶质厚，边缘有稀疏的粗大锯齿或近全缘，基部楔形而渐窄成叶柄，两面被灰白色茸毛，背面及脉上的毛更密厚，茎中部叶大，向下向上叶变小。头状花序直径2~3cm，单生于枝端及茎顶，排成疏散的伞房状；总苞杯状；外层总苞片叶状，被厚茸毛；中内层总苞片边缘膜质，褐色；舌状花白色，雌性；盘花筒状，两性，有黄色大腺体。瘦果稍扁，有5~6条不明显的纵肋，边肋宽膜质，无冠状冠毛。花果期8—11月。

分　　布：河南伏牛山、桐柏山和大别山区均有分布；多见于海拔1000m以下的山坡草地。

功用价值：花可入药。

保护类别：中国特有种子植物。

头状花序　　　枝、叶　　　　总花序　　　　植株

489

黄花蒿 *Artemisia annua* L.　　　　　　　　　　　　　　　　　　**蒿属** *Artemisia* L.

形态特征： 一年生草本。茎直立，高50~150cm，多分枝，直径达6mm，无毛。基部及下部叶在花期枯萎，中部叶卵形，三次羽状深裂，裂片及小裂片矩圆形或倒卵形，开展，顶端尖，基部裂片常抱茎，背面色较浅，两面被短微毛；上部叶小，常一次羽状细裂。头状花序极多数，球形，长及宽约1.5mm，有短梗，排列成复总状或总状，常有条形苞叶；总苞无毛；总苞片2~3层，外层狭矩圆形，绿色，内层椭圆形，除中脉外边缘宽膜质；花托长圆形；花筒状，长不超过1mm，外层雌性，内层两性。花果期8—11月。

分　　布： 河南各地均有分布；多见于山坡、路旁、荒地、田边及农田间。

功用价值： 枝、叶可入药或作制酱的香料；牧区可作牲畜饲料。

头状花序、小花　　　　　总花序　　　　　头状花序　　　　　植株

艾 *Artemisia argyi* Lévl. et Van.　　　　　　　　　　　　　　　**蒿属** *Artemisia* L.

形态特征： 多年生草本，高50~120cm，被密茸毛，中部以上或仅上部有开展及斜升的花序枝。叶互生，下部叶在花期枯萎；中部叶长6~9cm，宽4~8cm，基部急狭，或渐狭成短或稍长的柄，或稍扩大而成托叶状；叶片羽状深裂或浅裂，侧裂片约两对，常楔形，中裂片又常3裂，裂片边缘有齿，正面被蛛丝状毛，有白色密或疏腺点，背面被白色或灰色密茸毛；上部叶渐小，3裂或全缘，无梗。头状花序多数，排列成复总状，花后下倾；总苞卵形；总苞片4~5层，边缘膜质，背面被绵毛；花带红色，多数，外层雌性，内层两性。瘦果常几达1mm，无毛。花果期7—10月。

分　　布： 河南各山区均有分布；多见于海拔400~1500m的山坡草地、灌丛，也栽于平原宅旁、村边。

功用价值： 全草可入药；嫩芽及幼苗可作菜蔬。

叶背面　　　头状花序　　　　　植株　　　　　花期　　　　　茎、叶

茵陈蒿 *Artemisia capillaris* Thunb.

形态特征： 半灌木，有垂直或歪斜的根。茎直立，高50~100cm，基部直径5~8mm，多分枝；当年枝顶端有叶丛，被密绢毛；花茎初有毛，后近无毛，有多少开展的分枝。叶二次羽状分裂，下部叶裂片较宽短，常被短绢毛；中部以上叶长2~3cm，裂片细，宽仅0.3~1mm，条形，近无毛，顶端微尖；上部叶羽状分裂，3裂或不裂。头状花序极多数，在枝端排列成复总状，有短梗及线形苞叶；总苞球形，长宽各1.5~2mm，无毛；总苞片3~4层，卵形，顶端尖，边缘膜质，背面稍绿色，无毛；花黄色。瘦果矩圆形，长约0.8mm，无毛。花果期7—10月。

分　　布： 河南各地均有分布，多见于山坡、沟旁、荒地。

功用价值： 嫩苗与幼叶可入药；幼嫩枝、叶可作菜蔬或酿制茵陈酒；鲜草或干草可作家畜饲料。

茎上部叶　　　　基生叶、茎生叶　　　　总花序　　　植株　　果期、总苞片

基生叶

青蒿 *Artemisia caruifolia* Buch.-Ham. ex Roxb.

形态特征： 一年生草本。茎直立，高40~150cm，多分枝，无毛。基部及下部叶在花期枯萎；中部叶矩圆形，二次羽状深裂；裂片矩圆状条形，渐尖，斜上或开展，二次裂片条形，细尖，常有短尖齿，基部裂片常抱茎，两面无毛；上部叶小，羽状浅裂。头状花序多数，球形，花后下倾，直径3.5~4mm，排列成总状或复总状，有短梗及条形苞叶；总苞无毛；总苞片3层，外层较短，狭矩圆形，灰绿色，内层较宽大，顶端圆形，边缘宽膜质；花序托球形；花筒状，外层雌性，内层两性。瘦果矩圆形，长1mm，无毛。花果期6—9月。

分　　布： 河南各山区均有分布；多见于海拔800m以下的山坡、路旁、荒地及灌丛中。

叶背面　　　　头状花序　　　　总花序　　　　植株

牛尾蒿 *Artemisia dubia* Wall. ex Bess.

形态特征： 亚灌木状草本。茎丛生，高达1.2m，分枝长15cm以上，常弯曲延伸；茎、叶幼被柔毛。叶正面微有柔毛，背面毛密，宿存；基生叶与茎下部叶卵形或长圆形，羽状5深裂，有时裂片有1~2小裂片，无柄，中部叶卵形，羽状5深裂，裂片椭圆状披针形或披针形，基部成柄状，有披针形或线形假托叶；上部叶与苞片叶指状3深裂或不裂，裂片或不裂苞片叶椭圆状披针形或披针形。头状花序宽卵圆形或球形，基部有小苞叶，排成穗状总状花序及复总状花序，茎上组成开展、具多分枝圆锥花序；总苞片无毛。花果期8—10月。

分　　布： 河南太行山和伏牛山均有分布；多见于海拔1000m以上的山坡草地、灌丛及林下。

功用价值： 全草可入药。

白苞蒿 *Artemisia lactiflora* Wall. ex DC.

形态特征： 多年生草本。茎直立，高60~120cm，直径5~10mm，无毛或被蛛丝状疏毛，上部常有多数花序枝。下部叶在花期枯萎；叶形多变异，一次或二次羽状深裂，中裂片又常3裂，裂片有深或浅锯齿，顶端渐尖，正面无毛，背面沿脉有微毛，有短柄或长柄，基部有假托叶；上部叶小，细裂或不裂。头状花序极多数，在枝端排列成短或长的复总状花序；总苞卵形，无梗；总苞片白色或黄白色，约4层，卵形，边缘宽膜质，无毛；花浅黄色，外层雌性，内层两性。瘦果矩圆形，长达1.5mm，无毛。花果期8—10月。

分　　布： 河南伏牛山区分布；多见于山坡灌丛、草地、林缘。

功用价值： 全草可入药。

野艾蒿 *Artemisia lavandulifolia* Candolle

蒿属 *Artemisia* L.

形态特征： 多年生草本。茎直立，高50~120cm，直径4~6mm，上部有斜升的花序枝，被密短毛。下部叶有长柄，二次羽状分裂，裂片常有齿；中部叶长达8cm，宽达5cm，基部渐狭成短柄，有假托叶，羽状深裂，裂片1~2对，条状披针形，或无裂片，顶端尖，正面被短微毛，密生白腺点，背面有灰白色密短毛，中脉无毛；上部叶渐小，条形，全缘。头状花序极多数，常下倾，在上部的分枝上排列成复总状，有短梗及细长苞叶；总苞矩圆形；总苞片矩圆形，约4层，外层渐短，边缘膜质，背面被密毛；花红褐色，外层雌性，内层两性。花果期7—10月。

分　　布： 河南太行山和伏牛山区均有分布；多见于海拔1000m以上的山坡、路旁、河边、灌丛。

植株　　花期

头状花序　　花序　　叶

白莲蒿 *Artemisia stechmanniana* Bess.

蒿属 *Artemisia* L.

形态特征： 半灌木状草本，高50~150cm。茎直立，褐色或灰褐色，具纵棱，下部木质；茎、枝初时被微柔毛，后下部脱落无毛。茎下部与中部叶长卵形、三角状卵形或长椭圆状卵形，二至三回栉齿状羽状分裂；上部叶略小，一至二回栉齿状羽状分裂，具短柄或近无柄；苞片叶栉齿状羽状分裂或不分裂，为线形或线状披针形。头状花序近球形，在分枝上排成穗状花序式的总状花序，并在茎上组成密集或略开展的圆锥花序；总苞片3~4层，外层总苞片披针形或长椭圆形，初时密被灰白色短柔毛，后脱落无毛。瘦果狭椭圆状卵形或狭圆锥形。花果期8—10月。

分　　布： 河南太行山和伏牛山区均有分布；多见于海拔1200m以下的向阳山坡及草地。

功用价值： 全草可入药；在牧区可作牲畜的饲料。

叶背面

头状花序

枝、叶

叶

花序

兔儿伞 *Syneilesis aconitifolia* (Bunge) Maxim.

兔儿伞属 *Syneilesis* Maxim.

形态特征： 多年生草本。根状茎匍匐。茎高70~120cm，无毛。基生叶1，花期枯萎。茎叶2，互生，叶片圆盾形，直径20~30cm，掌状深裂，裂片7~9，二至三回叉状分裂，宽4~8mm，边缘有不规则的锐齿，无毛，下部茎叶有长10~16cm的叶柄；中部茎叶较小，直径12~24cm，通常有4~5裂片，叶柄长2~6cm。头状花序多数，在顶端密集成复伞房状，梗长5~16mm，基部有条形苞片；总苞圆筒状；总苞片1层，5，矩圆状披针形，长9~12mm，无毛；花筒状，淡红色，上部狭钟状，5裂。瘦果圆柱形，长5~6mm，有纵条纹；冠毛灰白色或淡红褐色。花期6—7月；果期8—10月。

分　　布： 河南各山区均有分布；多见于海拔750~1800m的山坡草地、灌丛及林下。

叶　植株

头状花序　花　总花序

两似蟹甲草 *Parasenecio ambiguous* (Ling) Y. L. Chen

蟹甲草属 *Parasenecio* W. W. Sm. et J. Small

形态特征： 多年生草本。茎下部被疏毛或无毛，上部花序枝被贴生柔毛。叶多角形或肾状三角形，掌状浅裂，裂片5~7，宽三角形，基部心形或平截，边缘疏生波状齿，叶脉5~7，正面被疏毛，后无毛，背面无毛；上部叶具短柄；最上部叶窄卵形，苞片状，全缘或有疏细齿。头状花序在茎端和上部叶腋排成长达10cm宽圆锥花序，无或近无花序梗，基部常有钻形小苞片；花序轴被毛或下部近无毛；总苞圆柱形；总苞片3或4，线形，被髯毛，边缘膜质，具条纹，背面无毛。小花3，花冠白色。瘦果圆柱形，淡褐色，无毛；冠毛污白色或黄褐色。花期7—8月；果期9—10月。

分　　布： 河南太行山、伏牛山区均有分布；多见于海拔1500m以上的山坡灌丛、林下、山谷溪旁等。

茎、叶、花序　植株

茎、叶　瘦果、冠毛

中华蟹甲草 *Parasenecio sinicus* (Ling) Y. L. Chen　　蟹甲草属 *Parasenecio* W. W. Sm. et J. Small

形态特征： 多年生草本。茎无毛。中部茎生叶肾形或宽卵状二角形，5~7掌状深裂，裂片披针形或椭圆状披针形，基部心形或近心形，边缘有硬缘毛和有疏软骨质小尖或波状细齿，中裂片较大，侧生裂片常具1小裂片，正面沿脉被褐色糙毛，背面苍白色，无毛，叶柄具窄翅；上部叶戟状3裂；最上部叶极小具短柄。头状花序多数，在茎端或上部叶腋排成疏散宽圆锥花序，花序梗粗，花序轴被褐色毛，基部有2~3钻形小苞片；总苞圆柱形，总苞片7~8，线状披针形或线形，被乳头状微毛，背面无毛。小花10~14，花冠黄色或淡紫色。瘦果长圆状圆柱形，无毛，具肋，褐色；冠毛红褐色。花期7—8月；果期9月。

分　　布： 河南伏牛山分布；多见于海拔1000m以上的山坡或山谷林下阴湿处。

保护类别： 中国特有种子植物。

植株　　花序　　茎、叶

狗舌草 *Senecio kirilowii* Turcz. ex DC.　　千里光属 *Senecio* L.

形态特征： 多年生草本。茎直立，高20~60cm，被白色蛛丝状密毛。下部叶在花后生存，矩圆形或倒卵状矩圆形，长5~10cm，宽1.5~2.5cm，顶端钝，下部渐狭成翅状的柄，边缘有浅齿或近全缘，两面被蛛丝状密毛；茎生叶少数，条状披针形至条形，基部抱茎，且稍下延。头状花序5~11个，伞房状排列，有长1.5~5cm的梗；总苞筒状，长约8mm，直径达11mm；总苞片1层，条形或矩圆状披针形，背面被蛛丝状毛，边缘膜质；舌状花1层，黄色，矩圆形；筒状花多数。瘦果圆柱形，有纵肋，被密毛；冠毛白色。花期4—5月；果熟期5—6月。

分　　布： 河南各山区均有分布；多见于山坡路旁、水边。

植株　　头状花序　　花序、总苞片

千里光 *Senecio scandens* Buch.-Ham. ex D. Don

千里光属 *Senecio* L.

形态特征： 多年生草本。茎曲折，攀缘，长2~5m，多分枝，初常被密柔毛，后脱毛。叶有短柄，叶片长三角形，顶端长渐尖，基部截形或近斧形至心形，边缘有浅或深齿，或叶的下部有2~4对深裂片，稀近全缘，两面无毛或背面被短毛。头状花序多数，在茎及枝端排列成复总状的伞房花序，总花梗常反折或开展，被密微毛，有细条形苞叶；总苞筒状，基部有数个条形小苞片；总苞片1层，12~13个，条状披针形，顶端渐尖；舌状花黄色，8~9个；筒状花多数。瘦果圆柱形，有纵沟，被短毛；冠毛白色，约与筒状花等长。花期8—10月；果期9—11月。

分　　布： 河南各山区均有分布；多见于海拔1000m以下的山坡、山沟、河滩、田边、林缘及灌丛中。

茎、叶

头状花序、小花

果期、总苞片

果期

瘦果及冠毛

蒲儿根 *Sinosenecio oldhamianus* (Maxim.) B. Nord.

蒲儿根属 *Sinosenecio* B. Nord.

形态特征： 一年生或二年生草本，高40~80cm。茎直立，下部及叶柄着生处被蛛丝状绵毛或近无毛，多分枝。下部叶有长柄，干后膜质，叶片近圆形，基部浅心形，长宽3~5cm，稀达8cm，顶端急尖，边缘有深及浅的重锯齿，正面近无毛，背面多少被白色蛛丝状毛，有掌状脉；上部叶渐小，有短柄，三角状卵形，顶端渐尖。头状花序复伞房状排列；常多数，梗细长，有时具细条形苞叶；总苞宽钟状，直径4~5mm，长3~4mm，总苞片10余个，顶端细尖，边缘膜质；舌状花1层，舌片黄色，条形；筒状花多数，黄色。瘦果倒卵状圆柱形，长稍超过1mm；冠毛白色，长约3mm。花期4—5月；果期6—7月。

分　　布： 河南各山区均有分布；多见于山坡草地、林缘、荒地及路旁。

花序

头状花序

植株

蹄叶橐吾 Ligularia fischeri (Ledeb.) Turcz.　　橐吾属 *Ligularia* Cass.

形态特征： 多年生草本；茎上部被黄褐色柔毛。丛生叶与茎下部叶肾形，长10~30cm，宽13~40cm，基部心形，边缘具锯齿，两面光滑，叶脉掌状，叶柄长18~59cm，基部具鞘；茎中上部叶较小，具短柄，鞘膨大，全缘。总状花序长25~75cm；头状花序辐射状；苞片卵形或卵状披针形，下部者长达6cm，边缘有齿；小苞片窄披针形或线形丝状；总苞钟形，长0.7~2cm，直径0.5~1.4cm，总苞片8~9，2层，长圆形，先端尖，背部光滑，内层具膜质边缘。舌状花5~9，黄色，舌片长圆形，长1.5~2cm；管状花多数，黄色，长1~1.7cm，冠毛红褐色，短于花冠管部。花期7—8月；果熟期8—9月。

分　　布： 河南各山区均有分布；多见于水边、草甸、山坡灌丛及林下。

头状花序、苞片

植株

花序

鹿蹄橐吾 Ligularia hodgsonii Hook.　　橐吾属 *Ligularia* Cass.

形态特征： 多年生草本，高30~80cm。茎基部为枯叶残存的纤维所包围，直径0.5~0.7cm，有沟纹。叶互生，基生叶有基部抱茎的长柄；叶片肾形，顶端圆形，宽过于长，有时达50cm，边缘有浅锯齿，两面无毛，有掌状脉；茎生叶通常2个，在下的有基部扩大抱茎的长柄，在上的有基部多少扩大的短柄。花序复伞房状，有具宽翅至条形的苞叶；头状花序5~15个，有被蛛丝状微毛的长梗；总苞钟状，长10~15mm，基部常有1~2个条形的苞叶；总苞片1层，8~9个，矩圆形，常被蛛丝状微毛；舌状花1层，舌片长约2.5cm，黄色；筒状花多数。瘦果圆柱形，长6~7mm；冠毛红褐色。花期7—9月；果熟期8—10月。

分　　布： 河南伏牛山区分布；多见于海拔800m以上的河边、山坡、草地及林中。

头状花序

叶

花序

497

窄头橐吾 *Ligularia stenocephala* (Maxim.) Matsum. et Koidz.　　**橐吾属** *Ligularia* Cass.

形态特征： 多年生草本。茎高40~80cm，直径4~6mm，上部被蛛丝状毛。基生叶有长柄，基部稍抱茎，叶片心状或肾状戟形，长和宽10~20cm，顶端圆形而有突出的尖头，边缘有细齿，基部有较大而开展的齿，背面色浅，两面无毛，有掌状脉；中部叶渐小，有下部鞘状抱茎的短柄；上部叶渐变为披针形或条形。花序总状，长10~20cm；头状花序多数或较少，有长梗及条形苞叶，花后常下垂；总苞筒状，长约10mm；总苞片5个，顶端尖；舌状花1~3个，舌片黄色，矩圆形，长约20mm；筒状花6~12个。瘦果圆柱形，有纵沟，长约6mm；冠毛污白色，长约6mm。花期7—9月；果熟期8—10月。

分　　布： 河南太行山、伏牛山、大别山和桐柏山山区均有分布；多见于海拔700~2000m的山坡草地、水边、林中。

叶　　　　头状花序、舌状花、管状花　　　　花序　　　　植株

苍术 *Atractylodes lancea* (Thunb.) DC.　　**苍术属** *Atractylodes* DC.

形态特征： 多年生草本。根状茎长块状。叶卵状披针形至椭圆形，长3~5.5cm，宽1~1.5cm，顶端渐尖，基部渐狭，边缘有刺状锯齿，正面深绿色，有光泽，背面淡绿色，叶脉隆起，无柄；下部叶常3裂，裂片顶端尖，顶端裂片极大，卵形，两侧的较小，基部楔形，无柄或有柄。头状花序顶生，叶状苞片1列，羽状深裂，裂片刺状；总苞圆柱形；总苞片5~7层，卵形至披针形；花冠筒状，白色或稍带红色，长约1cm，上部略膨大，顶端5裂，裂片条形。瘦果有柔毛；冠毛长约8mm，羽毛状。花期8—9月；果熟期9—10月。

分　　布： 河南各山区均有分布；多见于海拔700~1500m的山坡灌丛或草地。

功用价值： 根状茎可入药。

植株　　　　叶　　　　根状茎　　　头状花序、管状花　　　叶状苞、头状花序

牛蒡 *Arctium lappa* L.

形态特征：二年生草本；根肉质。茎粗壮，高1~2m，带紫色，有微毛，上部多分枝。基部叶丛生，茎生叶互生，宽卵形或心形，长40~50cm，宽30~40cm，正面绿色，无毛，背面密被灰白色茸毛，全缘。波状或有细锯齿，顶端圆钝，基部心形，有柄，上部叶渐小。头状花序丛生或排成伞房状，直径3~4cm，有梗；总苞球形；总苞片披针形，长1~2cm，顶端钩状内弯；花全部筒状，淡紫色，顶端5齿裂，裂片狭。瘦果椭圆形或倒卵形，长约5mm，宽约3mm，灰黑色；冠毛短刚毛状。花期6—7月；果熟期9—10月。

分　　布：河南各山区均有分布，也有栽培；多见于山坡、河滩草地、村庄路旁。

功用价值：瘦果及根可入药。

叶　　头状花序　　植株　　管状花、总苞片

枝、叶、花序

刺儿菜 *Cirsium arvense* var. *integrifolium* C. Wimm. et Grabowski

形态特征：多年生草本。根状茎长。茎直立，高20~50cm，无毛或被蛛丝状毛。叶椭圆形或长椭圆状披针形，长7~10cm，宽1.5~2.5cm，顶端钝尖，基部狭或钝圆，全缘或有齿裂，有刺，两面被疏或密蛛丝状毛，无柄。头状花序，单生于茎端，雌雄异株，雄株头状花序较小，总苞长18mm，雌株头状花序较大，总苞长23mm；总苞片多层，外层较短，矩圆状披针形，内层披针形，顶端长尖，具刺；雄花花冠长17~20mm，雌花花冠长26mm，紫红色。瘦果椭圆形或长卵形，略扁平；冠毛羽状，先端稍肥厚而弯曲。花期5—6月；果熟期7—8月。

分　　布：河南各地均有分布；多见于山坡、路旁、荒地、田间。

植株

头状花序、总苞片　　连萼瘦果　　头状花序　　管状花

魁蓟 *Cirsium leo* Nakai et Kitag.

蓟属 *Cirsium* Mill.

形态特征： 多年生草本。茎直立，高1~1.5m，多分枝，有纵棱，被皱缩毛。茎生叶无柄，披针形至宽披针形，顶端尖，基部稍抱茎，边缘有小刺，羽状浅裂至深裂，裂片卵状三角形，顶端尖，具刺，两面被皱缩毛，脉上较密。头状花序单生枝端，直立；总苞宽钟状，长2~3cm，有蛛丝状毛；总苞片条状披针形，边缘有小刺，顶端有长尖刺，内层仅上部边缘有刺状近睫毛；花紫色，长2.5cm，筒部与檐部等长。瘦果长椭圆形，长4~5mm，扁；冠毛污白色长2cm，羽毛状。花期5—7月；果熟期6—8月。
分　　布： 河南太行山和伏牛山区均有分布；多见于海拔600~2000m的山坡草地及灌丛中。
保护类别： 中国特有种子植物。

头状花序、总苞片

管状花

植株

茎、叶、花序

烟管蓟 *Cirsium pendulum* Fisch. ex DC.

蓟属 *Cirsium* Mill.

形态特征： 二年生或多年生草本，高1~2m。茎直立，上部分枝，被蛛丝状毛。基生叶和茎下部叶花期凋萎，宽椭圆形，顶端尾尖，基部渐狭成具翅的柄，羽状深裂，裂片上侧边缘具长尖齿，边缘有刺，茎中部叶狭椭圆形，无柄，稍抱茎或不抱茎，上部叶渐小。头状花序单生于枝端，有时近于双生，有长梗或短梗，下垂，直径3~4cm；总苞卵形，基部凹形，总苞片约8层，条状披针形，外层短，顶端刺尖，外反，背部中肋带紫色；花冠紫色，筒部丝状，比檐部长2~2.5倍。瘦果矩圆形，稍扁；冠毛灰白色，羽状，长18mm。花期6—8月；果熟期7—9月。
分　　布： 河南太行山和伏牛山区均有分布；多见于海拔1800m以上的山坡草地。

叶

头状花序

茎、叶

花期

植株

绒背蓟 *Cirsium vlassovianum* Fisch. ex DC.　　　　**蓟属** *Cirsium* Mill.

形态特征： 多年生草本，具块状根。茎直立，高50~100cm，被柔毛，上部分枝。叶矩圆状披针形或卵状披针形，不裂，顶端锐尖，无柄基部，稍抱茎，下部叶有短柄，边缘密生细刺或有刺尖齿，正面绿色，被疏毛，背面密被灰白色茸毛。头状花序单生枝端及上部叶腋，直立；总苞钟状球形；总苞片6层，披针状条形，顶端锐尖；花冠紫红色，长近2cm，筒部比檐部短。瘦果矩圆形，长3~4mm；冠毛羽状，淡褐色。花期7—8月；果熟期8—10月。

分　　布： 河南伏牛山、太行山区均有分布；多见于河岸、山坡草地。

头状花序、管状花

瘦果、冠毛

茎、叶、花序

总苞片

叶背面

茎、叶

泥胡菜 *Hemisteptia lyrata* (Bunge) Fischer et C. A. Meyer　　　**泥胡菜属** *Hemisteptia* (Bunge) Fisch. et C. A. Mey.

形态特征： 二年生草本。茎直立，高30~80cm，无毛或有白色蛛丝状毛。基生叶莲座状，具柄，倒披针形或倒披针状椭圆形，叶大头羽状深裂或几全裂，顶裂片三角形，较大，有时3裂，侧裂片7~8对，长椭圆状倒披针形，背面被白色蛛丝状毛；中部叶椭圆形，无柄，羽状分裂，上部叶条状披针形至条形。头状花序多数；总苞球形，长12~14mm，宽18~22mm；总苞片5~8层，外层较短，卵形，中层椭圆形，内层条状披针形，背面顶端下具1紫红色鸡冠状附片；花紫色。瘦果圆柱形，长2.5mm，具15条纵肋；冠毛白色，2层，羽状。花期4—5月；果熟期6—7月。

分　　布： 河南各地均有分布；多见于山坡、路旁、荒地、农田、果园或水旁。

头状花序

瘦果、冠毛

植株

花序

花期

风毛菊 *Saussurea japonica* (Thunb.) DC.

形态特征：二年生草本，高50~150cm。根纺锤状。茎直立，粗壮，上部分枝，被短微毛和腺点。基生叶和下部叶有长柄，矩圆形或椭圆形，羽状分裂，裂片7~8对，中裂片矩圆状披针形，侧裂片狭矩圆形，顶端钝，两面有短微毛和腺点；茎上部叶渐小，椭圆形，披针形或条状披针形，羽状分裂或全缘。头状花序多数，排成密伞房状；总苞筒状，长8~12mm，宽5~8mm，被蛛丝状毛，总苞片6层，外层短小，卵形，先端钝，中层至内层条状披针形，先端有膜质圆形具小齿的附片，常紫红色；小花紫色，花冠长10~14mm。瘦果长3~4mm；冠毛淡褐色，外层短，糙毛状，内层羽毛状。花期8—10月；果熟期9—11月。

分　　布：河南各山区均有分布；多见于山坡草地、沟边路旁、灌丛中。

植株

茎、叶

管状花

头状花序

瘦果、冠毛

银背风毛菊 *Saussurea nivea* Turcz.

形态特征：多年生草本。茎疏被蛛丝毛至无毛，上部分枝。下部与中部茎生叶披针状三角形、心形或戟形，长10~12cm，宽5~6cm，有锯齿，叶柄长3~8cm；上部叶与中下部叶同形或卵状椭圆形、长椭圆形、披针形，几无柄；叶正面无毛，背面银灰色，密被绵毛。头状花序梗长0.5~5cm，有线形苞片，排成伞房状；总苞钟状，直径1~1.2cm，总苞片6~7层，被白色绵毛，外层卵形，长4mm，有紫黑色尖头，中层椭圆形或卵状椭圆形，长7mm，内层线形，长1cm。小花紫色。瘦果圆柱状，褐色，长5mm；冠毛2层，白色。花果期7—9月。

分　　布：河南太行山、伏牛山区均有分布；多见于海拔1300m以上的山坡林下及灌丛中。

植株

头状花序

茎、叶、头状花序

叶背面

花序

山牛蒡 *Synurus deltoids* (Ait.) Nakai   山牛蒡属 *Synurus* Iljin

形态特征： 多年生草本，高50~100cm。茎单生，直立，多少被蛛丝状毛，上部稍分枝。基生叶花期枯萎，下部叶有长柄，卵形或卵状矩圆形，顶端尖，基部稍呈戟形，边缘有不规则缺刻状齿，正面有短毛，背面密生灰白色毡毛，上部叶有短柄，披针形。头状花序单生于茎顶，直径4cm，下垂；总苞钟状，总苞片多层，带紫色，被蛛丝状毛，条状披针形，锐尖，宽1.5mm，外层短；花冠筒状，深紫色，长2.5cm，筒部比檐部短。瘦果长形，无毛；冠毛淡褐色，不等长，长12~17mm。花期7—8月；果熟期9—10月。

分　　布： 河南太行山及伏牛山区均有分布；多见于海拔800~2000m的山坡草地及林下。

基生叶

头状花序

花序

茎、叶

缢苞麻花头 *Klasea centauroides* subsp. *strangulate* (Iljin) L. Martins   麻花头属 *Klasea* Cass.

形态特征： 多年生草本。茎枝被长毛。基生叶与下部茎生叶长椭圆形、倒披针状长椭圆形或倒披针形，大头羽状或羽状深裂，全部侧裂片半长椭圆形、半椭圆形或三角形，楔状长椭圆形或偏斜楔形；冠毛黄色、褐色或带红色；中部茎生叶与基生叶及下部茎生叶同形并等样分裂，侧裂片常全缘或有单齿；茎中上部无叶或有线形不裂小叶；叶两面粗糙，被长毛。头状花序单生茎枝顶端，几无叶；总苞半球形或扁球形，总苞片约10层，上部边缘均有绢毛，外层与中层卵形、卵状披针形或长椭圆形，内层及最内层长椭圆形或线形，上部淡黄色，硬膜质。小花均两性，紫红色。花果期6—9月。

分　　布： 河南太行山及伏牛山区均有分布；多见于海拔700~1800m的山坡草地、灌丛及疏林中。

头状花序

植株（基生叶有短柄）

总苞、总苞片

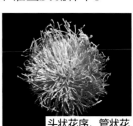

头状花序、管状花

茎生叶无柄

漏芦 *Rhaponticum uniflorum* (L.) DC.　　　　漏芦属 *Rhaponticum* Vaill.

形态特征： 多年生草本。主根圆柱形，上部密被残存叶柄。茎直立，高30~80cm，不分枝，单生或数个同生一根上，有条纹，具白色绵毛或短毛。叶羽状深裂至浅裂，叶柄被厚绵毛，裂片矩圆形，具不规则齿，两面被软毛。头状花序单生茎顶，直径约5cm；总苞宽钟状，基部凹；总苞片多层，具干膜质的附片，外层短，卵形，中层附片宽，呈掌状分裂，内层披针形，顶端尖锐；花冠淡紫色，长约2.5cm，下部条形，上部稍扩张成圆筒形。瘦果倒圆锥形，棕褐色，具4棱；冠毛刚毛状，具羽状短毛。花期5—6月；果熟期7—8月。

分　　布： 河南太行山和伏牛山区均有分布；多见于干旱山坡、草地、灌丛中。

功用价值： 根及根状茎可入药。

基生叶　　茎、叶、花序　　花序　　茎、叶　　小花

心叶帚菊 *Pertya cordifolia* Mattf.　　　　帚菊属 *Pertya* Sch. Bip.

形态特征： 草本，高30~100cm。叶互生，宽卵形，长5~7cm，宽3.5~6cm，顶端渐尖，基部心形，边缘有疏细齿或微波状浅齿，基部3~5脉，正面绿色，背面稍苍白；叶柄长3~5mm，基部膨大包围芽。头状花序顶生或腋生，3~8个聚成球形，梗长1~2cm；总苞筒状钟形，长约12mm；总苞片约7层，外层总苞片极小，卵形，内层卵状披针形或条状披针形，顶端稍钝头，外面被淡褐色丝状毛；花两性，白色，5深裂，裂片狭条形。瘦果长约6mm，具条棱，被丝状毛；冠毛污白色。花期9月；果熟期10月。

分　　布： 河南伏牛山区分布；多见于海拔1000m以上的山坡灌丛及林下。

头状花序、小花　　叶、花序　　枝、叶　　花序

大丁草 *Leibnitzia anandria* (Linnaeus) Turczaninow　　大丁草属 *Leibnitzia* Cass.

形态特征： 多年生草本，有春秋二型，春型株高5~10cm，秋型株高达30cm。叶基生，莲座状，宽卵形或倒披针状长椭圆形，春型的叶较小，秋型的叶较大，顶端圆钝，基部心形或渐狭成叶柄，提琴状羽状分裂，顶端裂片宽卵形，有不规则的圆齿，齿端有凸尖头，背面及叶柄密生白色绵毛。花茎直立，密生白色蛛丝状绵毛，后渐脱毛，苞片条形；头状花序单生，春型的有舌状花和筒状花，秋型的仅有筒状花；总苞筒状钟形；总苞片约3层，外层较短，条形，内层条状披针形；舌状花1层，雌性；筒状花两性。瘦果长约5mm，两端收缩；冠毛污白色。花期3—7月；果熟期5—11月。

分　　布： 河南各山区均有分布；多见于海拔700~1500m的山坡路旁、林边、草地。

叶

果序、瘦果、冠毛

头状花序

植株（果期）

桃叶鸦葱 *Scorzonera sinensis* Lipsch. et Krasch. ex Lipsch.　　鸦葱属 *Scorzonera* L.

形态特征： 多年生草本。根圆柱状，粗壮，粗达1.5cm，褐色或黑褐色，通常不分枝，极少分枝。茎单生或3~4个聚生，无毛，有白粉。基生叶披针形或宽披针形，长5~20cm，无毛，有白粉，边缘深皱状弯曲，叶柄长达8cm，宽鞘状抱茎；茎生叶鳞片状，长椭圆形或长椭圆状披针形。头状花序单生茎端，有同型结实两性舌状花；总苞卵形或矩圆形，长20~30mm，宽8~13mm；外层苞片宽卵形或三角形，极短，最内层披针形；舌状花黄色。瘦果圆柱状，有纵沟，长12~14mm，无毛，无喙；冠毛白色，羽状。花期4—5月；果熟期5—6月。

分　　布： 河南太行山和伏牛山区均有分布；多见于浅山、丘陵干旱山坡、草地。

头状花序

瘦果、冠毛

花期

植株

蒲公英 *Taraxacum mongolicum* Hand.-Mazz.

蒲公英属 *Taraxacum* F. H. Wigg.

形态特征：多年生草本。根垂直。叶莲座状平展，矩圆状倒披针形或倒披针形，羽状深裂，侧裂片4~5对，矩圆状披针形或三角形，具齿，顶裂片较大，戟状矩圆形，羽状浅裂或仅具波状齿，基部狭成短叶柄，被疏蛛丝状毛或几无毛。花葶数个，与叶多少等长，上端被密蛛丝状毛。总苞淡绿色，外层总苞片卵状披针形至披针形，边缘膜质，被白色长柔毛，顶端有或无小角，内层条状披针形，比外层长1.5~2倍，顶端有小角；舌状花黄色。瘦果褐色，上半部有尖小瘤，喙长6~8mm；冠毛白色。花期4—9月；果熟期5—10月。

分　　布：河南各地均有分布；多见于山地荒野及平原田间、果园、路旁。

功用价值：全草可入药。

头状花序

果期

瘦果、冠毛

植株

花叶滇苦菜（续断菊） *Sonchus asper* (L.) Hill.

苦苣菜属 *Sonchus* L.

形态特征：一年生草本。茎单生或簇生，茎枝无毛或上部及花序梗被腺毛。基生叶与茎生叶同，较小；中下部茎生叶长椭圆形、倒卵形、匙状或匙状椭圆形，连翼柄长7~13cm，柄基耳状抱茎或基部无柄；上部叶披针形，不裂，基部圆耳状抱茎；下部叶或全部茎生叶羽状浅裂、半裂或深裂，侧裂片4~5对；叶及裂片与抱茎圆耳边缘有尖齿刺，两面无毛。头状花序排成稠密伞房花序；总苞宽钟状，长约1.5cm，总苞片3~4层，绿色，草质，背面无毛，外层长披针形或长三角形，长3mm，中内层长椭圆状披针形或宽线形，长达1.5cm。舌状小花黄色。瘦果倒披针状，褐色，两面各有3条细纵肋，肋间无横皱纹；冠毛白色。花果期5—10月。

分　　布：河南各地均有分布；多见于田野、果园、荒地、山坡草地、河滩。

叶、花

头状花序

花序托、瘦果、冠毛

植株

苦苣菜 Sonchus oleraceus L.

形态特征： 一年生草本，高30~100cm。根纺锤状。茎不分枝或上部分枝，无毛或上部有腺毛。叶柔软无毛，长10~22cm，宽5~12cm，羽状深裂，大头状羽状全裂或羽状半裂，顶裂片大或顶端裂片与侧生裂片等大，少有叶不分裂的，边缘有刺状尖齿，下部的叶柄有翅，基部扩大抱茎，中上部的叶无柄，基部宽大戟耳形。头状花序在茎端排成伞房状；梗或总苞下部初期有蛛丝状毛，有时有疏腺毛，总苞钟状，长10~12mm，宽6~25mm，暗绿色；总苞片2~3列；舌状花黄色，两性，结实。瘦果长椭圆状倒卵形，压扁，亮褐色、褐色或肉色，边缘有微齿，两面各有3条高起的纵肋，肋间有细皱纹；冠毛毛状，白色。花果期4—10月。

分　　布： 河南各地均有分布；多见于平原田边、荒地、果园及山坡路旁、溪边。

功用价值： 全草可入药。

植株　　茎、叶、花序　　果序、冠毛　　花序

翅果菊 Lactuca indica L.

形态特征： 二年生草本。茎高90~120cm或更高，无毛，上部有分枝。叶无柄，全部叶有狭窄膜片状长毛；叶形多变化，条形、长椭圆状条形或条状披针形，中下部茎叶倒披针形、椭圆形或长椭圆形，规则或不规则二回羽状深裂，而裂片边缘缺刻状或锯齿状针刺等；下部叶花期枯萎；最上部叶变小，条状披针形或条形。头状花序有小花25个，在茎枝顶端排成宽或窄圆锥花序；舌状花淡黄色或白色。瘦果黑色，压扁，边缘不明显，内弯，每面仅有1条纵肋；喙短而明显，长约1mm；冠毛白色，全部同形。花期7—9月；果熟期8—10月。

分　　布： 河南各山区均有分布；多见于海拔500~1300m的山坡、林下、田埂。

茎、叶　　总花序　　头状花序　　瘦果、冠毛

黄鹌菜 *Youngia japonica* (L.) DC.　　黄鹌菜属 *Youngia* Cass.

形态特征： 一年生草本，高20~90cm。茎直立。基生叶丛生，倒披针形，琴状或羽状半裂，长8~14cm，宽1.3~3cm，顶裂片较侧裂片稍大，侧裂片向下渐小，有深波状齿，无毛或有细软毛，叶柄具翅或有不明显的翅；茎生叶少数，通常1~2片。头状花序小，有10~20朵小花，排成聚伞状圆锥花序；总化梗细，长2~10mm；总苞果期钟状，长4~7mm；外层总苞片5，极小，三角形或卵形，内层总苞片8，披针形；舌状花黄色，长4.5~10mm。瘦果红棕色或褐色，纺锤形，长1.5~2.5mm，稍扁平，有11~13条粗细不等的纵肋；冠毛白色。花期4—6月；果熟期5—9月。

分　　布： 河南伏牛山、大别山和桐柏山区均有分布；多见于海拔300~1500m的山坡、路旁、荒野、田边。

总花序

植株

瘦果、冠毛

茎中空

头状花序

黄瓜菜（苦荬菜）　*Crepidiastrum denticulatum* (Houttuyn) Pak et Kawano　　假还阳参属 *Crepidiastrum* Nakai

形态特征： 多年生草本，高30~80cm，无毛。茎直立，多分枝，紫红色。基生叶花期枯萎，卵形、矩圆形或披针形，顶端急尖，基部渐窄成柄，边缘波状齿裂或羽状分裂，裂片具细锯齿；茎生叶舌状卵形，长3~9cm，宽1.5~4cm，顶端急尖，无柄，基部微抱茎，耳状，边缘具不规则锯齿。头状花序排成伞房状，具细梗；总苞长7~8mm；外层总苞片小，长约1mm，内层总苞片8，条状披针形；舌状花黄色，长7~9mm，顶端5齿裂。瘦果黑褐色，纺锤形，长1~2mm，喙长约0.8mm；冠毛白色。花果期4—6月。

分　　布： 河南各山区均有分布；多见于山坡草地、路旁、田野。

头状花序

花序

茎、叶、花

尖裂假还阳参 *Crepidiastrum sonchifolium* (Maximowicz) Pak et Kawano

假还阳参属 *Crepidiastrum* Nakai

形态特征： 多年生草本，高30~80cm，无毛。基生叶多数，矩圆形，长3.5~8cm，宽1~2cm，顶端急尖或圆钝，基部下延成柄，边缘具锯齿或不整齐的羽状深裂；茎生叶较小，卵状矩圆形，长2.5~6cm，宽0.7~1.5cm，顶端急尖，基部耳形或戟形抱茎，全缘或羽状分裂。头状花序密集成伞房状，有细梗；总苞长5~6mm；外层总苞片5，极小，内层总苞片8，披针形，长约5mm；舌状花黄色，长7~8mm，先端截形，5齿裂。瘦果黑色，纺锤形，长2~3mm，有细条纹及粒状小刺；冠毛白色。花期4—5月；果熟期5—6月。

分　　布： 河南太行山和伏牛山区均有分布；多见于荒野、路旁及疏林下。

头状花序、总苞片

总花序

茎、叶

基生叶

中华苦荬菜（山苦荬） *Ixeris chinensis* (Thunb.) Nakai

苦荬菜属 *Ixeris* (Cass.) Cass.

形态特征： 多年生草本，高10~40cm，无毛。基生叶莲座状，条状披针形或倒披针形，长7~15cm，宽1~2cm，顶端钝或急尖，基部下延成窄叶柄，全缘或具疏小齿或不规则羽裂；茎生叶1~2个，无叶柄，稍抱茎。头状花序排成疏伞房状聚伞花序；总苞长7~9mm；外层总苞片卵形，内层总苞片条状披针形；舌状花黄色或白色，长10~12mm，顶端5齿裂。瘦果狭披针形，稍扁平，红棕色，长4~5mm，喙长约2mm；冠毛白色。花果期4—6月。

分　　布： 河南各地均有分布；多见于平原、山坡、田间、路旁。

头状花序（白花）

头状花序（黄花）

植株

茎、叶

山柳菊 *Hieracium umbellatum* L.　　　　　　　山柳菊属 *Hieracium* L.

形态特征：多年生草本，高40~120cm，被细毛。基生叶在花期枯萎；茎生叶互生，矩圆状披针形或披针形，顶端急尖至渐尖，基部楔形至近圆形，无柄，具疏大锯齿，稀全缘，边缘和背面沿叶脉具短毛。头状花序多数，排列成伞房状，梗密被细毛；总苞长9~11mm，3~4层；外层总苞片短，披针形，下部具短毛，内层总苞片矩圆状披针形；舌状花黄色，长15~20mm，下部有白色软毛，舌片顶端5齿裂。瘦果圆筒形，紫褐色，具10条棱；冠毛浅棕色，长6~7mm。花期7~9月；果熟期9—10月。

分　　布：河南太行山、伏牛山区均有分布；多见于海拔800m以上的山坡、路旁、草地、灌丛中。

茎、叶　　　总花序　　　叶　　　头状花序

▶ 泽泻科 Alismataceae ||||||||||||||||||||||||||||||||||||||||||||||||||||||

野慈姑 *Sagittaria trifolia* L.　　　　　　　慈姑属 *Sagittaria* L.

形态特征：多年生沼生草本。具匍匐茎或球茎；球茎小，最长2~3cm。叶基生，挺水；叶片箭形，大小变异很大，顶端裂片与基部裂片间不缢缩，顶端裂片短于基部裂片，基部裂片尾端线尖；叶柄基部鞘状。花序圆锥状或总状，总花梗长20~70cm，花多轮，最下一轮常具1~2分枝；苞片3，基部多少合生。花单性，下部1~3轮为雌花，上部多轮为雄花；萼片椭圆形或宽卵形，反折；花瓣白色，约为萼片2倍。雄花雄蕊多数，花丝丝状，花药黄色。雌花心皮多数，离生。瘦果两侧扁，倒卵圆形，具翅，背翅宽于腹翅，具微齿，喙顶生，直立。花果期6—10月。

分　　布：河南各地均有分布；多见于湖泊、池塘、沼泽、沟渠、田边、河溪。

功用价值：可作家畜、家禽的饲料；可作观赏花卉。

花序　　　植株　　　花

▶ 水鳖科 Hydrocharitaceae ||||||||||||||||||||||||||||||||||||||||||||||||||||||||||||||||

水鳖 *Hydrocharis dubia* (Bl.) Backer　　　　　　　　　**水鳖属 *Hydrocharis* L.**

形态特征： 多年生水生飘浮植物，有匍匐茎，具须状根。叶圆状心形，直径3~5cm，全缘，正面深绿色，背面略带红紫色，有长柄。花单性；雄花2~3朵，聚生于具2叶状苞片的花梗上；外轮花被片3，草质；内轮花被片3，膜质，白色；雄蕊6~9，具3~6个退化雄蕊；花丝叉状，花药基部着生；雌花单生于苞片内；外轮花被片3，长卵形；内轮花被片3，宽卵形，白色；具6个退化雄蕊；子房下位，6室；柱头6，条形，深2裂。果实肉质，卵圆形，直径约1cm，6室；种子多数。花果期8—10月。

分　　布： 河南各地均有分布；多见于池沼、水田、溪流、静水中。

花　　　　　　　　　　　叶　　　　　　　　　　群丛、叶、花

▶ 天南星科 Araceae ||||||||||||||||||||||||||||||||||||||||||||||||||||||||||||||||||||||||||

独角莲　*Sauromatum giganteum* (Engler)　　　　　　　**斑龙芋属 *Sauromatum* Schott**
　　　　　　Cusimano et Hetterscheid

形态特征： 多年生草本，块茎卵形至短圆柱形，长达6cm；叶基出，宽卵状椭圆形，基部箭形，具6~10对侧脉，叶柄长20~30cm。花莛长8~10cm，佛焰苞全长10~15cm，下部筒状长4~5cm，上部开展，顶端渐尖；肉穗花序全长8~10cm，下部雌花部分长约1.5cm，中间不孕部分长约2.5cm，具棒状突起，上部雄花部分长约1.5cm，顶端具长柱状附属体；子房顶端近六角形，1室，通常具2~3枚基生胚珠；雄蕊具2花药，顶孔裂。浆果红色。花期7月；果期8—10月。

分　　布： 河南各山区均有分布；多见于海拔1500m以下的荒地、山坡、水沟旁、林缘等处。

功用价值： 块茎可入药。

保护类别： 中国特有种子植物。

块茎、芽　　　　　　　果序、浆果　　　　　　　　　植株

灯台莲 *Arisaema bockii* Engler

天南星属 *Arisaema* Mart.

形态特征： 多年生草本，块茎扁球形，直径2~3cm。鳞叶2。叶2；叶鸟足状5~7裂，裂片卵形、卵状长圆形或长圆形，全缘或具锯齿；叶柄长20~30cm，下部1/2鞘筒状，鞘筒上缘几平截。花序梗略短于叶柄或几等长；佛焰苞淡绿色或暗紫色，具淡紫色条纹，管部漏斗状，喉部边缘近平截，无耳，檐部卵状披针形或长圆状披针形，长6~10cm，稍下弯；雄肉穗花序圆柱形，花疏，雄花近无梗，花药2~3，药室卵形，外向纵裂；雌花序近圆锥形，花密，雌花子房卵圆形，柱头圆，胚珠3~4；附属器具细柄，直立，上部棒状或近球形。果序圆锥状；浆果黄色，长圆锥状。种子1~3，卵圆形，光滑。花期5月；果期8—9月。

分　　布： 河南伏牛山区分布；多见于林下阴湿地方。

保护类别： 中国特有种子植物。

植株　佛焰花序　雌花序、附属器　果序、浆果　雄花序、附属器

一把伞南星 *Arisaema erubescens* (Wall.) Schott

天南星属 *Arisaema* Mart.

形态特征： 多年生草本，块茎扁球形，直径达6cm。鳞叶绿白色或粉红色，有紫褐色斑纹。叶1，极稀2；叶放射状分裂，幼株裂片3~4，多年生植株裂片多至20，披针形、长圆形或椭圆形，无柄，长渐尖，具线形长尾或无；叶柄中部以下具鞘，红色或深绿色，具褐色斑块。花序梗比叶柄短，色泽与斑块和叶柄同，直立；佛焰苞绿色，背面有白色条纹，或淡紫色，管部圆筒形，喉部边缘平截或稍外卷，檐部三角状卵形或长圆状卵形，先端渐窄，略下弯；雄肉穗花序长2~2.5cm，花密；雌花序长约2cm；附属器棒状或圆柱形；雄花序的附属器下部光滑或有少数中性花；雌花序的具多数中性花。雄花具短梗，淡绿色、紫色或暗褐色，雄蕊2~4，药室近球形，顶孔开裂。浆果红色。花期5—7月；果期9月。

分　　布： 河南各山区均有分布；多见于海拔1000m左右的山坡、林缘、阴湿山沟中。

果序　植株　块茎　佛焰花序　果序、浆果

细齿南星 *Arisaema peninsulae* Nakai
天南星属 *Arisaema* Mart.

形态特征： 多年生草本，块茎扁球形，白色或褐色，直径2~5cm，鳞叶3，淡紫色或紫色，有紫色斑块。叶2，叶柄鞘长30~60cm，紫色，具暗紫色斑块，圆筒状，顶部几截平，叶柄不具鞘部分长8~10cm，圆柱形。叶片鸟足状分裂，裂片5~13，长圆形或椭圆形，全缘或具细齿，中裂片长约10cm，宽2.5~3cm，侧裂片依次渐小。花序柄略短于叶柄，淡紫色至深紫色。佛焰苞圆柱形，管部长5.5~7.5cm，紫色至深紫色，有白色条纹，边缘略外卷；檐部卵形，浓紫色，下弯，先端渐狭，长7cm，宽4~5cm。肉穗花序单性，雄花序圆锥形，长1.5cm，基部粗1cm，花药深紫色；附属器紫色，棒状，具纵条纹，长4cm，上部粗8~9mm，基部较狭，截形，具长5~6mm的柄。花期5—6月；果期8—9月。

分　　布： 河南伏牛山区分布；多见于海拔1000m以下的杂木林下。

佛焰花序

叶

块茎
植株

雄花序、附属器
雌花序、附属器

半夏 *Pinellia ternata* (Thunb.) Breit.
半夏属 *Pinellia* Ten.

形态特征： 多年生草本，块茎球形，直径1~1.5cm。叶基出，1年生者为单叶，心状箭形至椭圆状箭形，2~3年生者为3小叶的复叶，小叶卵状椭圆形至倒卵状矩圆形，稀披针形；叶柄长达25cm，下部有1珠芽。花葶长达30cm；佛焰苞全长5~7cm，下部筒状长约2.5cm；肉穗花序下部雌花部分长约1cm，贴生于佛焰苞，雄花部分长约5mm，二者之间有一段不育部分，顶端附属体长6~10cm，细柱状；子房具短而明显的花柱；花药2室，药室直缝开裂。浆果卵形，长4~5mm。花期5—7月；果期7—9月。

分　　布： 河南各山区均有分布；多见于林缘、田边、荒地、草坡、灌丛。

功用价值： 块茎可入药。

植株

佛焰花序

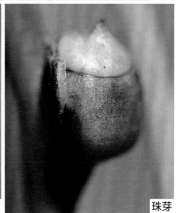
珠芽

▶鸭跖草科 Commelinaceae ‖‖‖‖‖‖‖‖‖‖‖‖‖‖‖‖‖‖

竹叶子 Streptolirion volubile Edgew.　　　　　竹叶子属 Streptolirion Edgew.

形态特征： 缠绕草本。茎长1~6m，常无毛。叶有长柄，叶片心形，长5~15cm，宽3~15cm，顶端尾尖，正面多少被柔毛。蝎尾状聚伞花序常数个，多见于穿鞘而出的侧枝上，有花1至数朵；总苞片下部的叶状，长2~6cm，上部的小而卵状披针形；下部花序的花两性，上部花序的花常为雄花；花无梗；萼片舟状，顶端急尖，长3~5mm；花瓣白色，条形，略比萼长；花丝密被绵毛。蒴果卵状三棱形，长约4mm，顶端有长达3mm的芒状突尖。花期7—8月；果期9—10月。

分　　布： 河南各山区均有分布；多见于山坡草地、灌丛、林缘、田边、荒地。

植株

花序

鸭跖草 Commelina communis L.　　　　　鸭跖草属 Commelina L.

形态特征： 一年生披散草本。茎匍匐生根，多分枝，长可达1m，下部无毛，上部被短毛。叶披针形至卵状披针形。总苞片佛焰苞状，有1.5~4cm的柄，与叶对生，折叠状，展开后为心形，顶端短急尖，基部心形，长1.2~2.5cm，边缘常有硬毛；聚伞花序，下面一枝仅有花1朵，具长8mm的梗，不孕；上面一枝具花3~4朵，具短梗，几乎不伸出佛焰苞。花梗花期长仅3mm；果期弯曲，长不过6mm；萼片膜质，长约5mm，内面2个常靠近或合生；花瓣深蓝色，内面2个具爪，长近1cm。蒴果椭圆形，长5~7mm，2室，2片裂，有种子4枚。种子长2~3mm，棕黄色，一端平截，腹面平，有不规则窝孔。花期7~9月；果期9—10月。

分　　布： 河南各山区均有分布；多见于山沟林缘、溪旁、稻田、地埂。

功用价值： 全草可入药。

茎、叶、花

植株

花

饭包草 Commelina benghalensis Linnaeus
鸭跖草属 Commelina L.

形态特征： 多年生匍匐草本。茎披散，多分枝，长可达70cm，被疏柔毛。叶鞘有疏而长的睫毛，叶有明显的叶柄，叶片卵形，长3~7cm，近无毛。总苞片佛焰苞状，柄极短，与叶对生，常数个集生于枝顶，下部边缘合生而成扁的漏斗状，长8~12mm，疏被毛；聚伞花序有花数朵，几不伸出；花萼膜质，长2mm，花瓣蓝色，具长爪，长4~5mm；雄蕊6个，3个能育。蒴果椭圆形，长4~6mm，3室，3瓣裂，有种子5枚；种子多皱，长近2mm。花果期夏秋。

分　　布： 河南大别山、桐柏山及伏牛山南部均有分布；多见于山谷溪旁、田边。

植株

叶、花

花

▶ 灯芯草科 Juncaceae ‖‖‖‖‖‖‖‖‖‖‖‖‖‖‖‖‖‖‖‖‖‖‖‖‖‖‖‖‖‖‖

灯芯草 Juncus effusus L.
灯芯草属 Juncus L.

形态特征： 多年生草本。根状茎横走，密生须根。茎簇生，高40~100cm，直径1.5~4mm，内充满乳白色髓。低出叶鞘状，红褐色或淡黄色，长者达15cm，叶片退化呈刺芒状。花序假侧生，聚伞状，多花，密集或疏散；总苞片圆柱形，生于顶端，似茎的延伸，直立，长5~20cm；花长2~2.5mm，花被片6，条状披针形，外轮稍长，边缘膜质；雄蕊3或极少为6，长约为花被的2/3，花药稍短于花丝。蒴果矩圆状，3室，顶端钝或微凹，约与花被等长或稍长；种子褐色，长约0.4mm。花期4—7月；果期6—9月。

分　　布： 河南伏牛山南部、桐柏山及大别山均有分布；多见于池边、河岸、沟渠、稻田旁水湿地。

髓

植株

花序

果期

▶ 莎草科 Cyperaceae ||||||||||||||||||||||||||||||||||||||||||||||||||||||

三棱水葱（蘑草、青岛蘑草） *Schoenoplectus triqueter* (Linnaeus) Palla　　**水葱属** *Schoenoplectus* (Rchb.) Palla

形态特征： 多年生草本。根状茎匍匐状，细。秆单生，粗壮，高20~90cm，三棱柱状。叶鞘膜质，仅最上部1枚的顶端具叶片；叶片条形，扁平，长1.3~5.5cm，宽约2mm。苞片1，为秆的延长，三棱状，长1.5~7cm；长侧枝聚伞花序有1~8个三棱状辐射枝；每枝有1~8个小穗；小穗簇生，卵形或矩圆形，长6~12mm，宽3~7mm，有多数密生的花；鳞片矩圆形或宽卵形，长3~4mm，膜质，黄棕色，顶端微缺，有短尖，边缘具疏缘毛；下位刚毛3~5条，与小坚果近等长，全生倒刺；雄蕊3；柱头2。小坚果倒卵形，平滑，长2~3mm，成熟时褐色。花果期6—9月。

分　　布： 河南各地均有分布；多见于河滩、沟边、沼泽或林缘湿地。

小穗、花

果期

植株

花序

水虱草 *Fimbristylis littoralis* Grandich　　**飘拂草属** *Fimbristylis* Vahl

形态特征： 一年生草本。秆丛生，高10~60cm，扁四棱形，基部具1~3枚无叶片的鞘。叶条形，侧扁，与秆近等长，宽1.5~2mm；叶鞘侧扁。苞片2~4个，刚毛状，短于花絮；长侧枝聚伞花絮一次至多次复出；辐射枝3~6条；小穗单生辐射枝顶端，近球形，长1.5~5mm；鳞片卵形，长约1mm，栗色，有3条脉；雄蕊2个；花柱3棱，柱头3个。小坚果倒卵形或宽卵形，有3钝棱，长约1mm。花果期7—10月。

分　　布： 河南各地均有分布；多见于河滩、沟边、沼泽或林缘湿地。

总花序

根、基生叶、秆鞘

植株

香附子 *Cyperus rotundus* L.　　　　　　　　　　　　**莎草属** *Cyperus* L.

形态特征： 多年生草本。有匍匐根状茎和椭圆状块茎。秆直立，散生，高15~95cm，有3锐棱。叶基生，短于秆，宽2~5mm；鞘棕色，常裂成纤维状。苞片2~3，叶状，长于花序；长侧枝聚伞花序简单或复出，有3~6个开展的辐射枝，最长达12cm；小穗条形，3~10个排成伞形花序，长1~3cm，宽1.5mm；小穗轴有白色透明的翅；鳞片紧密，2列，膜质，卵形或矩圆卵形，长约3mm，中间绿色，两侧紫红色，有5~7脉；雄蕊3；柱头3。小坚果矩圆倒卵形，有3棱，长约为鳞片的1/3，表面具细点。花果期5—11月。

分　　布： 河南各地均有分布；多见于沟渠、水边、沼泽地。

基生叶　　　　　秆、花序　　　　　花序

青绿薹草 *Carex breviculmis* R. Br.　　　　　　　　　**薹草属** *Carex* L.

形态特征： 多年生草本。根状茎丛生。秆高10~30cm，三棱柱状，基部具淡褐色叶鞘。叶短于秆，宽2~3mm。小穗2~4；顶生者雄性，长5~10mm，通常近等高于其下的雌小穗；其余雌性；矩圆形或矩圆卵形，长6~15mm，近无梗；苞片短叶状，基部1个具短苞鞘，其余近无苞鞘；雌花鳞片矩圆形、矩圆倒卵形或卵形，长2~2.5mm，中间淡绿色，两侧绿白色或黄绿色，膜质，顶端具长芒，脉3条。果囊倒卵状椭圆形或椭圆披针形，长2~2.5mm，有3钝棱，淡绿色或绿白色，上部密被短柔毛，脉4~5条，顶端骤尖成短喙，喙口微凹。小坚果矩圆披针形，长约1.7mm，有3棱，顶端具环；花柱基部膨大呈圆锥状，柱头3。花果期3—6月。

分　　布： 河南各山区均有分布；多见于山坡、林缘、草地。

花序　　　　　　植株　　　　　雌花序　　　　　雌花序

大披针薹草 Carex lanceolata Boott

薹草属 Carex L.

形态特征： 多年生草本。根状茎粗壮，斜生。秆密丛生，高10~35cm，纤细，粗约1.5mm，扁三棱形，上部稍粗糙。叶初时短于秆，后渐延伸，与秆近等长或超出，平张，质软，边缘稍粗糙，基部具紫褐色分裂呈纤维状的宿存叶鞘。苞片佛焰苞状，苞鞘背部淡褐色，其余绿色具淡褐色线纹。小穗3~6个，彼此疏远；小穗轴微呈"之"字形曲折。果囊明显短于鳞片，倒卵状长圆形，钝三棱形，纸质，淡绿色，密被短柔毛。小坚果倒卵状椭圆形，三棱形，基部具短柄，顶端具外弯的短喙；花柱基部稍增粗，柱头3个。花果期3—5月。

分　　布： 河南各山区均有分布；多见于林中、山坡、草地、路边。

花序

植株

雄花序

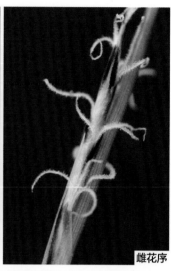
雌花序

披针薹草 Carex lancifolia C. B. Clarke

薹草属 Carex L.

形态特征： 多年生草本。根状茎粗短，斜生。秆高10~15cm，纤细，扁三棱状。叶宽1~2.5mm，花后延伸。小穗3~6，疏远；雄小穗顶生，矩圆形，长9~10mm；雌小穗侧生，矩圆形，长1~1.7cm，花疏生；基部小穗具2.5~3.5cm长梗；穗轴曲折；苞鞘淡绿色，边缘膜质，苞片针状；雌花鳞片披针形或倒卵状披针形，长5~6mm，顶端锐尖，中间淡绿色，两侧紫褐色，具宽的白色膜质边缘。果囊长圆形，有3棱，长约3mm，密被短柔毛，脉明显隆起，顶端具极短的喙，喙口近截形。小坚果倒卵状椭圆形，长约5mm，有3棱，棱面凹，顶端具喙；花柱短，柱头3。花果期3—5月。

分　　布： 河南各山区均有分布；多见于林中、山坡、草地、路边。

保护类别： 中国特有种子植物。

植株

雄花序

雌花序

翼果薹草 *Carex neurocarpa* Maxim. 　　　　　　　　薹草属 *Carex* L.

形态特征： 多年生草本。根状茎丛生。全株密生锈色点线。秆高20~100cm，扁钝三棱形，基部具褐色叶鞘。叶长于或短于秆，宽2~3mm。穗状花序呈尖塔状圆柱形，长3~8cm，宽1~1.5cm；小穗多数，紧密，卵形，雄雌顺序，长5~7mm；下部苞片叶状，长于花序，上部的刚毛状；雌花鳞片矩圆卵形，长约2mm，中间黄白色，两侧淡锈色，膜质，顶端具芒尖，脉3条。果囊卵状椭圆形，长于鳞片，长3.5~4mm，膜质，褐棕色，两面有多数细脉，基部圆，里面具海绵状组织，中部以上边缘具宽翅，翅缘有啮蚀状齿，顶端急缩成中等长的喙，喙口具2齿。小坚果卵形；柱头2。花果期6—8月。

分　　布： 河南各山区均有分布；多见于沟谷水边或林下湿处。

果期　　　　　　　　植株　　　　　　　　花序

宽叶薹草 *Carex siderosticta* Hance　　　　　　　　薹草属 *Carex* L.

形态特征： 多年生草本。具长匍匐根状茎。秆侧生，花葶状，基部以上生小穗。叶矩圆披针形，短于秆，宽1~3cm，背面疏被短柔毛；基部叶鞘褐色，顶端无叶片。小穗5~8，疏远，雄雌顺序，圆柱形，长1.5~2cm；穗梗扁，基部的长3~6cm，向上则渐短；苞片佛焰苞状，绿色，雌花鳞片卵披针形或矩圆状披针形，长4.5~5mm，中间淡绿色，两侧白色透明，有锈点线，脉3条，顶端锐尖。果囊椭圆形或卵状椭圆形，短于鳞片，长约4mm，有3棱，棱面沟凹，黄绿色，有锈点，膜质，有多数脉，上部急缩成短喙，喙顶端平截。小坚果椭圆形，长约3mm，有3棱；花柱短，柱头3。花果期4—5月。

分　　布： 河南各山区均有分布；多见于海拔1000m以上的林中、山坡、草地、路边。

植株　　　　　　　　花序

▶ 禾本科 Poaceae ||||||||||||||||||||||||||||||||||||||||

淡竹 Phyllostachys glauca McClure　　　　　　**刚竹属 Phyllostachys Siebold et Zucc.**

形态特征： 秆高可达11m，直径4.7cm，节间绿色，解箨后有白粉，长5~22（~40）cm；竿环与箨环均稍隆起，同高箨鞘先端窄，截平，背部无毛，全部绿色，稍带淡红褐色斑与稀疏的棕色小斑点，有时无斑点；箨耳与繸毛不发达；箨舌黑色顶端截平，边缘有纤毛；箨叶披针形至带状；叶鞘无叶耳，叶舌中度发达，初期紫色；叶片幼时背面沿其脉上微生小刺毛，宽2~3cm。笋期4月中旬至5月底。
分　　布： 栽培植物。
功用价值： 笋味淡；竹材篾性好，可编织各种竹器，也可整材使用，作农具柄、棚架等原材料。

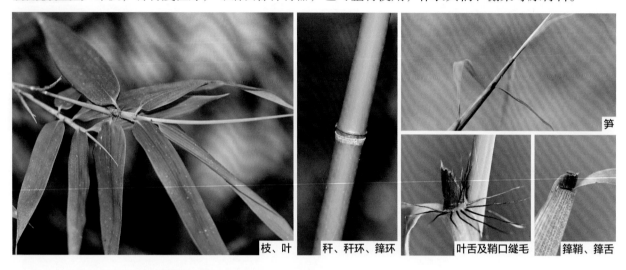

枝、叶　　　　秆、秆环、箨环　　　　笋　　　　叶舌及鞘口繸毛　　　　箨鞘、箨舌

乌哺鸡竹 Phyllostachys vivax McClure　　　　　　**刚竹属 Phyllostachys Siebold et Zucc.**

形态特征： 秆高10~15m，直径4~8m，梢部微下弯，中部节间长25~35cm；新秆绿色，微被白粉，无毛；老秆灰绿色或黄绿色，节下有白粉环，秆壁有细纵脊，秆环微隆起，多少不对称。笋期4月中下旬至5月上旬。秆箨淡褐黄色，密被黑褐色斑点及斑块，中部斑点密集，上部及边缘较分散；无箨耳和繸毛；箨舌高约2mm，弓形隆起，深褐色，先端撕裂状，有纤毛或近无毛，两侧下延成肩状；箨叶带状披针形，皱折，反曲，基部宽约为箨舌宽度的1/4~1/2。每小枝2~4叶；有叶耳和繸毛，老时易脱落；叶带状披针形，长9~18cm，宽1.1~2cm，深绿色，微下垂，背面基部有簇生毛或近无毛。笋期4月中下旬。
分　　布： 栽培植物。
功用价值： 笋味美，为良好的笋用竹种；篾性较差，可编制篮筐，竿可作农具柄材等。

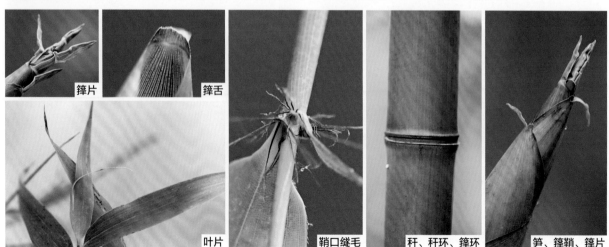

箨片　　箨舌　　　　　　　　　　　　　　　鞘口繸毛　　　　秆、秆环、箨环　　　　笋、箨鞘、箨片
叶片

箭竹 *Fargesia spathacea* Franch.　　　　　箭竹属 *Fargesia* Franch.

形态特征： 地下茎为单轴型。秆高1~4m，节间长4~7cm，粗1.2~3mm，棕紫色，每节簇生多数小枝。叶鞘长2~3cm，无毛，常为棕红色，最上1枚常于鞘口具繸毛；叶片长6~10cm，宽6~11mm，无毛，次脉3~4对，小横脉明显。总状花序顶生，长2.5~4cm，密生偏于一侧的多数小穗，花序下托以数枚佛焰苞，因最上的苞片等长或超过花序，致使小穗从一侧外露；小穗长12~16mm，含2~4花，成熟时呈紫色或黄棕色。笋期5月。

分　　布： 河南伏牛山区分布；多见于海拔1600m以上的山坡或林下。

功用价值： 笋可食用；竿劈篾可供编织用。

保护类别： 中国特有种子植物。

叶　　　　枝、叶　　　　植株　　　　花序

阔叶箬竹 *Indocalamus latifolius* (Keng) McClure　　　箬竹属 *Indocalamus* Nakai

形态特征： 秆高约1m，粗5mm，节间长5~20cm，每节分枝1~3枚。箨鞘质坚硬，背部具棕色小刺毛，箨舌截平形，长0.5~1mm，鞘口繸毛长1~3mm；小枝具叶1~3片；叶片长椭圆形，长10~40cm，宽1.5~9cm，背面略生微毛，次脉6~12对，小横脉呈正方形。圆锥花序基部常为叶鞘包裹，长6~23cm，其主轴、分枝及小穗柄均被白色微毛。笋期5月上中旬。

分　　布： 河南大别山、桐柏山及伏牛山南部均有分布；多见于山坡、山谷或疏林下。

保护类别： 中国特有种子植物。

叶　　　　植株　　　　花序　　　　箨鞘、箨、箨片

芦苇 *Phragmites australis* (Cav.) Trin. ex Steud.

芦苇属 *Phragmites* Adans.

形态特征： 多年生草本。秆高1~3m，直径0.2~1cm，节下被白粉。叶鞘下部者短于上部者，长于节间；叶舌边缘密生一圈长约1mm的纤毛，两侧缘毛长3~5mm，易脱落；叶片长30cm，宽2cm。圆锥花序长20~40cm，宽约10cm，分枝多数，长5~20cm，着生稠密下垂的小穗。小穗柄长2~4mm，无毛；小穗长约1.2cm，具4花。颖具3脉。第一不孕外稃雄性，长约1.2cm，第二外稃长1.1cm，3脉，先端长渐尖，基盘长，两侧密生等长于外稃的丝状柔毛，与无毛的小穗轴相连接处具关节，成熟后易自关节脱落；内稃长约3mm，两脊粗糙。颖果长约1.5mm。花果期7—11月。

分　　布： 河南平原和山区均有分布；多见于池沼、河岸、溪流、湿地、沙滩。

植株、花序

根状茎、直立茎

果期

茎、叶

芦竹 *Arundo donax* L.

芦竹属 *Arundo* L.

形态特征： 多年生草本，具粗而多节的根状茎。秆粗壮，高2~6m，可分枝。叶片扁平，宽2~5cm。圆锥花序较密，直立，长30~60cm；小穗含2~4小花，长10~12mm；颖披针形，几等长，与外稃都有3~5脉；外稃具1~2mm的短芒，背面中部以下密生略短于外稃的白柔毛；内稃长约为外稃的1/2。花果期10—12月。

分　　布： 河南为栽培，后逸散为野生；多栽于河滩、水边、湿地。

果期　　秆、叶　　植株、花序

臭草 *Melica scabrosa* Trin.　　　　　　　　　　　　　　　　　**臭草属** *Melica* L.

形态特征： 多年生草本。秆高30~70cm。叶鞘闭合；叶舌长1~3mm；叶片宽2~7mm，圆锥花序狭，长8~16cm；小穗柄短，弯曲而具关节，上端具微毛；小穗长5~7mm，含2~4枚孕性小花及数个互相包裹的不孕外稃；颖等长，具3~5脉，等长或稍短于小穗；外稃7脉，背部点状粗糙。花果期5—8月。

分　　布： 河南太行山和伏牛山区均有分布；多见于海拔1000m左右的山坡林缘及平原荒地。

小穗、小花　　　植株　　　花序　　　果期

早熟禾 *Poa annua* L.　　　　　　　　　　　　　　　　　**早熟禾属** *Poa* L.

形态特征： 一年生或二年生草本。秆细弱，丛生，高8~30cm。叶鞘自中部以下闭合；叶舌钝圆，长1~2mm；叶片柔软，宽1~5mm。圆锥花序开展，长2~7cm，分枝每节1~3枚；小穗长3~6mm，含3~6花；颖边缘宽膜质，第一颖长1.5~2mm，具1脉，第二颖2~3mm，具3脉；外稃边缘及顶端呈宽膜质，5脉明显，脊2/3以下和边脉1/2以下具柔毛，间脉基部具柔毛，基盘无绵毛；第一外稃长3~4mm；内稃脊上具长柔毛，花药长0.5~1mm。花期4—5月；果期6—7月。

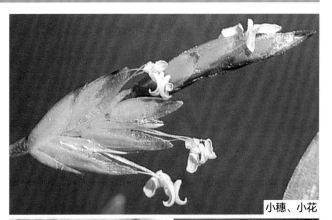

小穗、小花

分　　布： 河南各山区均有分布；多见于山坡草地、路旁或阴湿处。

植株　　　花序

523

雀麦 Bromus japonicus Thunb. ex Murr.

雀麦属 Bromus L.

形态特征：一年生草本。秆高30~100cm。叶鞘闭合，被柔毛；叶片宽2~8mm，两面或仅正面生柔毛。圆锥花序开展下垂，长达30cm；小穗长17~34mm（包括芒），宽约5mm，含7~14小花；颖较宽，第一颖长5~6mm，具3~5脉；第二颖长7~9mm，具7~9脉；外稃具7~9脉，顶端微2齿，齿下约2mm处生芒，芒长5~10mm；第一外稃长8~11mm；子房上端具毛，花柱自其前下方伸出。花果期5—7月。

分　　布：河南浅山及平原地区均有分布；多见于海拔1000m以下的山坡、路旁、荒原、田边。

植株

小穗、小花

花序

缘毛披碱草 Elymus pendulinus (Nevski) Tzvelev

披碱草属 Elymus L.

形态特征：多年生草本，秆高60~80cm，节处平滑无毛，基部叶鞘具倒毛。叶片扁平，长10~20cm，宽5~9mm，无毛或正面疏生柔毛。穗状花序稍垂头，长14~20cm；小穗长15~25mm（芒除外），含4~8小花；颖长圆状披针形，先端锐尖至长渐尖，具5~7明显的脉，第一颖长7~9mm，第二颖长7~10mm；外稃边缘具长纤毛，背部粗糙或仅于近顶端处疏生短小硬毛，第一外稃长9~11mm，芒长15~28mm；内稃与外稃几等长，脊上部具小纤毛，脊间亦被短毛。

分　　布：河南太行山及伏牛山北部均有分布；多见于山沟、路旁。

花序、小花

小穗

植株

花序

野燕麦 *Avena fatua* L.　　　　　　　　　　　　　　　**燕麦属** *Avena* L.

形态特征： 一年生草本。秆高30~150cm。叶片宽4~12mm。圆锥花序开展，长10~25cm；小穗长18~25mm，含2~3小花，其柄弯曲下垂；颖几等长，9脉；外稃质地硬，下半部与小穗轴均有淡棕色或白色硬毛，第一外稃长15~20mm；芒自外稃中部稍下处伸出，长2~4cm，膝曲。花果期4—7月。

分　　布： 河南各地均有分布；多见于麦田及荒芜田野。

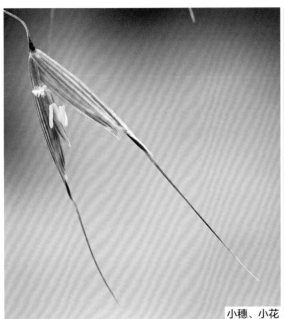

小穗、小花

花序

果期

茎、叶、花序

看麦娘 *Alopecurus aequalis* Sobol.　　　　　　　　**看麦娘属** *Alopecurus* L.

形态特征： 一年生草本。秆少数丛生，细瘦，光滑，节处常膝曲，高15~40cm。叶鞘光滑，短于节间；叶舌膜质，长2~5mm；叶片扁平，长3~10cm，宽2~6mm。圆锥花序圆柱状，灰绿色，长2~7cm，宽3~6mm；小穗椭圆形或卵状长圆形，长2~3mm；颖膜质，基部互相连合，具3脉，脊上有细纤毛，侧脉下部有短毛；外稃膜质，先端钝，等大或稍长于颖，下部边缘互相连合，芒长1.5~3.5mm，约于稃体下部1/4处伸出，隐藏或稍外露；花药橙黄色，长0.5~0.8mm。颖果长约1mm。花果期4—8月。

分　　布： 河南各地均有分布；多见于平原或浅山区麦田、地埂、潮湿地。

植株

叶、花序

花期

棒头草 *Polypogon fugax* Nees ex Steud.

棒头草属 *Polypogon* Desf.

形态特征： 一年生草本。秆丛生，基部膝曲，大都光滑，高10~75cm。叶鞘光滑无毛，大都短于或下部者长于节间；叶舌膜质，长圆形，常2裂或顶端具不整齐的裂齿；叶片扁平，微粗糙或背面光滑。圆锥花序穗状，长圆形或卵形，较疏松，具缺刻或有间断，分枝长可达4cm；小穗长约2.5mm（包括基盘），灰绿色或部分带紫色；颖长圆形，疏被短纤毛，先端2浅裂，芒从裂口处伸出，细直，微粗糙，长1~3mm；外稃光滑，长约1mm，先端具微齿，中脉延伸成长约2mm而易脱落的芒；雄蕊3，花药长0.7mm。颖果椭圆形，一面扁平，长约1mm。花果期4—9月。

分　　布： 河南各地均有分布；多见于海拔1900m以下的山坡、河滩、渠边、田边等潮湿处。

小花　果熟期　花序　茎、叶、花序

粟草 *Milium effusum* L.

粟草属 *Milium* L.

形态特征： 多年生草本。须根细长，稀疏。秆质地较软，光滑无毛。叶鞘松弛，无毛，有时稍带紫色，基部者长于节间，上部者短于节间；叶舌透明膜质，有时为紫褐色，披针形，先端尖或截平，长2~10mm；叶片条状披针形，质软而薄，平滑，边缘微粗糙，正面鲜绿色，背面灰绿色，常翻转而使正反面颠倒。圆锥花序疏松开展，长10~20cm，分枝细弱，光滑或微粗糙，每节多数簇生，下部裸露，上部着生小穗；小穗椭圆形，灰绿色或带紫红色；颖纸质，光滑或微粗糙，具3脉；外稃软骨质，乳白色，光亮；内稃与外稃同质同长，内外稃成熟时深褐色，被微毛；鳞被2，透明膜质，卵状披针形；花药长约2mm。花果期5—7月。

分　　布： 河南各山区均有分布；多见于海拔700m以上的林下及阴湿草地。

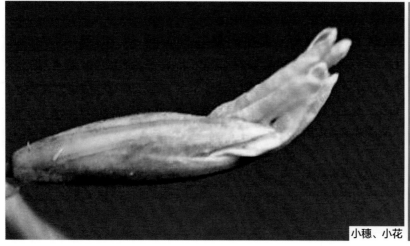

小穗、小花　小穗、颖果　植株

京芒草 *Achnatherum pekinense* (Hance) Ohwi　　　**芨芨草属** *Achnatherum* P. Beauv.

形态特征： 多年生草本。秆高60~150cm。叶片扁平或边缘稍内卷，长披针形，宽4~10mm。叶舌长0.5~2mm，顶端具齿。圆锥花序疏展，长12~25cm，分枝细弱，花序每节具3~5个分枝；小穗长11~13mm，草绿色以至紫色，含1小花；颖几等长或第一颖较长，膜质，具3脉；外稃厚纸质，长6~7mm（连同长0.8mm的基盘），顶端2微齿，背部生柔毛，3脉于顶端汇合；芒长2~2.5cm，二回弯曲。花果期7—10月。

分　　布： 河南太行山、伏牛山及大别山区均有分布；多见于山坡草地、林下、山谷溪旁。

小穗、小花

小穗

植株

花序

知风草 *Eragrostis ferruginea* (Thunb.) Beauv.　　　**画眉草属** *Eragrostis* Wolf

形态特征： 多年生草本。秆高0.3~1m。叶鞘两侧极扁，基部相互跨覆，长于节间，无毛，鞘口两侧密生柔毛，主脉有腺点，叶舌为一圈短毛；叶平展或折叠，两面无毛或正面近基部偶生疏毛。圆锥花序大而开展，每节有1~3分枝；分枝上举，枝腋间无毛；小枝中部及小穗柄有长圆形腺体。小穗多黑紫色，稀黄绿色，长圆形，有7~12小花；颖披针形，1脉，第一颖长1.4~2mm，第二颖长2~3mm。外稃卵状披针形，先端稍钝，第一外稃长约3mm；内稃宿存，短于外稃，脊有纤毛；花药长约1mm。颖果棕红色，长约1.5mm。花果期8—12月。

分　　布： 河南各山区均有分布；多见于海拔800以上的山坡路旁、荒地、林缘。

功用价值： 全草可入药；为优良饲料；根系发达，固土力强，可作保土固堤植物。

小穗、小花

植株

花序

朝阳隐子草 Cleistogenes hackelii (Honda) Honda　　　隐子草属 Cleistogenes Keng

形态特征： 多年生草本。秆丛生，纤细，直立，高15~60cm，直径0.5~1mm，基部密生贴近根头的鳞芽。叶鞘长于节间，鞘口常具柔毛；叶舌短，边缘具纤毛；叶片长3~7cm，宽1~2mm，扁平或内卷。圆锥花序疏展，长5~10cm，具3~5分枝，基部分枝长3~6cm，小穗黄绿色或稍带紫色，长7~9mm，含3~5小花；颖披针形，先端渐尖，第一颖长3~4.5mm，第二颖长4~5.5mm；外稃披针形，边缘具长柔毛，具5脉，第一外稃长5~6mm，先端芒长1~3mm；内稃与外稃近等长。花果期7—10月。

分　　布： 河南大别山、桐柏山及伏牛山南部均有分布；多见于海拔800m以下的山坡、路旁。

功用价值： 为良好牧草，家畜喜食。

小穗、小花　　　植株　　　花序

中华草沙蚕 Tripogon chinensis (Franch.) Hack.　　　草沙蚕属 Tripogon Roem. et Schult.

形态特征： 多年生草本。秆高10~30cm。叶舌具纤毛；叶片常内卷呈针状，宽约1mm。穗状花序长8~15cm；小穗贴生穗轴的一侧，长5~10mm，含2~8小花；外稃具3脉，主脉延伸成长达2mm的芒或仅呈小尖头，侧脉不延伸成芒。花期7—8月；果期8—9月。

分　　布： 河南太行山、伏牛山区均有分布；多见于海拔1500m以下的干燥山坡或岩石缝中。

花序　　　小穗　　　植株

牛筋草 *Eleusine indica* (L.) Gaertn.

形态特征：一年生草本。秆通常斜升，高15~90cm。叶舌长约1mm；叶片条形，宽3~7mm。穗状花序2~7枚生于秆顶，有时其中1或2枚生于其花序的下方，长3~10cm，穗轴顶端生有小穗；小穗密集于穗轴的一侧呈两行排列，长4~7mm，含3~6小花；第一颖具1脉；第二颖与外稃都有3脉。囊果。种子卵形，有明显的波状皱纹。花期6—9月；果期7—10月。

分　　布：河南各浅山及平原均有分布；多见于秋田、荒原、路旁、草地。

植株

花序

小穗、小花

狗牙根 *Cynodon dactylon* (L.) Pers.

形态特征：多年生草本。具根状茎或匍匐茎，节间长短不等。秆平卧部分长达1m，并于节上生根及分枝。叶舌短小，具小纤毛；叶片条形，宽1~3mm。穗状花序3~6枚指状排列于茎顶；小穗排列于穗轴的一侧，长2~2.5mm，含1小花，颖近等长，长1.5~2mm，1脉成脊，短于外稃；外稃具3脉。

分　　布：河南各浅山丘陵及平原地区均有分布；多见于路旁、荒原、草地、河滩。

小穗、花

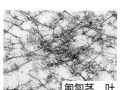

匍匐茎、叶

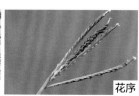

花序

花

植株

鼠尾粟 *Sporobolus fertilis* (Steud.) W. D. Glayt.　　　**鼠尾粟属** *Sporobolus* R. Br.

形态特征： 多年生草本。秆较硬，直立丛生，无毛，高0.25~1.2cm，直径2~4mm，叶鞘疏散，无毛或边缘具短纤毛，叶舌长约0.2mm，纤毛状；叶较硬，常内卷，稀扁平，两面无毛或正面基部疏生柔毛，先端长渐尖。圆锥花序线形，常间断；分枝稍硬，直立，与主轴贴生或倾斜。小穗灰绿色略带紫色；颖膜质，第一颖长约0.5mm，无脉，先端钝或平截，第二颖长1~1.5mm，卵形或卵状披针形，1脉。外稃等长于小穗，具中脉及2不明显侧脉，先端稍尖；雄蕊3，花药黄色。囊果成熟后红褐色。花果期8—10月。

分　　布： 河南大别山、桐柏山及伏牛山区均有分布；多见于田野路边、山坡草地、山谷湿处和林下。

囊果　　　小穗、小花　　　植株　　　花序

求米草 *Oplismenus undulatifolius* (Arduino) Beauv.　　**求米草属** *Oplismenus* P. Beauv.

形态特征： 一年生草本。秆基部平卧或膝曲并于节上生根，高20~50cm。叶片披针形，顶端尾状渐尖，基部斜心形，两面有柔毛。圆锥花序狭，长5~12cm；分枝少数，基部的分枝长可达1cm；小穗少数至数枚簇生，长约3.5mm；第一颖具3脉，长为小穗的1/2，顶端有长约1cm的芒；第二颖具5脉，芒较短；第一外稃具7~9脉，第二外稃革质，边缘卷抱内稃。花果期7—11月。

分　　布： 河南各山区均有分布；多见于浅山林下或阴湿山谷中。

植株

秆、叶、花序

小穗、小花

长芒稗 *Echinochloa caudata* Roshev.

稗属 *Echinochloa* P. Beauv.

形态特征： 多年生草本。秆高1~2m。叶鞘无毛或常有疣基毛（或毛脱落仅留疣基），或仅有粗糙毛或仅边缘有毛；叶舌缺；叶片线形，两面无毛，边缘增厚而粗糙。圆锥花序稍下垂；主轴粗糙，具棱，疏被疣基长毛；分枝密集，常再分小枝；小穗卵状椭圆形，常带紫色，长3~4mm，脉上具硬刺毛，有时疏生疣基毛；第一颖三角形，长为小穗的1/3~2/5，先端尖，具3脉；第二颖与小穗等长，顶端具长0.1~0.2mm的芒，具5脉；第一外稃草质，顶端具长1.5~5cm的芒，具5脉，脉上疏生刺毛，内稃膜质，先端具细毛，边缘具细睫毛；第二外稃革质，光亮，边缘包着同质的内稃；鳞被2，楔形，折叠，具5脉；雄蕊3；花柱基分离。花果期夏秋季。

分　　布： 河南各地均有分布；多见于田边、路旁及河边湿地。

复穗状花序

植株

果期

稗 *Echinochloa crus-galli* (L.) P. Beauv.

稗属 *Echinochloa* P. Beauv.

形态特征： 一年生草本。秆高40~90cm。叶鞘平滑无毛；叶舌缺；叶片扁平，线形，长10~30cm，宽6~12mm。圆锥花序狭窄，长5~15cm，宽1~1.5cm，分枝上不具小枝，有时中部轮生；小穗卵状椭圆形，长4~6mm；第一颖三角形，长为小穗的1/2~2/3，基部包卷小穗；第二颖与小穗等长，具小尖头，有5脉，脉上具刚毛或有时具疣基毛，芒长0.5~1.5cm；第一小花通常中性，外稃草质，具7脉，内稃薄膜质，第二外稃革质，坚硬，边缘包卷同质的内稃。花果期7—10月。

分　　布： 河南各地均有分布；多见于河滩、田野水湿处。

小穗、芒

植株

花序

双穗雀稗 *Paspalum distichum* Linnaeus

形态特征： 多年生草本，有根状茎及匍匐茎。花枝高20~60cm。叶片条形至条状披针形，宽2~6mm。总状茎序2（3）枚，指状排列，长2~5cm；小穗呈2行排列于穗轴一侧，长3~3.5mm；第一颖缺或微小；第二颖与第一外稃相似但有微毛；第二外稃硬纸质，灰色，顶端有少数细毛，以背面对向穗轴。花果期5—10月。

分　　布： 河南各地均有分布；多见于水边、河滩湿地。

小穗、小花

匍匐茎、叶

直立茎、叶、花序

花序

毛马唐 *Digitaria ciliaris* var. *chrysoblephara* (Figari et De Notaris) R. R. Stewart

形态特征： 一年生草本。秆基部倾卧，着土后节易生根，具分枝，高30~100cm。叶鞘多短于其节间，常具柔毛；叶舌膜质；叶片线状披针形，两面多少生柔毛，边缘微粗糙。总状花序4~10枚，呈指状排列于秆顶；穗轴宽约1mm，中肋白色，约占其宽的1/3，两侧之绿色翼缘具细刺状粗糙毛；小穗披针形，生于穗轴一侧；小穗柄三棱形，粗糙；第一颖小，三角形；第二颖披针形，长约为小穗的2/3，具3脉，脉间及边缘生柔毛；第一外稃等长于小穗，具7脉，脉平滑，中脉两侧的脉间较宽而无毛，间脉与边脉间具柔毛及疣基刚毛，成熟后，两种毛均平展张开；第二外稃淡绿色，等长于小穗；花药长约1mm。花果期6—10月。

分　　布： 河南各地均有分布；多见于秋田、路旁、荒原。

叶鞘、叶耳、叶舌

叶鞘、叶

总花序

小穗

植株

秆、叶鞘

金色狗尾草 *Setaria pumila* (Poiret) Roemer et Schultes　　　狗尾草属 *Setaria* P. Beauv.

形态特征： 一年生草本。秆高20~90cm。叶片条形，宽2~8mm。圆锥花序柱状，通常长3~8cm；刚毛状小枝金黄色或带褐色；小穗长3~4cm，单独着生常伴有不孕小穗；第一颖长为小穗的1/3；第二颖长约为小穗的1/2；第二外稃成熟时有明显的横皱纹，背部强烈隆起。花果期6—10月。
分　　布： 河南各浅山丘陵及平原地区均有分布；多见于山坡、道旁、田间、地埂、荒园。
功用价值： 秆、叶可作牲畜饲料。

复穗状花序

小穗、小花

花期

植株

狗尾草 *Setaria viridis* (L.) Beauv.　　　狗尾草属 *Setaria* P. Beauv.

形态特征： 一年生草本。秆高30~100cm。叶片条状披针形，宽2~20mm。圆锥花序紧密呈柱状，长2~15cm；小穗长2~2.5mm，2至数枚成簇生于缩短的分枝上，基部有刚毛状小枝1~6条，成熟后与刚毛分离而脱落；第一颖长为小穗的1/3；第二颖与小穗等长或稍短；第二外稃有细点状皱纹，成熟时背部稍隆起，边缘卷抱内稃；颖果灰白色。花果期5—10月。
分　　布： 河南各地均有分布，多见于低山、荒野、秋田、路旁、果园。
功用价值： 秆、叶可作饲料，也可入药。

植株

小穗

花序

狼尾草 *Pennisetum alopecuroides* (L.) Spreng.　　　　**狼尾草属** *Pennisetum* Rich.

形态特征： 多年生草本。秆高30~100cm，花序以下常密生柔毛。叶片条形，宽2~6mm。穗状圆锥花序长5~20cm，主轴密生柔毛，分枝长2~3mm，密生柔毛；刚毛状小枝常呈紫色，长1~1.5cm；小穗长6~8mm，通常单生于由多数刚毛状小枝组成的总苞内，并于成熟时与它一起脱落；第一颖微小；第二颖长为小穗的1/2~2/3；第一外稃与小穗等长，边缘常包卷第二外稃；第二外稃软骨质，边缘薄，包着同质的内稃。花果期夏秋季。

分　　布： 河南各浅山丘陵及平原均有分布；多见于山坡沟边、田边、荒园等。

功用价值： 可作饲料；可作编织或造纸的原料；可作固堤防沙植物。

小花、雌蕊

植株

花序

芒 *Miscanthus sinensis* Anderss.　　　　**芒属** *Miscanthus* Andersson

形态特征： 多年生草本。秆高1~2m。叶片条形，宽6~10mm。圆锥花序扇形，长15~40cm，主轴长不超过花序的1/2；总状花序长10~30cm；节间与小穗柄都无毛；小穗成对生于各节，一柄长，一柄短，均结实且同形，长5~7mm，含2小花，仅第二小花结实，基盘的毛稍短或等长于小穗；第一颖两侧有脊，脊间2~3脉，背部无毛；芒自第二外稃裂齿间伸出，膝曲；雄蕊3个；柱头自小穗两侧伸出。颖果长圆形，暗紫色。花果期7~12月。

分　　布： 河南各地均有分布；多见于山坡、河滩、田边、沟岸。

小穗、丝状毛

植株

果序（果熟期）

颖、丝状毛

总花序

白茅 *Imperata cylindrica* (L.) Beauv.

形态特征： 多年生草本，具粗壮的长根状茎。秆直立，具1~3节，节无毛。叶鞘聚集于秆基，甚长于其节间，质地较厚；叶舌膜质，紧贴其背部或鞘口具柔毛；秆生叶片窄线形，通常内卷，顶端渐尖呈刺状，下部渐窄，或具柄，质硬，被有白粉，基部上面具柔毛。圆锥花序稠密，长20cm，小穗长4.5~6mm，基盘具长12~16mm的丝状柔毛；两颖草质及边缘膜质，近相等，具5~9脉，顶端渐尖或稍钝，常具纤毛，脉间疏生长丝状毛，第一外稃卵状披针形，长为颖片的2/3，透明膜质，无脉，顶端尖或齿裂，第二外稃与其内稃近相等，长约为颖的1/2，卵圆形，顶端具齿裂及纤毛；雄蕊2个，花药长3~4mm；花柱细长，基部多少连合，柱头2，紫黑色，羽状，长约4mm，自小穗顶端伸出。颖果椭圆形，长约1mm，胚长为颖果1/2。花期4—5月；果熟期5—6月。

分　　布： 河南各地均有分布；多见于山坡草地、田边、果园、沟岸。

功用价值： 根状茎可药用。

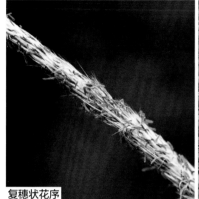
复穗状花序

叶

植株

颖果及丝状毛

斑茅 *Saccharum arundinaceum* Retz.

形态特征： 多年生草本。秆粗壮，高2~4m，粗达2cm，花序下无毛。叶片条状披针形，宽3~6mm。圆锥花序大型，白色，长30~60cm，主轴无毛；总状花序多节；穗轴逐节断落，节间有长丝状纤毛；小穗成对生于各节，一有柄，一无柄，均结实且同形，长3.5~4mm，含2小花，仅第二小花结实，基盘的毛远短于小穗；第一颖顶端渐尖，两侧具脊，背部有长柔毛；第二外稃透明膜质，顶端仅有小尖头。花果期6—9月。

分　　布： 河南各地均有分布，以河南南阳较多，多为栽培；多见于河边湿地。

功用价值： 常作水土保持植物。

群丛

植株

花序

大油芒 *Spodiopogon sibiricus* Trin. | 大油芒属 *Spodiopogon* Trin.

形态特征： 多年生草本。秆高90~110cm，通常不分枝。叶片阔条形，宽6~14mm。圆锥花序长15~20cm；总状花序2~4节，多见于细长的枝端，穗轴逐节断落，节间及小穗柄呈棒状；小穗成对，一有柄，一无柄，均结实且同形，多少呈圆筒形，长5~5.5mm，含2小花，仅第二小花结实；第一颖遍布柔毛，顶部两侧有不明显的脊；芒自第二外稃2深裂齿间伸出，中部膝曲。颖果长圆状披针形，棕栗色，长约2mm，胚长约为果体1/2。花果期7—10月。

分　　布： 河南各山区均有分布；多见于山坡草丛、路旁。

花序

植株

小穗、小花

茎、叶

荩草 *Arthraxon hispidus* (Trin.) Makino | 荩草属 *Arthraxon* P. Beauv.

形态特征： 一年生草本。秆细弱，基部倾斜或平卧并于节上生根，高30~45cm。叶片卵状披针形，宽8~15mm，基部心形抱茎，下部边缘生纤毛。总状花序2~10个呈指状排列，穗轴节间无毛；小穗成对生于各节；有柄小穗退化仅剩短柄；无柄小穗长4~4.5mm；第一颖边缘不内折或一侧内折成脊，脉上粗糙；雄蕊2个；花药黄色或带紫色，长0.7~1mm。颖果长圆形，与稃体等长。花果期9—11月。

分　　布： 河南各浅山区及平原地区均有分布；多见于海拔1000m以下的山坡草地、沟边、荒园等。

小穗

小穗、小花

花序

茎、叶

植株

白羊草 *Bothriochloa ischaemum* (Linnaeus) Keng　　　　**孔颖草属** *Bothriochloa* Kuntze

形态特征： 多年生草本。秆高25~80cm。叶片狭条形，宽2~3mm。总状花序多节，4至多数簇生茎顶，下部的长于主轴，穗轴逐节断落，节间与小穗柄都具纵沟；小穗成对生于各节；无柄小穗长4~5mm，基盘钝；第一颖中部稍下陷，两侧上部有脊；芒自细小的第二外稃顶端伸出，长10~15mm，膝曲；有柄小穗不孕，色较无柄小穗深，无芒。花果期秋季。

分　　布： 河南各山区均有分布；多见于海拔1000m以下的向阳山坡、河滩以及路旁等地。

功用价值： 可作牧草；根可制各种刷子。

小穗、小花　　　　植株　　　　茎、叶　　　　花序

阿拉伯黄背草 *Themeda triandra* Forsk.　　　　**菅属** *Themeda* Forssk.

形态特征： 多年生草本。秆高约60cm，分枝少。叶鞘压扁具脊，具瘤基柔毛；叶片线形，长10~30cm，宽3~5mm，基部具瘤基毛。伪圆锥花序狭窄，长20~30cm，由具线形佛焰苞的总状花序组成，佛焰苞长约3cm；总状花序长约1.5cm，由7小穗组成，基部两对总苞状小穗着生在同一平面。有柄小穗雄性，长约9mm，第一颖草质，疏生瘤基刚毛，无膜质边缘或仅一侧具窄膜质边缘。无柄小穗两性，纺锤状圆柱形，长约8mm，基盘具长约2mm的棕色糙毛；第一颖草质，上部粗糙或生短毛；第二颖与第一颖同质，等长。第二外稃具长约4cm的芒，一至二回膝曲，芒柱粗糙或密生短毛。花果期6—9月。

分　　布： 河南各浅山丘陵地区均有分布；多见于海拔1200m以下的干燥山坡草地。

小穗、小花　　　　植株（果熟期）　　　　秆、叶　　　　花序

▶ 菖蒲科 Acoraceae ||||||||||||||||||||||||||||||||||||||||||||||||||||||||||||||||||||||||||

金钱蒲（石菖蒲）Acorus gramineus Soland. 　　　菖蒲属 Acorus L.

形态特征： 多年生草本，高20~30cm。根状茎较短，长5~10cm，横走或斜伸，芳香，外皮淡黄色；根肉质，多数；须根密集。根状茎上部多分枝，呈丛生状。叶基对折，两侧膜质叶鞘棕色，下部宽2~3mm，上延至叶片中部以下，渐狭，脱落。叶片质地较厚，线形，绿色，长20~30cm，极狭，宽不足6mm，先端长渐尖，无中肋，平行脉多数。花序柄长2.5~15cm。叶状佛焰苞短，长3~14cm，为肉穗花序长的1~2倍，稀比肉穗花序短，狭，宽1~2mm。肉穗花序黄绿色，圆柱形，长3~9.5cm，粗3~5mm，果序粗达1cm，果黄绿色。花期5—6月，果熟期7—8月。

分　　布： 河南伏牛山区分布；多见于林下湿地或溪旁石上。

功用价值： 根状茎可入药。

叶、根状茎　　　叶、肉穗花序、叶状佛焰苞　　　植株

▶ 百合科 Liliaceae ||||||||||||||||||||||||||||||||||||||||||||||||||||||||||||||||||||||||||

藜芦 Veratrum nigrum L. 　　　藜芦属 Veratrum L.

形态特征： 多年生草本，鳞茎不明显膨大。植株（连同花序）高60~100cm，基部残存叶鞘撕裂成黑褐色网状纤维。叶4~5个，椭圆形至矩圆状披针形。圆锥花序长30~50cm，下部苞片甚小，主轴至花梗密生丛卷毛，多见于主轴上的花常为两性，余则为雄性；花被片6，黑紫色，椭圆形至倒卵状椭圆形，长5~7mm，开展或稍下反；雄蕊6，花药肾形，背着，会合为1室；子房长宽约相等，长2.5mm，花柱3，平展而似偏向心皮外角生出，3室，每室具胚珠10~22枚。蒴果长1.5~2cm；种子具翅。花果期7—9月。

分　　布： 河南太行山和伏牛山区均有分布；多见于海拔1200m以上的山坡林下或草丛中。

功用价值： 全株有毒。

叶　　　花　　　植株　　　花序　　　蒴果

油点草 *Tricyrtis macropoda* Miq.　　　　　　　　　　　油点草属 *Tricyrtis* Wall.

形态特征： 植株高可达1m。茎上部疏生或密生短的糙毛。叶卵状椭圆形、矩圆形至矩圆状披针形，两面疏生短糙伏毛，基部心形抱茎或圆形而近无柄，边缘具短糙毛。二歧聚伞花序顶生或生于上部叶腋，花序轴和花梗生有淡褐色短糙毛，并间生有细腺毛；苞片很小；花疏散；花被片绿白色或白色，内面具多数紫红色斑点，卵状椭圆形至披针形，开放后自中下部向下反折；外轮3片较内轮为宽，在基部向下延伸而呈囊状；雄蕊约等长于花被片，花丝中上部向外弯垂，具紫色斑点；柱头稍微高出雄蕊或有时近等高，3裂；裂片长1~1.5cm，每裂片上端又2深裂，小裂片长约5mm，密生腺毛。蒴果直立，长2~3cm。花果期6—10月。

分　　布： 河南大别山、桐柏山及伏牛山南部均有分布；多见于海拔1500m以下的山地林下、草丛或岩石缝中。

果序、蒴果

油斑

枝、叶、果实

花

枝、叶

花序

北萱草 *Hemerocallis esculenta* Koidz.　　　　　　　　萱草属 *Hemerocallis* L.

形态特征： 多年生草本。根稍肉质，中下部常纺锤状。叶长40~80cm，宽0.6~1.8cm。花葶稍短于叶或近等长；总状花序短，具2~6朵花，有时花近簇生。花梗短；苞片卵状披针形，长1~3.5cm，宽0.8~1.5cm，先端长渐尖或近尾状，包被花被管基部；花被橘黄色，花被管长1~2.5cm，花被裂片5~6.5cm，内3片宽1~2cm。蒴果椭圆形，长2~2.5cm。花果期5—8月。

分　　布： 河南伏牛山及太行山区均有分布；多见于山坡、山谷或草地。

功用价值： 花经过蒸、晒，可加工成干菜食用。

叶

花序

植株

花

萱草 *Hemerocallis fulva* (L.) L. | 萱草属 *Hemerocallis* L.

形态特征： 多年生草本，具短的根状茎和肉质、肥大的纺锤状块根。叶基生，排成2列，条形，长40~80cm，宽1.5~3.5cm，背面呈龙骨状突起。花葶粗壮，高60~100cm，具花6~12朵或更多；苞片卵状披针形；花橘红色，无香味，具短花梗；花被长7~12cm，下部2~3cm合生成花被筒；外轮花被裂片3，矩圆状披针形，宽1.2~1.8cm，具平行脉，内轮裂片3，矩圆形，宽达2.5cm，具分枝的脉，中部具褐红色的色带，边缘波状皱褶；盛开时裂片反曲，雄蕊伸出，上弯，比花被裂片短；花柱伸出，上弯，比雄蕊长。蒴果矩圆形。花果期5—7月。

分　　布： 河南各地均有分布；多栽培种，各山区有野生种；多见于山沟湿润处。

功用价值： 花经过蒸、晒，可加工成干菜食用。

花序

花序、蒴果

植株

花

老鸦瓣 *Amana edulis* (Miq.) Honda | 老鸦瓣属 *Amana* Honda L.

形态特征： 多年生草本。具鳞茎草本，鳞茎卵形，横径1.5~2.5cm，外层鳞茎皮灰棕色，纸质，里面生茸毛。叶一对，条形，长15~25cm，宽3~13mm；花葶单一或分成二叉，从一对叶中生出，高10~20cm，有2个对生或3个轮生的苞片，苞片条形，长2~3cm。花1朵，花被片6，矩圆状披针形，长1.8~2.5cm，白色，有紫脉纹；雄蕊6，花丝长6~8mm，向下渐扩大，无毛，花药长3.5~4mm；子房长椭圆形，长6~7mm，顶端渐狭成长约4mm的花柱。蒴果近球形，直径约1.2cm。花期3—5月；果期5—6月。

分　　布： 河南大别山、桐柏山及伏牛山南部均有分布；多见于山坡草地、灌丛。

功用价值： 鳞茎可入药。

保护类别： 国家二级重点保护野生植物。

花

苞片、花

蒴果

叶

鳞茎

野百合 *Lilium brownii* F. E. Brown ex Miellez
百合属 *Lilium* L.

形态特征： 多年生草本。鳞茎球形；鳞片披针形，无节。茎高达2m，有的有紫纹，有的下部有小乳头状突起。叶散生，披针形、窄披针形或线形，全缘，无毛。花单生或几朵成近伞形。花梗长3~10cm；苞片披针形，长3~9cm，花喇叭形，有香气，乳白色，外面稍紫色，向外张开或先端外弯，长13~18cm。花期5—6月；果期9—10月。

分　　布： 河南大别山、桐柏山和伏牛山区均有分布；多见于海拔300~2000m的山坡、灌木林下、路旁、溪边或石缝中。

功用价值： 鳞茎含丰富淀粉，可食，亦可药用。

保护类别： 中国特有种子植物。

植株　蒴果　花序　花　花　茎、叶

渥丹 *Lilium concolor* Salisb.
百合属 *Lilium* L.

形态特征： 多年生草本。鳞茎卵球形，直径1.5~3.5cm；鳞茎瓣卵形或卵状披针形，长2~3.5cm，宽1~1.5cm，白色；茎高30~80cm，具短毛。叶散生，条形，茎5~7cm，宽2~7mm；边缘有小突起；两面无毛。花1~10朵，直立，红色，无斑点；花被片6，长椭圆形至矩圆形，密腺两边有白色短毛，几乎无乳头状突起；雄蕊向中心镶合，花丝为花被片的1/2长，无毛；子房长1~2cm，花柱比子房短。蒴果矩圆形。花期6—7月；果期8—9月。

分　　布： 河南太行山及伏牛山区均有分布；多见于海拔400~2000m的草丛、路旁、灌木林下。

功用价值： 鳞茎含淀粉，可供食用或酿酒，也可入药；花含芳香油，可作香料。

植株　花序　花

川百合 *Lilium davidii* Duchartre ex Elwes 　　　　百合属 *Lilium* L.

形态特征： 多年生草本。鳞茎球形，直径2~4cm，白色。茎直立，高约1.5m，具小突起和稀疏的绵毛。叶散生，中部密集，条形，两面无毛，叶腋处有白色绵毛，仅有1条脉。花多达20朵，呈总状排列，下垂，橙黄色；花梗长3~6cm，具披针形的叶状苞片；花被片6，矩圆形，长4~6cm，宽9~12mm，内轮花被片宽11~15mm，具紫色斑点，外面具稀疏白色绵毛，蜜腺两边有乳头状突起；花丝长4cm，无毛；花药矩圆形，长1.6cm，具橙黄色的花粉粒；子房绿色，长1cm；花柱为子房的2倍。蒴果长椭圆形。花期7—8月；果期9月。

分　　布： 河南太行山和伏牛山区均有分布；多见于海拔800~2000m的山坡草地、林下潮湿处或林缘。

功用价值： 鳞茎含淀粉，可供食用。

保护类别： 中国特有种子植物。

花序

花

茎、叶

山丹 *Lilium pumilum* DC. 　　　　百合属 *Lilium* L.

形态特征： 多年生草本。鳞茎圆锥形或长卵形，直径1.8~3.5cm，具薄膜；鳞茎瓣矩圆形或长卵形，长2~3.5cm，宽7~12mm，白色；茎高40~60cm。叶条形，无毛；有1条明显的脉。花1至数朵，下垂，鲜红色或紫红色，花被片长3~4.5cm，宽5~7mm，内花被片稍宽，反卷，无斑点或有少数斑点，蜜腺两边密被毛，无或有不明显的乳头状突起；花丝长2.5~3cm，无毛；花药长椭圆形，长9mm，宽2mm，黄色，具红色花粉粒；子房圆柱形，长9mm；花柱比子房长1.5~2倍。蒴果近球形。花期7—8月；果期9—10月。

分　　布： 河南太行山和伏牛山区分布；多见于海拔400~2000m的山坡草地或林缘。

功用价值： 鳞茎含淀粉，供食用，亦可入药；花美丽，可栽培供观赏，也含挥发油，可提取供香料用。

植株、蒴果

花

花序

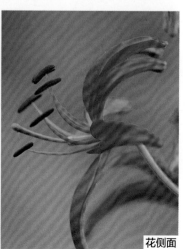
花侧面

卷丹 Lilium tigrinum Ker Gawler　　　百合属 Lilium L.

形态特征： 多年生草本。鳞茎宽卵状球形，直径4~8cm；鳞茎瓣宽卵形，长约2cm，宽2.5cm，白色。茎高0.8~1.5m，具白色绵毛。叶为矩圆状披针形至披针形，长3~7.5cm，宽1.2~1.7cm，两面近无毛，无柄，上部叶腋具珠芽，有3~5条脉。花3~6朵或更多，橙红色，下垂；花梗长6.5~8.5cm，具白色绵毛；花被片6，披针形或内轮花被片宽披针形，反卷，内面具紫黑色斑点，蜜腺有白色短毛，两边具乳头状突起；雄蕊四面张开；花丝钻形，长5~6cm，淡红色，无毛；花药矩圆形，长约2cm。花期7—8月；果期9—10月。

分　　布： 河南各山区均有分布，有野生或栽培种；多见于山坡灌木林下、草地、路旁或水边。

功用价值： 鳞茎富含淀粉，可供食用，亦可作药用；花含芳香油，可作香料。

花

珠牙

茎、叶

荞麦叶大百合 Cardiocrinum cathayanum (Wilson) Stearn　　　大百合属 Cardiocrinum (Endl.) Lindl.

形态特征： 多年生草本。小鳞茎高2.5cm，直径1.2~1.5cm。茎高达1.5m，直径1~2cm。叶纸质，卵状心形或卵形，长10~22cm，宽6~16cm，基部心形，具网状脉，叶柄长6~20cm，基部宽。总状花序有3~5花。花梗粗短，每花具1苞片，苞片长圆状披针形，长4~5.5cm，花期宿存；花乳白色或淡绿色，内具紫纹；花被片线状倒披针形。蒴果近球形，长4~5cm，成熟时红棕色。花期7—8月；果期8—9月。

分　　布： 河南大别山、桐柏山和伏牛山南部均有分布；多见于海拔1200m以下的山坡林下阴湿处。

功用价值： 蒴果可供药用。

保护类别： 中国特有种子植物；国家二级重点保护野生植物。

鳞茎

蒴果

植株

花侧面

花序

叶

绵枣儿 *Barnardia japonica* (Thunberg) Schultes et J. H. Schultes　　绵枣儿属 *Barnardia* Lindl.

形态特征： 多年生草本。鳞茎卵圆形，长2~3.5cm，具短的直生根状茎。叶基生，条形。花葶直立，连同花序高20~60cm；果期有时长达70cm；总状花序的花在开放前密集，开放后变疏离；花梗长2~7mm，具1个细条形的膜质苞片；花粉红色至紫红色；花被片6，矩圆形，长2.7~4mm，宽1.1~2mm，顶端常具增厚的小钝头；雄蕊与花被片近等长；花丝基部常扩大，扩大部分边缘具细乳头状突起；花柱长1~1.8mm；子房卵状球形，长1.7~2.8mm，基部收狭成短柄，每室有1胚珠。蒴果三棱状倒卵形，长2~5mm；种子黑色。花果期7—11月。

分　　布： 河南各山区均有分布；多见于海拔1500m以下的山坡、草地、路旁或林缘。

功用价值： 鳞茎可食用。

果期　　叶　　花序

鳞茎、根　　叶　　花　　果实

薤白 *Allium macrostemon* Bunge　　葱属 *Allium* L.

形态特征： 多年生草本。鳞茎近球形，粗1~2cm；鳞茎外皮灰黑色，纸质。花葶高30~90cm，1/4~1/3具叶鞘。叶3~5个，半圆柱形或条形，长15~30cm。总苞约为花序的1/2长，宿存；伞形花序半球形或球形，具多而密集的花，或间具珠芽或有时全为珠芽；花梗等长，为花被长的2~4倍，具苞片；花被宽钟状，红色至粉红色；花被片具1深色脉，长4~5mm，矩圆形至矩圆状披针形，钝头；花丝比花被片长1/4~1/3，基部三角形向上渐狭成锥形，仅基部合生并与花被贴生，内轮基部比外轮基部略宽或宽为1.5倍；花柱伸出花被。花果期5—7月。

分　　布： 河南各地均有分布；多见于海拔1500m以下的山坡、丘陵、山谷、平原麦田、荒地、果园。

功用价值： 鳞茎可药用，也可作蔬菜食用。

伞形花序　　植株　　花序、珠芽　　叶（中空）　　鳞茎、根

茖葱 *Allium victorialis* L.

形态特征： 多年生草本，具根状茎。鳞茎柱状圆锥形，单生或数枚聚生；鳞茎外皮黑褐色，网状纤维质。花葶圆柱形，高25~80cm，1/4~1/2具叶鞘。叶2~3个，长8~20cm，宽3~10cm，披针状矩圆形至宽椭圆形，顶端短尖或钝，沿叶柄稍下延；叶柄长为叶片长的1/4~1/2。总苞2裂，宿存；伞形花序球形，多花；花梗等长，为花被长的2~3倍，无苞片；花白色，花被片6，长4~6mm，椭圆形，内轮的比外轮的宽，外轮的舟状；花丝比花被片长1.5倍，基部合生并与花被贴生，内轮的狭三角形，外轮的三角状锥形；子房具短柄，每室有1个胚珠。花期6—9月；果熟期9月。

分　　布： 河南太行山及伏牛山区均有分布；多见于海拔1000m以上的阴湿山坡、林下、草地或沟渠。

功用价值： 可食。

植株　花序总苞片　鳞茎、根　伞形花序

铃兰 *Convallaria majalis* L.

形态特征： 多年生草本，根状茎长，匍匐。叶通常2个，极少3个，椭圆形或椭圆状披针形，长7~20cm，宽3~8.5cm，顶端近急尖，基部楔形，叶柄长8~20cm，呈鞘状互相抱着。花葶高15~30cm，稍外弯；总状花序偏向一侧，花约10朵；苞片膜质，短于花梗；花芳香，下垂，白色，钟状，长5~7mm，顶端6浅裂，裂片卵状三角形，顶端锐尖；雄蕊6，花药基着；子房卵球形，花柱柱状。浆果球形，熟时红色。花期5—6月；果期7—9月。

分　　布： 河南各山区均有分布；多见于海拔900m以上的林下阴湿处。

功用价值： 花及全草可入药。

植株　浆果　花序

开口箭 *Campylandra chinensis* (Baker) M. N. Tamura et al. 　**开口箭属** *Campylandra* Baker

形态特征： 多年生常绿草本，根状茎长圆柱形。叶基生，4~8个，倒披针形、条状披针形或条形，近革质，全缘。穗状花序侧生，长2.5~5cm，多花；苞片绿色，位于花序下部的卵状披针形，短于花，位于花序上部的披针形，长于花；花短钟状，花被片6，下部合生，花被筒长2~2.5mm，裂片卵形，顶端长渐尖，肉质，黄色或黄绿色，雄蕊6。浆果圆形，紫红色。花期4—6月；果期9—11月。

分　　布： 河南大别山、桐柏山及伏牛山南部均有分布；多见于海拔1000m左右的林下阴湿处或山谷溪旁。

保护类别： 中国特有种子植物。

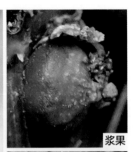

植株　　花序、果期　　浆果　　生境

管花鹿药 *Maianthemum henryi* (Baker) LaFrankie 　**舞鹤草属** *Maianthemum* F. H. Wigg.

形态特征： 植株高50~80cm，根状茎粗1~2cm。茎中部以上被长或短的硬毛，少有无毛。叶互生，椭圆形、卵形或矩圆形，长9~22cm，先端渐尖或具短尖，两面被伏毛或近无毛，基部具短柄或几无柄，花淡黄色或紫褐色，单生，多少偏于轴的一侧，通常排成总状花序，有时基部具分枝而成圆锥花序，花序长3~17cm，被毛，花梗长1.5~5mm；花被高脚碟状，筒部长6~10mm，裂片6，长2~3mm；雄蕊6，生于花被筒喉部，花丝极短或几无，花药长约0.7mm；花柱长2~3mm，稍长于子房，柱头3裂。浆果球形，直径7~9mm，红色，种子2~4枚。花期5—6月；果期8—10月。

分　　布： 河南太行山及伏牛山区均有分布；多见于海拔1000m以上的林下、灌丛下、水旁湿地或林缘。

植株　　花序　　花　　浆果

鹿药 *Maianthemum japonicum* (A. Gray) LaFrankie　舞鹤草属 *Maianthemum* F. H. Wigg.

形态特征： 植株高30~60cm；根状茎圆柱状，有时具膨大结节。茎中部以上被粗伏毛。叶互生，4~9个，卵状椭圆形或狭矩圆形，长6~15cm，宽3~7cm，顶端近渐尖，两面疏被粗毛或近无毛，具短柄。圆锥花序，具花10~20朵，长3~6cm，被毛，花单生，白色，花梗长2~6mm，花被片6，离生或仅基部稍合生，矩圆形或矩圆状倒卵形，长约3mm。浆果近球形，红色，具种子1~2枚。花期5—6月；果期8—9月。

分　　布： 河南各山区均有分布；多见于海拔800~2000m的林下阴湿处。

叶、花序

植株

根状茎

果序、浆果

花

宝铎草 *Disporum sessile* D. Don　万寿竹属 *Disporum* Salisb.

形态特征： 多年生草本，高50~150cm。根状茎肉质，横生，长3~10cm。根簇生。茎直立，上部具叉状分枝。叶薄纸质至纸质，有短柄或几无柄，背面色淡，脉上和边缘上有乳头状突起，具横脉。花黄色、绿黄色或白色，1~5朵着生于分枝顶端；花梗长1~2cm，较平滑；花被片近直立，倒卵状披针形，长2~3cm，上部宽4~7mm，下部渐窄，内有细毛，边缘有乳头状突起，基部具长1~2mm的短距；雄蕊、雌蕊不伸出花被外。浆果椭圆形或球形，种子深棕色。花期4—6月；果熟期6—10月。

分　　布： 河南太行山、伏牛山、大别山和桐柏山区均有分布；多见于500~2000m的林下或灌丛中。

功用价值： 根状茎可入药。

花

根状茎、根

浆果

植株

花序

玉竹 *Polygonatum odoratum* (Mill.) Druce　　　　　　　**黄精属** *Polygonatum* Mill.

形态特征： 多年生草本植物，根状茎圆柱形，结节不粗大，直径5~14mm。茎高20~50cm。叶互生，椭圆形至卵状矩圆形，长5~12cm，顶端尖。花序腋生，具1~3花，在栽培情况下，可多至8朵，总花梗长1~1.5cm；花被白色或顶端黄绿色，合生呈筒状，全长15~20cm，裂片6，长约3mm；雄蕊6，花丝着生近花被筒中部，近平滑至具乳头状突起；子房长3~4mm，花柱长10~14mm。浆果直径7~10mm，蓝黑色。花期5—6月；果期7—9月。
分　　布： 河南各山区均有分布；多见于海拔400~2000m的林下、阴坡草地、灌丛中。
功用价值： 根状茎可药用，系中药"玉竹"。

植株

浆果

花序

黄精 *Polygonatum sibiricum* Delar. ex Redoute　　　　　**黄精属** *Polygonatum* Mill.

形态特征： 多年生草本植物，根状茎圆柱形，节间长4~10cm，一头粗，一头细，直径1~2cm。茎高50~90cm，有时呈攀缘状。叶轮生，每轮4~6个，条状披针形，长8~15cm，顶端拳卷或弯曲成钩。花序常具2~4花，呈伞形状，俯垂，总花梗长1~2cm，花梗长4~10mm；苞片膜质，长3~5mm，位于花梗基部；花被乳白色至淡黄色，全长9~12mm，合生成筒状，裂片6，长约4mm；雄蕊6，花丝着生于花被筒上部；子房长约3mm，花柱长5~7mm。浆果直径7~10mm，熟时黑色。花期5—6月；果期8—9月。
分　　布： 河南各山区均有分布；多见于海拔500~2000m的林下、灌丛或山坡阴湿处。
功用价值： 根状茎为常用中药"黄精"。

植株

茎、叶、花序

茎、叶背面、花序

花序

湖北黄精 *Polygonatum zanlanscianense* Pamp.　　黄精属 *Polygonatum* Mill.

形态特征： 多年生草本，根状茎连珠状或姜块状，直径1~2.5cm。茎直立或上部稍攀缘，高达1m以上。叶3~6个轮生，椭圆形、长圆状披针形、披针形或线形，先端拳卷或稍弯曲。花序具2~11花，近伞形，总花序梗长0.5~4cm。花梗长2~10mm；苞片生于花梗基部，膜质或中间略草质，具1脉，长1~6mm；花被白色、淡黄绿色或淡紫色，长6~9mm，花被筒近喉部稍缢缩，裂片长约1.5mm；花丝长0.7~1mm，花药长2~2.5mm；子房长约2.5mm，花柱长1.5~2mm。浆果径6~7mm，紫红色或黑色，具2~4种子。花期6—7月；果期8—10月。

分　　布： 河南伏牛山南部、桐柏山和大别山均有分布；多见于海拔500~2000m的林下、山坡阴湿地方。

功用价值： 根状茎可作黄精用。

保护类别： 中国特有种子植物。

茎、叶　　浆果　　植株　　花序

根状茎、根

七叶一枝花 *Paris polyphylla* Smith　　重楼属 *Paris* L.

形态特征： 多年生草本，植株高35~100cm；根状茎粗厚，直径达2.5cm，棕褐色，其上密生有多数环节。茎通常带紫色，基部具1~3枚膜质鞘。叶5~10个，轮生茎顶，矩圆形、椭圆形或倒卵状披针形，长7~15cm，宽2.5~5cm，顶端短尖或渐尖，基部圆形或楔形，叶柄长5~6cm，带紫红色；花梗长5~30cm；外轮花被片绿色，3~6个，卵状披针形或披针形，长3.5~7cm，内轮花被片条形，通常远比外轮长；雄蕊8~12个，花药长5~8mm，与花丝近等长，药隔长0.5~2mm；子房圆锥形，具5~6棱，顶端具一盘状花柱基，花柱粗短，分枝4~5。蒴果直径1.5~2.5cm，3~6瓣裂开，种子多数。花期4—7月；果期8—11月。

分　　布： 河南伏牛山区分布；多见于海拔1000m以上的林下或山谷阴湿处。

功用价值： 根状茎可入药。

保护类别： 国家二级重点保护野生植物；河南省重点保护野生植物。

根状茎、根　　蒴果、种子　　花　　花侧面　　植株

北重楼 Paris verticillata M.-Bieb.

形态特征： 多年生直立草本，高25~60cm，根状茎细长。茎单一。叶6~8个，轮生茎顶，披针形、狭矩圆形、倒披针形或倒卵状披针形，长4~15cm，宽1.5~3.5cm，先端渐尖，全缘，基部楔形，主脉3条基出；具短叶柄或几无柄。花梗单一，自叶轮中心抽出，长4.5~12cm，顶生一花，外轮花被片绿色，叶状，通常4或5片，内轮花被片条形，长1~2cm；雄蕊8个，花丝长约5.7mm，花药条形，长1cm，药隔延伸6~10mm；子房近球形，紫褐色，无棱，花柱分枝4~5个，分枝细长并向外反卷。蒴果浆果状，不开裂，种子多数。花期5—6月；果期7—9月。

分　布： 河南各山区均有分布，以太行山、伏牛山北部较多；多见于海拔1000m以上的林下、山坡草丛或阴湿地方。

保护类别： 无危（LC）。

花

雌蕊、雄蕊

植株

根状茎

天门冬 Asparagus cochinchinensis (Lour.) Merr.

形态特征： 攀缘植物；根稍肉质，在中部或近末端呈纺锤状膨大，膨大部分长3~5cm，粗1~2cm。茎长1~2m，分枝具棱或狭翅。叶状枝通常每3个成簇，扁平，或由于中脉龙骨状而略呈锐三棱形，镰刀状，长0.5~8cm，宽1~2mm；叶鳞片状，基部具硬刺；刺在茎上长2.5~3mm，在分枝上较短或不明显。花通常每2朵腋生，单性，雌雄异株，淡绿色；花梗长2~6mm；雄花花被片6，长2.5~3mm；雄蕊稍短于花被；花丝不贴生于花被片上；花药卵形，长约0.7mm；雌花与雄花大小相似，具6个退化雄蕊。浆果球形，直径6~7mm，成熟时红色，具1枚种子。花期5—6月；果期8—10月。

分　布： 河南各山区均有分布；多见于海拔1800m以下的山坡。

功用价值： 块根可入药。

浆果

植株

茎、叶、刺

禾叶山麦冬 *Liriope graminifolia* (L.) Baker　　山麦冬属 *Liriope* Lour.

形态特征： 多年生常绿草本，根细或稍粗，分枝多。根状茎短或稍长，具地下匍匐茎。茎很短，常丛生。叶基生，密集成丛，禾叶状，顶端钝或渐尖，长20~60cm，宽2~4mm，具5条脉。花莛稍短于叶；总状花序轴长6~15cm，具许多花；花通常3~5朵簇生于苞片腋内，苞片卵形，顶端具长尖，最下面的长5~6mm；花梗长约4mm，关节位于近顶端；花被片6，狭矩圆形或矩圆形，顶端钝圆，白色或淡紫色；雄蕊6；花药近矩形。种子卵圆形或近球形，直径4~5mm。花期6—8月；果期9—11月。

分　　布： 河南各山区均有分布；多见于海拔200~2000m的山坡、山谷林下、灌丛中、山沟阴湿处、石缝中。

功用价值： 小块根有时作麦冬用。

保护类别： 中国特有种子植物。

植株

果序

果实发育期果皮破裂，种子外露

块根

花序

山麦冬 *Liriope spicata* (Thunb.) Lour.　　山麦冬属 *Liriope* Lour.

形态特征： 根稍粗，直径1~2mm，有时分枝多，近末端处常膨大呈矩圆形、椭圆形或纺锤形的肉质小块根。根状茎短，木质，具地下匍匐茎。茎短，有时丛生。叶基生成丛，禾叶状，顶端急尖或钝，长25~60cm，宽4~8mm，具5条脉，中脉比较明显。花莛通常长于或几等于叶，少数稍短于叶；总状花序轴长6~20cm，具多数花；花通常2~5朵簇生于苞片腋内，苞片披针形，最下面的长4~5mm；花梗长约4mm；花被片6，淡紫色或淡蓝色；雄蕊6；子房上位，近球形。花期5—7月；果期8—10月。

分　　布： 河南各山区均有分布或栽培；多见于海拔300~1500m的山坡、山谷林下、路边或湿地。

功用价值： 可作庭院观赏植物。

植株

花序

花

种子

麦冬 *Ophiopogon japonicus* (L. f.) Ker-Gawl. 　　沿阶草属 *Ophiopogon* Ker Gawl.

形态特征： 多年生常绿草本，根较粗，常膨大成椭圆形、纺锤形的小块根，块根长1~1.5cm，或更长些，宽5~10mm。地下匍匐茎细长，直径1~2mm。茎短。叶基生成密丛，禾叶状，长10~50cm，宽1.5~3.5mm，具3~7条脉。花莛长6~27cm，通常比叶短得多，总状花序长2~5cm，或有时更长些，具几朵至十几朵花；花单生或成对着生于苞片腋内；苞片披针形，最下面的长7~8mm；花被片6，白色或淡紫色；雄蕊6，花丝很短。种子球形，直径7~8mm。花期5—8月；果期8—9月。

分　　布： 河南各山区均有分布，也有栽培；多见于海拔2000m以下的山谷阴湿处、林下或溪旁。

功用价值： 小块根可入药；中药名"麦冬"。

块根

种子　　果期、种子外露

植株

花序

◢ 鸢尾科 Iridaceae ||||||||||||||||||||||||||||||||||||||||||||||||||||||||||||||

射干 *Belamcanda chinensis* (L.) Redouté 　　射干属 *Belamcanda* Adans.

形态特征： 多年生草本。根状茎横走，略呈结节状，外皮鲜黄色。叶2列，嵌叠状排列，宽剑形，扁平。茎直立，高40~120cm，伞房花序顶生，排成二歧状；苞片膜质，卵圆形。花橘黄色，长2~3cm，花被片6，基部合生成短筒，外轮的长倒卵形或椭圆形，开展，散生暗红色斑点，内轮的与外轮的相似而稍小；雄蕊3，着生于花被基部；花柱棒状，顶端3浅裂，被短柔毛。蒴果倒卵圆形，长2.5~3.5cm，室背开裂，果瓣向后弯曲；种子多数，近球形，黑色，有光泽。花期6—8月；果熟期7—9月。

分　　布： 河南各山区均有分布；多见于海拔1200m以下的林缘、山坡草地或疏林中。

功用价值： 根状茎可入药。

植株

种子

蒴果

花序

花

花侧面

▶ 菝葜科 Smilacaceae

托柄菝葜 Smilax discotis Warb. | 菝葜属 Smilax L.

形态特征： 灌木，多少攀缘，高0.5~3m。茎与枝条疏生刺或近无刺。叶纸质，通常卵状椭圆形，或近椭圆形，长4~20cm，宽2~10cm，基部心形，背面苍白色；叶柄长3~15mm，脱落点位于近顶端，有时有卷须；鞘与叶柄等长或稍长于叶柄，宽3~5mm，近半圆形或卵形。花单性，雌雄异株，绿黄色，数朵排成伞形花序，多见于叶尚幼嫩的小枝上；总花梗长1~4cm；雄花外轮花被片3，近卵状矩圆形，长约4mm；内轮花被片3，条形。浆果球形，直径6~8mm，成熟时黑色，具粉霜。花期4—5月；果期10月。
分　　布： 河南伏牛山、大别山和桐柏山区均有分布；多见于海拔500~2000m的林下、灌丛中或山坡阴处。
功用价值： 根状茎可入药。
保护类别： 中国特有种子植物。

浆果

花序

茎、叶、卷须、刺

叶背面

叶

黑果菝葜 Smilax glaucochina Warb. | 菝葜属 Smilax L.

形态特征： 攀缘灌木。茎长0.5~4m，常疏生刺。叶厚纸质，常椭圆形，长5~8cm，背面苍白色；叶柄长0.7~1.5cm，叶鞘长为叶柄1/2，有卷须，脱落点位于上部。伞形花序常生于叶稍幼嫩的小枝，有几朵或10余朵花；花序梗长1~3cm；花序托稍膨大，具小苞片。花绿黄色；雄花花被片长5~6mm，宽2.5~3mm，内花被片宽1~1.5mm；雌花与雄花近等大，具3个退化雄蕊。浆果径7~8mm，成熟时黑色，具粉霜。花期3—5月；果期10—11月。
分　　布： 河南太行山、伏牛山、桐柏山、大别山区均有分布；多见于林下、灌丛中或山坡上。
功用价值： 根状茎富含淀粉，可入药；可制糕点或加工食用。
保护类别： 中国特有种子植物。

叶背面
果序、浆果
植株

雄花序

雌花

雌花序

雄花

鞘柄菝葜 *Smilax stans* Maxim.

菝葜属 *Smilax* L.

形态特征： 落叶灌木或亚灌木，直立或披散，高达3m。茎和枝稍具棱，无刺。叶纸质，卵形或近圆形，长1.5~4cm，背面无毛，稍苍白色或有时有粉尘状物；叶柄长0.5~1.2cm，向基部渐宽成鞘状，背面有多条纵槽，无卷须，脱落点位于近顶端。花序有1~3朵或更多的花；花序梗纤细，比叶柄长3~5倍；花序托不膨大。花绿黄色，有时淡红色；雄花外花被片长2.5~3mm，宽约1mm，内花被片稍窄，雄蕊花丝离生；雌花稍小于雄花，具6个退化雄蕊。浆果径0.6~1cm，成熟时黑色，具粉霜；果柄直。花期5—6月；果期10月。

分　　布： 河南各山区均有分布；多见于海拔400~2000m的林下、灌丛中或山坡阴处。

浆果　　果序　　植株　　茎、叶、雌花

▶ 薯蓣科 Dioscoreaceae

穿龙薯蓣（黄姜） *Dioscorea nipponica* Makino

薯蓣属 *Dioscorea* L.

形态特征： 草质缠绕藤本。根状茎横生，栓皮显著片状剥离。茎左旋，近无毛。单叶互生，掌状心脏形，边缘作不等大的三角状浅裂、中裂或深裂，顶端叶片近于全缘。花雌雄异株；雄花无梗，茎部花常2~4朵簇生，顶端通常单一，花被碟形，顶端6裂；雄蕊6个；雌花序穗状，常单生。蒴果翅长1.5~2cm，宽0.6~1.0cm；种子每室2枚，生于每室的基部，四周有不等宽的薄膜状翅，上方呈长方形，长约是宽的2倍。花期6—8月；果熟期8—10月。

分　　布： 河南各山区均有分布；多见于海拔400~1800m的灌丛和疏林下。

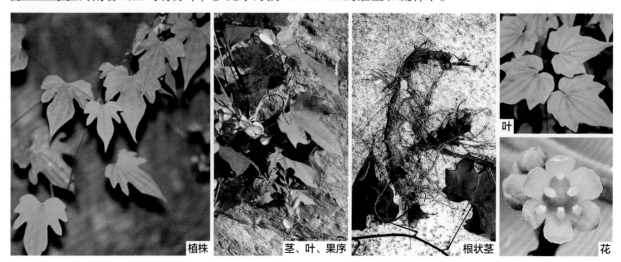

植株　　茎、叶、果序　　根状茎　　叶　　花

薯蓣（山药）*Dioscorea polystachya* Turczaninow　　薯蓣属 *Dioscorea* L.

形态特征：草质缠绕藤本；块茎略呈圆柱形，垂直生长，长可达1m。茎右旋，光滑无毛。单叶互生，至中部以上叶对生，很少有3叶轮生的，叶腋间常生有珠芽（名零余子），叶片形状变化较大，三角状卵形、广卵形或耳状3浅裂至深裂。雄花序穗状，直立，2~4腋生，花轴多数呈曲折状；花小，花被背面除棕色毛外，常散有紫褐色腺点；雄蕊6，着生于花托边缘，花丝粗短。蒴果翅半月形，表面常被白色粉状物，果翅长几等于宽，约1.5cm，顶端及基部近圆形。种子着生于果实每室的中央，四周有薄膜状栗褐色的翅。花期6—9月；果熟期7—11月。

分　　布：河南各山区均有分布；多见于山坡、山谷树下、溪旁、路边以及灌丛中。

功用价值：块茎可入药。

块茎

茎、叶、珠芽

植株

茎、叶、花序

蒴果

盾叶薯蓣 *Dioscorea zingiberensis* C. H. Wright　　薯蓣属 *Dioscorea* L.

形态特征：草质缠绕藤本；根状茎横生，指状或不规则分叉。茎在分枝或叶柄的基部有时具短刺。单叶互生，盾形，正面常有不规则块状的黄白色斑纹，背面微带白粉，形状变化较大，三角状卵形或长卵形，边缘浅波状，有时成窄膜质状，基部心形，或近于截形。花雌雄异株或同株；雄花序穗状，单生，或2~3花序簇生于叶腋；花常2~3朵簇生，每簇花常仅1~2朵发育，花被紫红色。蒴果干燥后蓝黑色，表面常附有白色粉状物。种子成熟时栗褐色，四周围有薄膜状的翅。花期5—8月；果熟期9—10月。

分　　布：河南伏牛山区分布；多见于海拔1200m以下的疏林下、林缘。

保护类别：无危（LC）；中国特有种子植物。

果序、蒴果

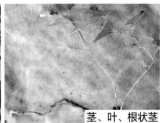

茎、叶、根状茎

叶

植株

▶ 兰科 Orchidaceae ||||||||||||||||||||||||||||||||||||||||||||||||||||||||||

扇脉杓兰 *Cypripedium japonicum* Thunb. 杓兰属 *Cypripedium* L.

形态特征： 多年生草本，高35~55cm。根状茎横走。茎和花莛均被褐色长柔毛，但前者较密。叶通常2个，近对生，极少3个而互生，菱圆形或横椭圆形，长10~16cm，宽10~21cm，上半部边缘呈钝波状，基部宽楔形，具扇形脉。花苞片叶状，菱形或宽卵披针形，边缘具细缘毛；花单生，直径6~7cm，绿黄色或白色，具紫色斑点；中萼片近椭圆形，长5cm；合萼片卵状披针形，稍较宽，顶端具2小齿；花瓣斜披针形或半卵形，长4cm，内面基部有毛；唇瓣长4.5cm，基部收狭而具短爪，囊内基部具长柔毛；退化雄蕊宽椭圆形，长10mm，宽约8mm，基部具耳；子房条形，密被长柔毛。花期6月；果熟期7—8月。

分　　布： 河南各山区均有分布；多见于山坡、山谷树下、溪旁、路边以及灌丛中。

保护类别： 无危（LC）；国家二级重点保护野生植物；河南省重点保护野生植物。

根状茎

叶

蒴果

头蕊兰（长叶头蕊兰）*Cephalanthera longifolia* (L.) Fritsch 头蕊兰属 *Cephalanthera* Rich.

形态特征： 陆生兰，高20~45cm。根状茎粗短。茎直立，在中部至上部具4~7个叶。叶互生，披针形或卵披针形，渐尖或尾状渐尖，常对褶。总状花序具2~13朵花，花序最下面一花的苞片叶状，比花长，上面的较小，短于子房；花白色，不开放或稍微开放；萼片狭菱状椭圆形，具5脉，中萼片较长而狭；花瓣近倒卵形，较萼片短；唇瓣长约6mm，基部具囊，侧裂片近卵状三角形，多少围抱蕊柱；中裂片三角状心形，上面具3~4条纵褶片，近顶端处密生乳突；唇瓣的下部凹陷，内具少数不规则褶片；侧裂片近卵状三角形，抱合蕊柱；囊短，顶端钝，包藏于侧萼片内。花期5—6月；果期9—10月。

分　　布： 河南伏牛山区分布；多见于海拔2000m以上的林下。

保护类别： 无危（LC）。

果期

植株

茎、叶、花序

根

花

天麻 *Gastrodia elata* Bl.　　　　　天麻属 *Gastrodia* R. Br.

形态特征： 腐生兰，植株高30~150cm。块茎椭圆形或卵圆形，横生，肉质。茎黄褐色，节上具鞘状鳞片。总状花序长5~20cm，花苞片膜质，披针形，长约1cm；花淡绿黄色或肉黄色，萼片与花瓣合生成斜歪筒，长1cm，直径6~7mm，口偏斜，顶端5裂，裂片三角形，钝头；唇瓣白色，3裂，长约5mm，中裂片舌状，具乳突，边缘不整齐，上部反曲，基部贴生于花被筒内壁上，有一对肉质突起，侧裂片耳状；合蕊柱长5~6mm，顶端具2个小的附属物；子房倒卵形，子房柄扭转。花果期5—7月。

分　　布： 河南各山区均有分布；多见于海拔700~1500m的山坡林下、灌丛中。

功用价值： 块茎可入药。

保护类别： 国家二级重点保护野生植物；河南省重点保护野生植物。

果序（蒴果）

根状茎　　花序　　花

绶草 *Spiranthes sinensis* (Pers.) Ames　　　　　绶草属 *Spiranthes* Rich.

形态特征： 多年生草本，植株高达30cm。茎近基部生2~5叶。叶宽线形或宽线状披针形，稀窄长圆形，直立伸展，长3~10cm，宽0.5~1cm，基部具柄状鞘抱茎。花茎高达25cm，上部被腺状柔毛或无毛；花序密生多花，长4~10cm，螺旋状扭转。苞片卵状披针形；子房纺锤形，扭转，被腺状柔毛或无毛，连花梗长4~5mm；花紫红色、粉红色或白色，在花序轴螺旋状排生；萼片下部靠合，与花瓣靠合兜状，侧萼片斜披针形，长5mm；花瓣斜菱状长圆形，与中萼片等长，较薄；唇瓣宽长圆形，凹入，前半部上面具长硬毛，边缘具皱波状啮齿，唇瓣基部浅囊状，囊内具2胼胝体。花期7—8月；果期8—10月。

分　　布： 河南各地均有分布；多见于海拔1500m以下的河谷、旁边潮湿地方。

功用价值： 全草可入药。

保护类别： 物种保护级别：无危（LC）。

茎、叶　　花序

花　　根

小斑叶兰 Goodyera repens (L.) R. Br.　斑叶兰属 Goodyera R. Br.

形态特征： 多年生草本，高10~25cm。根状茎伸长，匍匐。茎直立，被白色腺毛，生数个基生叶。叶卵状椭圆形，正面有白色条纹和褐色斑点，背面灰绿色。总状花序具几朵至10余朵花，花序轴具腺毛；花苞片披针形，长超过子房；花小，白色或带绿色或带粉红色，萼片外面被腺毛，中萼片长3~4mm，与花瓣靠合成兜；侧萼片椭圆形或卵状椭圆形，与中萼片等长或略较长，顶端钝；唇瓣舟状，基部凹陷呈囊状，内面无毛，无爪，不裂；合蕊柱短，与唇瓣分离；蕊喙直立，2裂；柱头1个，较大，位于蕊喙之下；子房扭转，疏生腺毛，几无柄。花期7—8月；果期8—10月。

分　　布： 河南太行山及伏牛山区均有分布；多见于海拔1500m以下的山坡灌丛或岩石上。

功用价值： 全草可入药。

保护类别： 无危（LC）。

叶　　植株　　花

独花兰 Changnienia amoena Chien　独花兰属 Changnienia S. S. Chien

形态特征： 陆生兰，高10~18cm。假鳞茎广卵形，肉质，顶生1个叶片。叶具细而长的柄，长6.5~11cm，宽5~8cm。花莛从假鳞茎顶生出，直立，顶生1朵花；花苞片小，凋落；花大，淡紫色，萼片矩圆状披针形，顶端钝，具腺体，长3.2cm，宽8mm；花瓣较宽，斜的倒卵状披针形，顶端钝，亦具腺体，长2.8cm，宽1.2cm；唇瓣沿蕊柱基部生，无柄，外形为椭圆形，基部圆形，3裂，长2.5cm，侧裂片直立，斜的卵状三角形，中裂片平展，具短而宽的爪，近肾形，边缘具皱波状圆齿，唇盘上具5枚附属物；距粗，角状，稍弯曲，长2.2cm；子房极短，长7~8mm。花期4月；果期5—6月。

分　　布： 河南大别山及伏牛山南部均有分布；多见于林下阴湿地方。

保护类别： 濒危（EN）；中国特有种子植物；国家二级重点保护野生植物；河南省重点保护野生植物。

植株　　假鳞茎、根

花侧面　　花

曲茎石斛 *Dendrobium flexicaule* Z. H. Tsi | 石斛属 *Dendrobium* Sw.

形态特征： 多年生草本植物，茎圆柱形，长达11cm，回折状向上弯曲。叶2~4，2列互生于茎上部，长圆状披针形，长约3cm，先端一侧稍钩转，基部具抱茎鞘。花序生于已落叶的老茎上部，具1~3花，花序梗长1~2cm。苞片白色，卵状三角形；花开展；中萼片背面黄绿色，上部稍淡紫色，长圆形，侧萼片背面黄绿色，上部边缘稍淡紫色，萼囊黄绿色，倒圆锥形，长约8mm；花瓣下部黄绿色，上部近淡紫色，椭圆形，唇瓣淡黄色，先端边缘淡紫色，中部以下边缘紫色，宽卵形，不明显3裂，基部楔形，正面密被茸毛，唇盘中部以上具扇形紫色斑块，下部有黄色马鞍形胼胝体；药帽近菱形，基部前缘具不整齐细齿，顶端2深裂，裂片尖齿状。花期5月；果期9—10月。

分　　布： 河南伏牛山区分布；多见于海拔900~1500m的阴湿岩石上。

保护类别： 极危（CR）；中国特有种子植物；国家一级重点保护野生植物；河南省重点保护野生植物。

植株

花

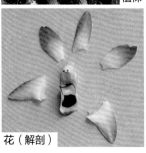

花（解剖）

花被片

杜鹃兰 *Cremastra appendiculata* (D. Don) Makino | 杜鹃兰属 *Cremastra* Lindl.

形态特征： 多年生草本，假鳞茎聚生，近球形，粗1~3cm，顶生1叶，很少具2叶。叶片椭圆形，长达45cm，宽4~8cm，顶端急尖，基部收窄为柄。花葶侧生于假鳞茎顶端，直立，粗壮，通常高出叶外，疏生2枚筒状鞘；总状花序疏生多数花；花偏向一侧，紫红色；花苞片狭披针形，等长或短于花梗；花被片呈筒状，顶端略开展；萼片和花瓣近相等，倒披针形，顶端急尖；唇瓣近匙形，与萼片近等长，基部浅囊状，两侧边缘略向上反折，前端扩大并为3裂，侧裂片狭小，中裂片矩圆形，基部具1个紧贴或多少分离的附属物；合蕊柱纤细，略短于萼片。花期5—6月；果期9—12月。

分　　布： 河南太行山、大别山及伏牛山区均有分布；多见于海拔800~1700m的沟谷和林下湿地。

保护类别： 国家二级重点保护野生植物。

植株

叶

花序

蒴果

假鳞茎

蕙兰 Cymbidium faberi Rolfe　　　　　　　　　　　　　　**兰属 Cymbidium Sw.**

形态特征： 多年生常绿草本，叶片7~9个丛生，直立性强，长25~80（~120）cm，宽约1cm，中下部常对褶，顶端渐尖，基部关节不明显，边缘有细锯齿，具明显透明的脉。花莛直立，高30~80cm，绿白色或紫褐色，被数枚长鞘；总状花序具6~12朵花或更多；花苞片常比子房连花梗短，最下面1枚较长，长达3cm；花浅黄绿色，萼片近相等，狭披针形，长3~4cm，宽6~8mm，顶端锐尖；花瓣略小于萼片；唇瓣不明显3裂，短于萼片，侧裂片直立，有紫色斑点，中裂片椭圆形，上面具透明乳突状毛，边缘具缘毛，有白色带紫红色斑点，唇盘从基部至中部有2条稍弧曲的褶片。花期4—5月；果期8—12月。
分　　布： 河南大别山、桐柏山及伏牛山南部均有分布；多见于山坡林下湿地。
保护类别： 国家二级重点保护野生植物。

叶、花序　　　　　　植株　　　花序

春兰 Cymbidium goeringii (Rchb. f.) Rchb. F.　　　　　　**兰属 Cymbidium Sw.**

形态特征： 多年生常绿草本，假鳞茎集生成丛。叶片4~6个丛生，狭带形，长20~40（~60）cm，宽6~11mm，顶端渐尖，边缘具细锯齿。花莛直立，远比叶短，被4~5枚长鞘；花苞片长而宽，比子房连花梗长；春季开花；花单生，少为2朵，直径4~5cm，浅黄绿色，有清香气。萼片近相等，狭矩圆形，长3.5cm左右，通常宽6~8mm，顶端急尖，中脉基部具紫褐色条纹；花瓣卵状披针形，比萼片略短；唇瓣不明显3裂，比花瓣短，浅黄色带紫褐色斑点，顶端反卷，唇盘中央从基部至中部具2条褶片。花期1—3月；果期7—12月。
分　　布： 河南大别山、桐柏山和伏牛山南部均有分布；多见于林下或沟谷阴湿处。
保护类别： 国家二级重点保护野生植物。

植株　　　　　　　　　　　　　　　　　　　花

索　引

A

阿尔泰银莲花　085
阿拉伯黄背草　537
阿拉伯婆婆纳　448
矮牡丹　172
矮桃　225
艾　490
艾麻　121
暗鳞鳞毛蕨　033
凹叶瑞香　320

B

八角枫　324
巴东栎　134
巴山冷杉　042
白苞蒿　492
白背叶　343
白杜　333
白花堇菜　188
白花碎米荠　205
白桦　137
白接骨　453
白蜡树　209
白栎　133
白莲蒿　493
白茅　535
白木乌桕　344
白皮松　045
白屈菜　100
白首乌　409
白檀　222
白头翁　086
白羊草　537
白叶莓　278
白英　416
白芷　400
稗　531

斑赤飑　192
斑茅　535
斑叶堇菜　191
斑种草　425
半岛鳞毛蕨　033
半蒴苣苔　451
半夏　513
棒头草　526
枹栎　133
薄荷　440
薄雪火绒草　480
薄叶鼠李　349
宝铎草　547
宝盖草　436
抱石莲　035
豹皮樟　054
北柴胡　395
北重楼　550
北京花楸　261
北京忍冬　469
北京铁角蕨　027
北美独行菜　202
北水苦荬　448
北萱草　539
北枳椇　347
贝加尔唐松草　081
笔罗子　096
薜荔　115
萹蓄　171
蝙蝠葛　092
鞭叶耳蕨　031
变豆菜　393
变色白前　410
变叶葡萄　355
冰川茶藨子　229
柄荚锦鸡儿　309
波缘楤木　392

播娘蒿　207
布朗耳蕨　030

C

苍耳　485
苍术　498
糙皮桦　138
糙苏　436
糙叶五加　389
草本威灵仙　447
草芍药　173
侧柏　046
权叶槭（蜡枝槭）　366
插田泡　276
长瓣铁线莲　076
长柄山蚂蝗（圆菱叶山蚂蝗）　310
长萼鸡眼草　311
长喙唐松草　084
长芒稗　531
长柔毛野豌豆　305
长蕊石头花　159
长芽绣线菊　249
长叶冻绿　348
长叶胡枝子（长叶铁扫帚）　313
长柱金丝桃　178
长鬓蓼　167
常春藤　388
朝天委陵菜　286
朝鲜介蕨　019
朝阳隐子草　528
车前　443
扯根菜　236
匙叶栎　134
齿翅蓼（齿翅首乌）　164
齿果酸模　161
赤飑　192

赤胫散	170	簇叶新木姜子	056	棣棠花	273
赤麻	124	翠蓝绣线菊	249	点地梅	224
翅果菊	507			点腺过路黄	226
稠李	292	**D**		垫状卷柏	004
臭草	523	打碗花	419	吊石苣苔	452
臭常山（日本常山）	380	大苞景天	235	东北茶藨子	230
臭椿	375	大丁草	505	东北蹄盖蕨	017
臭檀吴萸	381	大果冬青	339	东亚唐松草	084
臭樱	287	大果榉	111	冻绿	350
楮	119	大花金挖耳	483	豆梨	264
川百合	542	大花溲疏	243	独根草	240
川鄂鹅耳枥	142	大花绣球藤	077	独花兰	558
川鄂小檗	088	大火草	086	独活	402
川桂	052	大戟	346	独角莲	511
川陕鹅耳枥	142	大狼杷草	487	杜鹃	214
川续断	475	大披针薹草	518	杜鹃兰	559
川榛	140	大蝎子草	122	杜梨	264
穿龙薯蓣（黄姜）	554	大叶柴胡	396	杜仲	107
垂盆草	234	大叶榉树	110	短柄小檗	089
垂序商陆	146	大叶朴	113	短梗稠李	293
垂枝泡花树	097	大叶碎米荠	206	短梗胡枝子	314
春兰	560	大叶唐松草	082	短毛独活	402
春榆	108	大叶铁线莲	074	短尾铁线莲	073
莼兰绣球	242	大叶醉鱼草	404	对马耳蕨	032
刺柏	047	大油芒	536	钝萼附地菜	424
刺儿菜	499	丹参	438	钝萼铁线莲	078
刺果茶藨子	228	单花红丝线	412	钝叶蔷薇	272
刺槐	308	单叶细辛	063	盾叶薯蓣	555
刺楸	388	淡竹	520	多花勾儿茶	352
刺异叶花椒	378	弹裂碎米荠	204	多花胡枝子	315
楤木	391	党参	456	多花木蓝	306
丛枝蓼	169	灯笼草	439	多花泡花树	096
粗齿冷水花	123	灯台莲	512	多茎委陵菜	285
粗齿铁线莲	074	灯台树	325	多脉鹅耳枥	143
粗榧	048	灯芯草	515	多穗金粟兰	059
粗茎鳞毛蕨	032	地黄	447	多腺悬钩子	280
粗毛牛膝菊	484	地锦（爬山虎）	360	朵花椒	379
粗枝绣球	242	地梢瓜	410		
酢浆草	382	地笋	441	**E**	
簇生泉卷耳	150	地榆	273	峨参	393

鹅肠菜　　151
鹅耳枥　　144
鹅掌草　　085
鄂西介蕨　　020
鄂西清风藤　　095
耳羽金毛裸蕨　　014
耳羽岩蕨　　029
二色瓦韦　　035

F

翻白草　　284
繁缕　　154
繁缕景天　　235
反枝苋　　147
饭包草　　515
防风　　398
房县槭　　371
飞蛾槭　　369
费菜　　232
粉背南蛇藤　　337
粉背溲疏　　245
粉椴　　181
粉花绣线菊　　248
粉团蔷薇　　269
粉枝莓　　276
风龙　　093
风毛菊　　502
枫杨　　127
凤丫蕨　　013
佛甲草　　234
伏地卷柏　　003
伏毛毛茛　　081
扶芳藤　　332
附地菜　　424
覆盆子　　277

G

甘菊　　489
甘肃山楂　　258

赶山鞭　　177
杠板归　　169
杠柳　　408
高山露珠草　　321
茖葱　　545
隔山消　　411
葛　　301
葛藟葡萄　　354
葛罗槭　　367
弓茎悬钩子　　277
勾儿茶　　353
钩齿溲疏　　243
狗脊　　029
狗筋蔓　　155
狗舌草　　495
狗娃花　　476
狗尾草　　533
狗牙根　　529
狗枣猕猴桃　　175
枸骨　　338
枸杞　　413
构树　　119
菰帽悬钩子　　281
牯岭野豌豆　　303
瓜木　　325
瓜叶乌头　　067
瓜子金　　361
栝楼　　194
挂金灯　　415
挂苦绣球（黄脉绣球）　　241
管花鹿药　　546
贯叶连翘　　179
贯众　　030
光白英　　416
光萼溲疏　　244
鬼针草（白花鬼针草）　　488
过路黄　　225
过山蕨　　025
还亮草　　068

H

海金沙　　009
海金子　　227
海州常山　　429
汉城细辛　　062
旱柳　　199
旱生卷柏（史唐卷柏）　　005
旱榆　　109
笕子梢　　317
蒿柳　　200
禾秆蹄盖蕨　　017
禾叶山麦冬　　551
合欢　　295
何首乌　　164
和尚菜　　484
河北蛾眉蕨　　021
河南翠雀花　　068
河南海棠　　267
河南唐松草　　083
荷青花　　099
褐梨　　265
黑柴胡　　396
黑果菝葜　　553
黑鳞短肠蕨　　022
黑蕊猕猴桃　　176
红藨刺藤（红泡刺藤）　　279
红柴枝　　098
红冬蛇菰（宜昌蛇菰）　　330
红豆杉　　049
红麸杨　　374
红桦　　139
红蓼　　168
红脉忍冬　　472
红毛七（类叶牡丹）　　090
红皮椴　　182
厚壳树　　422
胡桃（核桃）　　128
胡桃楸　　128
胡颓子　　318

湖北大戟	346	华中枸子	256	荚果蕨	028
湖北鹅耳枥	143	化香树	126	假贝母	191
湖北枫杨	127	桦叶荚蒾	464	假柳叶菜	322
湖北海棠	266	槐	297	假蹄盖蕨	020
湖北花楸	261	还亮草	068	假奓包叶	342
湖北黄精	549	黄鹌菜	508	尖裂假还阳参	509
湖北老鹳草	384	黄檗	381	尖叶茶藨子	230
湖北山楂	258	黄瓜菜（苦荬菜）	508	尖叶铁扫帚	315
湖北紫荆	296	黄海棠	177	坚桦	138
椴栎	131	黄花蒿	490	剪红纱花（剪秋罗）	158
椴树	132	黄花柳	198	剪秋罗（大花剪秋罗）	157
虎耳草	238	黄堇	102	建始槭	368
虎尾铁角蕨	026	黄荆	428	渐尖毛蕨	025
虎杖	171	黄精	548	箭头蓼（雀翘）	170
花点草	120	黄连木	372	箭竹	521
花椒	378	黄芦木	087	江南卷柏	003
花木蓝	307	黄山溲疏	245	江南散血丹	414
花旗杆	207	黄水枝	237	角翅卫矛	335
花莛乌头	067	黄檀	310	绞股蓝	194
花叶地锦（川鄂爬山虎）	359	黄腺香青	480	接骨草	463
花叶滇苦菜（续断菊）	506	黄心卫矛（大翅卫矛）	333	接骨木	463
华北粉背蕨	012	灰枸子	254	节节草	007
华北楼斗菜	072	灰叶安息香	220	桔梗	456
华北落叶松	043	茴茴蒜	080	截叶铁扫帚	313
华北石韦	037	蕙兰	560	金疮小草	431
华北绣线菊	248	活血丹	434	金灯藤	419
华北珍珠梅	254	藿香	433	金花忍冬	468
华东椴	180			金毛裸蕨	014
华东木蓝	306	**J**		金钱蒲（石菖蒲）	538
华东唐松草	083	鸡麻	274	金钱槭	365
华蔓茶藨子	228	鸡屎藤	460	金荞麦	162
华桑	117	鸡树条（鸡树条荚蒾）	465	金色狗尾草	533
华山松	044	鸡腿堇菜	186	金丝桃	179
华西蔷薇（红花蔷薇）	271	鸡眼草	312	金丝桃叶绣线菊	250
华西忍冬	473	鸡仔木	459	金线草	166
华榛	141	鸡爪槭	370	金星蕨	023
华中介蕨	021	及己	060	金银忍冬	471
华中山楂	259	蕺菜	060	金盏银盘	487
华中铁角蕨	027	荠	203	金爪儿	226
华中五味子	065	戟叶耳蕨	031	筋骨草	431

堇菜报春　223
锦鸡儿　308
劲直阴地蕨　008
荩草　536
京黄芩　432
京芒草　527
井栏边草　015
救荒野豌豆　303
榉树（光叶榉）　110
卷柏　005
卷丹　543
卷毛桠木　327
绢毛木姜子　055
绢毛匍匐委陵菜　286
绢毛绣线菊　250
蕨（拳菜）　010
蕨萁　007
爵床　453
君迁子　219

K
开口箭　546
堪察加费菜　232
看麦娘　525
珂楠树　098
刻叶紫堇　103
苦苣菜　507
苦木（苦树）　376
苦皮藤　337
苦绳　412
苦糖果　470
宽卵叶长柄山蚂蟥　311
宽叶金粟兰　058
宽叶薹草　519
宽叶荨麻　120
魁蓟　500
阔鳞鳞毛蕨　034
阔叶箬竹　521
阔叶十大功劳　089

L
拉拉藤（猪殃殃）　462
蜡子树　214
梾木　326
蓝果蛇葡萄　356
蓝盆花（窄叶蓝盆花、华北蓝盆花）　475
狼尾草　534
狼紫草　423
榔榆　109
老鸹铃　221
老鹳草　385
老鸦瓣　540
老鸦糊　428
类叶升麻　070
冷地卫矛（紫花卫矛）　331
离瓣景天　233
离柱五加　389
藜　147
藜芦　538
李　288
鳢肠　486
荔枝草　438
栗　129
连翘　208
连香树　104
楝　377
两色鳞毛蕨　034
两似蟹甲草　494
两型豆　300
亮叶桦　139
辽东楤木　391
檹木（柏氏稠李）　293
铃兰　545
领春木　105
流苏树　212
琉璃草　426
瘤毛獐牙菜　406
柳叶菜　323
六道木　467

六叶葎　462
龙葵　417
龙芽草　272
陇东海棠　267
漏斗泡囊草　413
漏芦　504
卢氏凤仙花（异萼凤仙花）　386
芦苇　522
芦竹　522
鹿蹄橐吾　497
鹿药　547
路边青　281
露珠草　321
栾树　364
卵叶猫乳　352
轮叶八宝　231
萝藦　411
络石　407
落萼叶下珠　340
落新妇　241
驴蹄草　071
绿叶地锦　359
绿叶甘橿　057
绿叶胡枝子　312
葎草　114
葎叶蛇葡萄　357

M
麻栎　131
马鞭草　427
马㼎儿　193
马齿苋　149
马兜铃　061
马兰　476
马桑　094
马蹄香　062
麦冬　552
麦秆蹄盖蕨　018
麦蓝菜（王不留行）　155
麦李　290

满山红	215	妙峰岩蕨	028	**O**	
曼陀罗	418	庙台槭	368	欧李	290
蔓出卷柏	002	闽楠	053	欧亚旋覆花	481
蔓孩儿参	152	膜叶冷蕨	016		
蔓胡颓子	317	牡荆	429	**P**	
蔓茎蝇子草（匍生蝇子草）	156	木半夏	318	爬藤榕	116
蔓首乌（卷茎蓼）	163	木防己	093	盘叶忍冬	473
芒	534	木姜子	055	膀胱果	362
牻牛儿苗	385	木通	091	泡花树	095
猫乳	351	木香薷	442	蓬莱葛	403
毛白杨	198	木贼	006	披针薹草	518
毛冻绿	350	墓头回（异叶败酱）	474	平车前	444
毛茛	080			半枝枸子	255
毛梗糙叶五加	390	**N**		蘋	040
毛花绣线菊	251	南赤飑	193	婆婆针	486
毛华菊	489	南方红豆杉	049	蒲儿根	496
毛黄栌	375	南方六道木	467	蒲公英	506
毛梾	327	南方露珠草	322	朴树	113
毛马唐	532	南京椴	181	普通凤丫蕨	012
毛糯米椴	180	南苜蓿	299	普通假毛蕨	024
毛泡桐	444	南蛇藤	338	普通鹿蹄草	218
毛葡萄	354	南五味子	064		
毛蕊老鹳草（血见愁老鹳草）		尼泊尔蓼	168	**Q**	
	383	尼泊尔酸模	161	七星莲	188
毛蕊铁线莲	075	泥胡菜	501	七叶鬼灯檠	240
毛叶水枸子	256	黏毛忍冬	469	七叶树	363
毛樱桃	292	牛蒡	499	七叶一枝花	549
茅栗	130	牛鼻栓	105	漆	374
茅莓	280	牛扁	066	千金榆	141
莓叶委陵菜	284	牛筋草	529	千里光	496
美丽胡枝子	316	牛奶子	319	千屈菜	319
美蔷薇	271	牛皮消	408	千针苋	146
美味猕猴桃	175	牛尾蒿	492	牵牛	421
蒙古马兰（北方马兰）	477	牛膝	148	前胡	401
蒙桑	118	牛至	440	茜草	461
米口袋	309	农吉利（紫花野百合）	298	茜堇菜（白果堇菜）	189
米面蓊	330	暖木	097	荞麦叶大百合	543
密蒙花	404	女娄菜	156	巧玲花（毛叶丁香）	211
绵果悬钩子（毛柱悬钩子）	278	女贞	212	鞘柄菝葜	554
绵枣儿	544			窃衣	395

秦岭米面蓊	329	绒背蓟	501	山葡萄	353
秦岭槭	371	柔毛金腰	239	山桐子	185
秦岭铁线莲	077	软条七蔷薇	269	山杏	289
秦岭小檗	087	软枣猕猴桃	174	山杨	196
青麸杨	373	锐齿槲栎	132	山皂荚	296
青冈	136	锐叶茴芹（尖叶茴芹）	397	山楂	259
青蒿	491			山茱萸	328
青灰叶下珠	341	**S**		珊瑚朴	112
青荚叶	329	三花莸	430	珊瑚樱	417
青绿薹草	517	三尖杉	048	陕甘花楸	262
青钱柳	126	三角槭	365	陕西报春	223
青檀	111	三棱水葱（藨草、青岛藨草）		陕西蛾眉蕨	019
青葙	148		516	陕西粉背蕨	011
青榨槭	366	三裂蛇葡萄	356	陕西荚蒾	465
清风藤	094	三裂绣线菊	252	陕西假瘤蕨	037
苘麻	184	三脉紫菀	478	陕西蔷薇	270
箐姑草	154	三桠乌药	058	陕西紫堇	101
秋海棠	195	三叶朝天委陵菜	287	扇脉杓兰	556
秋葡萄	355	三叶地锦	358	商陆	145
秋子梨	265	三叶木通	091	少脉椴	182
楸	454	三叶委陵菜	285	少蕊败酱（单蕊败酱）	474
楸叶泡桐	445	桑	117	蛇床	400
求米草	530	沙梾	326	蛇莓	282
球果堇菜（毛果堇菜）	187	沙参	458	蛇莓委陵菜	283
球茎虎耳草	238	山白树	106	蛇葡萄	357
瞿麦	159	山菠菜	435	射干	552
曲茎石斛	559	山刺玫	270	深山堇菜	190
曲脉卫矛（显脉卫矛）	336	山丹	542	升麻	069
全裂翠雀花	069	山拐枣	185	省沽油	362
全叶马兰	477	山黑豆	300	石灰花楸	260
雀儿舌头	341	山胡椒	057	石沙参	458
雀麦	524	山槐	295	石生蝇子草	157
雀舌草	153	山荆子	266	石枣子	335
确山野豌豆	302	山冷水花	123	石竹	158
		山柳菊	510	柿	218
R		山罗花	449	绶草	557
忍冬	471	山麦冬	551	疏网凤丫蕨	013
日本活血丹	434	山莓	274	鼠曲草	481
日本落叶松	044	山梅花	247	鼠尾粟	530
日本水龙骨	040	山牛蒡	503	鼠掌老鹳草	384

薯蓣（山药）	555	糖茶藨子	229	弯齿盾果草	426
栓翅卫矛	334	桃	288	弯曲碎米荠	204
栓皮栎	130	桃叶鸦葱	505	网眼瓦韦	036
双花堇菜	187	藤长苗	420	望春玉兰	051
双穗雀稗	532	藤构	118	威灵仙	073
水鳖	511	蹄叶橐吾	497	微毛樱桃	291
水金凤	386	天蓝苜蓿	298	尾叶雀梅藤	351
水芹	399	天麻	557	尾叶樱桃	291
水青冈	129	天门冬	550	委陵菜	283
水曲柳	209	天名精	482	卫矛	331
水杉	046	天目木姜子	054	猬实	466
水虱草	516	天竺桂	052	问荆	006
水丝梨	106	田麻	183	渥丹	541
水田碎米荠	206	田紫草（麦家公）	422	乌哺鸡竹	520
水枸子	255	条叶岩风	399	乌冈栎	135
水榆花楸	260	铁角蕨	026	乌桕	345
四川沟酸浆	446	铁木	145	乌蔹莓	360
四萼猕猴桃	176	铁杉	043	乌头	066
四蕊枫	370	铁苋菜	343	乌药	056
四叶葎	461	铁仔	222	无患子	364
四照花	328	莛子藨	464	无心菜	150
四籽野豌豆	304	葶苈	202	蜈蚣凤尾蕨	015
松蒿	449	通泉草	446	五裂槭	369
松下兰	217	通脱木	387	五味子	064
宿柱梣	210	蓪梗花	468	武当玉兰	051
粟草	526	铜钱树	348		
酸浆	414	头蕊兰（长叶头蕊兰）	556	X	
酸模叶蓼	167	透骨草	454	西北枸子	257
酸枣	347	秃疮花	100	西南唐松草	082
算盘子	340	突隔梅花草	237	西南卫矛	332
碎花溲疏	246	土人参	149	西藏珊瑚苣苔	451
碎米荠	205	土庄绣线菊	251	薤	201
穗花马先蒿	450	兔儿伞	494	稀花蓼	165
		菟丝子	418	溪洞碗蕨	010
T		托柄菝葜	553	豨莶	485
太白杜鹃	215			喜阴悬钩子	279
太行铁线莲	075	W		细柄野荞麦	163
太平花	247	瓦松	236	细齿稠李	294
唐棣	263	瓦韦	036	细齿南星	513
唐古特忍冬	472	歪头菜	305	细茎双蝴蝶	405

细蔓点地梅	224	小叶鹅耳枥	144	盐麸木	373
细毛碗蕨	009	小叶女贞	213	兖州卷柏	002
细叶青冈	137	小叶青冈（青栲）	136	羊乳	455
细叶水团花	459	小叶石楠	263	野艾蒿	493
细柱五加	390	小叶杨	197	野八角	063
狭叶五味子	065	小叶中国蕨	016	野百合	541
夏枯草	435	蝎子草	122	野慈姑	510
夏至草	433	薤白	544	野大豆	301
显脉香茶菜	443	心叶帚菊	504	野海茄	415
腺柳	199	兴安胡枝子（达呼里胡枝子）		野胡萝卜	403
腺毛莓	275		314	野菊	488
相近石韦	038	兴山榆	107	野老鹳草	383
香椿	376	杏	289	野茉莉	221
香附子	517	杏叶沙参	457	野蔷薇	268
香根芹	394	荇菜（莕菜）	406	野山楂	257
香果树	460	秀丽莓	275	野扇花	339
香薷	441	秀雅杜鹃	216	野柿	219
响叶杨	196	绣球藤	076	野桐	344
小斑叶兰	558	绣球绣线菊	253	野香草	442
小巢菜	302	萱草	540	野鸦椿	363
小赤麻	125	玄参	445	野燕麦	525
小果博落回	099	悬铃叶苎麻	125	野迎春	210
小果蔷薇	268	旋覆花	482	野芝麻	437
小果卫矛	334	旋花	420	野雉尾金粉蕨	011
小花扁担杆	183	旋蒴苣苔	452	一把伞南星	512
小花花椒（刺椒树）	379	血见愁	430	一年蓬	478
小花黄堇	103	血皮槭	367	宜昌润楠	053
小花柳叶菜	324	寻骨风	061	异花孩儿参	152
小花溲疏	246			异色溲疏	244
小花糖芥	208	**Y**		异叶地锦	358
小蜡	213	鸭儿芹	397	异叶花椒	380
小连翘	178	鸭跖草	514	异叶榕	115
小木通	072	崖花子	227	益母草	437
小苜蓿	299	亚洲络石	407	缢苞麻花头	503
小蓬草	479	烟管蓟	500	翼萼凤仙花	387
小窃衣	394	烟管荚蒾	466	翼果薹草	519
小青杨	197	烟管头草	483	翼蓼	162
小山飘风	233	延胡索	101	阴山胡枝子（白指甲花）	316
小升麻	070	延羽卵果蕨	024	阴行草	450
小药八旦子	102	岩栎	135	茵陈蒿	491

荫生鼠尾草	439	早熟禾	523	中华绣线菊	252
银背风毛菊	502	皂荚	297	中华绣线梅	253
银线草	059	皂柳	200	中日金星蕨	022
银杏	042	泽漆	345	皱叶鼠李	349
淫羊藿（短角淫羊藿）	090	窄头橐吾	498	皱叶酸模	160
鹰爪枫	092	窄叶野豌豆	304	皱叶委陵菜	282
油点草	539	獐牙菜	405	珠芽艾麻	121
油松	045	掌叶大黄	160	诸葛菜	203
油桐	342	沼生薝菜	201	竹节参（大叶三七）	392
疣点卫矛（瘤点卫矛）	336	照山白	216	竹灵消	409
友水龙骨	039	柘	114	竹叶花椒	377
有柄石韦	038	浙赣车前紫草	425	竹叶子	514
禺毛茛	079	针毛蕨	023	苎麻	124
愉悦蓼	166	珍珠莲	116	柱果铁线莲	079
榆树	108	榛	140	梓	455
玉铃花	220	支柱蓼	165	梓木草	423
玉竹	548	知风草	527	紫斑风铃草	457
郁香忍冬	470	直立茴芹	398	紫斑牡丹	172
元宝槭	372	直穗小檗	088	紫背金盘	432
芫花	320	枳（枸橘）	382	紫背鹿蹄草	217
圆柏	047	中国繁缕	153	紫弹树	112
圆叶锦葵	184	中国旌节花	186	紫丁香	211
圆叶牵牛	421	中华草沙蚕	528	紫花地丁	189
圆锥铁线莲	078	中华金腰	239	紫花前胡	401
缘毛卷耳	151	中华卷柏	004	紫堇	104
缘毛披碱草	524	中华苦荬菜（山苦荬）	509	紫茎	173
远志	361	中华猕猴桃	174	紫萁	008
月见草	323	中华秋海棠	195	紫藤	307
云南红景天	231	中华石楠	262	紫珠	427
		中华水龙骨	039	纵肋人字果	071
Z		中华蹄盖蕨	018	钻叶紫菀	479
早开堇菜	190	中华蟹甲草	495		